可见光催化材料的合成及环境净化过程的应用

吕英　著

中国石化出版社

内 容 提 要

本书系统介绍了光催化技术的发展背景和改性基础理论；在描述光催化材料改性结构与性能关系的基础上，叙述了静电纺丝法、发泡剂辅助、水热合成等制备可见光响应型光催化剂，并对制备工艺、微观形貌、组成结构、光催化性能之间的构效关系进行阐述；揭示了复合半导体可见光催化材料的反应机理及在环境污染中的应用前景，并对不同类型可见光响应性光催化材料及其性能进行了综合性评价。

本书适合材料工程研究人员，尤其是从事光催化材料研究的师生及科研人员参考使用。

图书在版编目（CIP）数据

可见光催化材料的合成及环境净化过程的应用 / 吕英著. —北京：中国石化出版社，2020. 9
ISBN 978-7-5114-5983-1

Ⅰ. ①可… Ⅱ. ①吕… Ⅲ. ①光催化-材料-研究
Ⅳ. ①TB383

中国版本图书馆 CIP 数据核字（2020）第 180765 号

中国石化出版社出版发行
地址：北京市东城区安定门外大街 58 号
邮编：100011 电话：(010)57512500
发行部电话：(010)57512575
http://www.sinopec-press.com
E-mail:press@sinopec.com
北京艾普海德印刷有限公司印刷
全国各地新华书店经销
*
710×1000 毫米 16 开本 10.75 印张 202 千字
2020 年 10 月第 1 版 2020 年 10 月第 1 次印刷
定价：58.00 元

前言

PREFACE

随着社会生产力水平明显提高和人民生活显著改善，环境污染及能源问题已经成为全球亟待解决的问题，严重影响和制约着社会可持续发展。尤其是在发展中国家，环境治理保护技术仍然滞后于经济社会发展。要从根本上进行环境污染的治理，最终建立一个既有金山银山又有绿水青山的生态体系，就必须从其治理技术入手。光催化技术因其具有高效、操作简便、低能耗等优点被广泛应用于环境治理领域，各个发达国家有关光催化技术的投入和开发，也凸显出其重大经济效益。光催化技术对21世纪人类面临的能源环境问题具有深远意义。

光催化技术是在反应体系中产生活性极强的自由基，再通过自由基与有机污染物之间的结合、电子转移等过程将污染物全部降解为无毒无害的二氧化碳和水。近年来，在高效光催化材料的开发中，半导体纳米催化材料本身不仅可以作为催化剂来驱动各类化学反应，还可以作为复合催化剂的基底形成复合半导体间强相互作用，受到了研究人员的广泛关注。但是由于传统光催化材料本身电子结构呈现半导体或绝缘体特性，电荷传输能力差，同时表面缺少有效的催化活性位点，加之不同光催化材料对光响应范围的限制往往导致其催化效率不尽如意。目前对于光催化技术的研究热点仍然集中在提高量子效率、拓宽光响应范围等方面。基于以上考虑，本书采用不同方法，在正确理解半导体光催化原理的基础上，针对传统光催化材料比表面积较低、光响应范围较窄等问题，选择合理改性催化剂形貌、组成等物理化学性能，将其应用于有机污染分子的分解过程中理解其催化性能提升的本质机理，以期发展一系列优良的新型可见光响应型光催化材料的组成体系，促进其在环境污染中得到实际应用。

本书共分为7章：第1章简单介绍了光催化技术及其在各领域的应用现状，针对光催化技术的发展趋势进行了一个判断。第2章主要介绍了光催化材料的常规制备方法和表征手段，并以TiO_2中空微球及TiO_2-ZrO复合微球的制备及表征为例，阐明了催化剂微观形貌对光催化活性影响规律，并对其进行了综合评价。第3章介绍了随着光催化技术的研究进程，可见光催化材料的优势陆续凸显出来，对可见光催化材料的研究背景和发展历史做了总结，并介绍了常见的几种可见光响应性的改性方法。第4章介绍了新型静电纺丝技术在光催化材料形貌控制方面的应用及机理，提供了催化材料制备的新思路。第5章介绍了可见光催化材料WO_3的制备及金属Pd掺杂、TiO_2-WO_3半导体复合可见光催化材料的制备及在降解有机污染分子方面的应用，讨论了复合型可见光催化材料结构与机理之间的关系。第6章介绍了铋系可见光催化材料的性能研究，主要着眼于三种基础铋氧化物物理化学结构对其催化活性的影响机理。第7章对光催化技术在环境及能源领域的实际应用及行业评价标准进行了总结和展望，通过各国评价标准及应用的探索进一步凸显了光催化技术的巨大应用前景。

本书较为系统地对光催化材料的制备、性能的研究，以及在环境净化中的应用进行了总结，阐述了几种提升光催化性能的方法，对以后光催化技术的基础研究及实际应用具有重要的参考和指导意义。

本书获西安石油大学优秀学术著作出版基金的资助，写作过程中得到了西安石油大学助推计划、金属功能材料校级青年创新团队、陕西省教育厅科学研究计划(19JK0654)的大力支持，日本福井大学工学部中根幸治教授为本书提供了部分数据支持。另外，本书得到了西安交通大学许章炼研究员的指导，作者在此一并表示感谢。

由于作者水平有限，书中难免会有错误和不周之处，还请读者批评指正。

目录

CONTENTS

1 光催化技术

1.1 引　言

随着科学技术的进步和发展，环境污染越来越严重，其中大气污染和水污染逐渐引起全世界的高度重视。近年来，一些国家的水源均受到不同程度的污染，水污染物主要来自工农业以及生活污水。当前水处理中常采用的方法有物理化学法、生物化学法，相对而言，工业成熟，工业化范围较广。但是，这些方法可以总结为将污染物从一相转移到另一相，或是将污染物分离、浓缩，并没有使污染物得到破坏而实现无害化。这不可避免地带来二次污染，而且适用范围有限，成本也比较高。近年来，有关污染物治理研究方面已逐步转向化学转化法，即通过化学反应使污染物受到破坏而实现无害化。因此，开发能将各种化学污染物降解至无害化的实用技术(尤其是污水处理和空气净化)成为各国科研工作者的重要研究内容。

光催化材料是指通过该材料、在光的作用下发生的光化学反应所需的一类半导体催化剂材料。光照射到半导体材料表面产生光生电子和空穴，光生电子具有强的还原能力，可以还原水制备氢气，还原二氧化碳制备有机太阳燃料；光生空穴具有强氧化能力，可以杀菌、消毒、降解污染物等。半导体光催化材料已被公认为是一种最具潜力和重要的环境净化与太阳能转化材料，在环境、能源、化工、建材等领域具有十分广阔的应用前景。

1.1.1　光催化技术背景

随着经济的高速发展，人们的生活水平突飞猛进，物质供求极大丰富。但是我们得注意到在这种物质极大丰富的背后，由于人为活动或不科学的生产方式，当前环境的污染与破坏已发展到威胁人类生存和发展的世界性的重大社会问题，人类所面临的新的全球性和广域性环境问题主要有三类：①全球性广域性的环境污染(如发展中国家大气污染)；②大面积的生态破坏(如中国近海的赤藻、褐藻、太湖流域的蓝藻)；③突发性的严重污染事件(如海上原油泄漏)，这些环境问题使我们渐渐失去了儿时随处可见的蓝天、白云、青山和碧水。作为研究者同时也是社会的一员，我们应该携手为解决环境问题出一份力。

针对环境污染物的治理，目前研究主要有以下几种方法：物理吸附方法、化学氧化除去法、微生物降解法和高温焚烧法等。这些方法都能有效地缓解和处理环境污染，但这些技术由于各自存在的不足，比如效率低，不能彻底将污染物无害化，原污染物被降解后，这些方法中使用的原料又产生二次污染；其次使用范围窄，单一方法只适合单一污染物；再者这些技术在污染处理中能耗高，不适合大规模推广。因此，如何开发效率高、能耗低、适用范围广和有深度氧化能力的环境污染处理技术成为当前的热点。

光催化降解技术作为全新环保技术，其优势在于直接利用绿色阳光产生活性，有效地氧化分解有机污染物。利用太阳能反应温和，自身无毒、无害；可反复使用，将有机污染物完全矿化成最终产物二氧化碳和无机离子；无二次污染，降解彻底，可以降解任何有机或无机污染物。与传统高温、常规催化技术及吸附技术相比，有着无法比拟的诱人魅力，是一种极具广阔应用前景的绿色环境污染治理技术。光催化氧化技术(Photocatalytic Oxidation)本质上是一种高级氧化技术(Advanced oxidation process，AOP)。光催化剂在光照的条件下能够产生强氧化性的自由基，该自由基能彻底降解几乎所有的有机物，并最终生成 H_2O、CO_2 等无机小分子；光催化反应还具有反应条件温和、反应设备简单、二次污染小、操作易于控制、催化材料易得、运行成本低等优点，因而近年来受到广泛关注。

1972 年，Fujishima 等在《Nature》上发表了《Electrochemical potolysis of water at a semiconductor electrode》一文，揭开了光催化氧化技术的序幕。1976 年，Craey 等发现，在 TiO_2 光催化剂存在的条件下，多氯联苯、卤代烷烃等可发生有效的光催化降解。这一研究成果使人们认识到半导体催化剂对有机污染物具有矿化功能，同时也为治理环境污染提供了一种新方法，立即成为半导体光催化研究中最为活跃的领域。近 30 年来，光催化氧化技术在有机污染物处理方面得到了广泛的研究，几乎所有可能存在于水中的有机污染物都可被光催化氧化法降解并矿化。将光催化工艺与混凝、生物处理等常规水处理工艺结合起来可达到优势互补的效果。近年来，人们围绕光催化剂活性的提高以及降低反应成本等方面进行了大量的研究。纳米材料和纳米技术得到了长远的发展，当材料的尺寸降低到纳米级别时，会呈现很多新的物理和化学性能。

1.1.2 二氧化钛的研究进展

二氧化钛作为一种重要氧化物，在实际生活和工业领域中有着极大的应用前景。自从 20 世纪初商业生产以来，二氧化钛作为代替有毒氧化铅的白色颜料(现在年产量达到四百万吨以上)进行绘画开始就引起人们的高度重视。随着二氧化钛功能应用上的挖掘，其又被广泛应用于塑料、纸张、皮革、纺织、食品以及个人卫生护理方面(牙膏、防晒霜、化妆用品)。经过深入研究,二氧化钛以其新发现的特殊优异性能在如色谱分离、光催化氧化还原反应、光解水、染料敏化太阳能电池、锂电池、气体传感器以及药物传输器等方面都有着很有发展前景的应用。作为最有应用前途的光催化材料,纳米 TiO_2 在帮助解决当前日益严峻的环境污染问题(光催化降解污染物)和缓解能源短缺危机(光电转化和光解水)中被寄予了极大的期望。但纳米 TiO_2 材料在应用中依然存在一个严重的限制,其较宽的带隙决定了它只能被紫外光所激发,而紫外光在太阳能中所占的比例不到5%,导致很难利用太阳能来实现有效 TiO_2 光催化,这极大地限制了 TiO_2 的实用价值。如何将 TiO_2 的光催化能力从紫外区拓展到占太阳能大多数的可见光区域,是当前国际上材料研究的热点和难点问题。

1.1.2.1 二氧化钛光催化现象的发现

光催化是纳米半导体的独特性能之一。纳米半导体材料在光的照射下,通过有效吸收光能产生具有超强氧化能力和还原能力的光生电子和空穴,促进化合物的合成或使化合物(有机物、无机物)降解的过程称之为光催化。1972 年,Fujishima 和 Honda 将二氧化钛做成电极后,在紫外光照射下发现二氧化钛具有氧化还原反应,并能将水分解成氢气与氧气,至此这种材料作为一种光催化剂广泛应用于水分解和环境治理等方面。用 TiO_2 作为光催化剂分解制氢的论文,这标志着光催化时代的开始,当时正值能源危机,利用光催化剂和太阳能制备氢气对缓解能源危机具有重大的意义。同时也引起了科研学者的广泛关注,随后更多关于光催化的研究深入开展了对光催化机理的探索。在 1977 年,Frank 和 Bard 等用 TiO_2 作为光催化剂将水中的氰化物分解,氧化 CN^- 为 OCN^-,为光催化剂处理污水的发展提供了有力依据。这些重大的研究也为如今催化剂在环境净化和新能源利用开发方向的研究奠定了基础。

TiO_2 以其无毒、催化活性高、稳定性好和价格低廉等优点,被公认为优良的半导体光催化剂。纳米 TiO_2 的光生空穴的强氧化能力,使得生物难降解的有机污染物完全矿物化氧化成为可能。大量研究表明,绝大部分有机物均能被 TiO_2 光催化氧化而降解。此外,许多无机化合物或无机离子也能在 TiO_2 表面与光生电子反应被光催化生成毒性较小或无毒的产物。因而在大气净化、抗菌、净水、防污、防臭方面有着广阔的应用前景。

1.1.2.2 二氧化钛光催化原理

半导体光催化剂大多是 n 型半导体材料(当前以为 TiO_2 使用最广泛),都具有区别于金属或绝缘物质的特别的能带结构,即在价带(Valence Band, VB)和导带(Conduction Band, CB)之间存在一个禁带(Forbidden Band, Band Gap)。由于半导体的光吸收阈值与带隙具有式 $K=1240/E_g(\mathrm{eV})$ 的关系,因此常用的宽带隙半导体的吸收波长阈值大都在紫外区域。当光子能量高于半导体吸收阈值的光照射半导体时，半导体的价带电子发生带间跃迁，即从价带跃迁到导带，从而产生光生电子(e^-)和空穴(h^+)。此时吸附在纳米颗粒表面的溶解氧俘获电子形成超氧负离子，而空穴将吸附在催化剂表面的氢氧根离子和水氧化成氢氧自由基。而超氧负离子和氢氧自由基具有很强的氧化性，能将绝大多数的有机物氧化至最终产物 CO_2 和 H_2O，甚至对一些无机物也能彻底分解。

以二氧化钛半导体的能带结构为例，一般由低能量价带(valent band)和高能量导带(conductive band)构成，导带和价带之间存在禁带。二氧化钛具有很宽的带隙能(E_g，3.0~3.2eV)，当光能量大于二氧化钛禁带宽度照射时，二氧化钛很容易受到激发，其价带上的电子受光激发跃迁到导带上，在导带形成电子载流子(e^-)，在价带上产生空穴载流子(h^+)。因此通常可认为二氧化钛光催化有以下连续的三步来进行：①二氧化钛吸收大于其带隙能的光子能量，并产生光激发电子-空穴载流子；②光生电子和空穴分离，并向催化剂的表面移动；③光催化剂表面发生氧化还原反应。该过程如图 1-1 所示，可以看出与金属不同，半导体粒子的能带间是断续区域，不连续，电子-空穴对的寿命能够达到皮秒的程度，光激发产生电子和空穴能够使得接触溶液在半导体表面氧化还原反应，也有可能被光催化剂表面晶格陷阱俘获。光生载流子如何作用，Hoffmann M. R. 等人从本质上进行了深入的研究，可推断如以下反应进行：

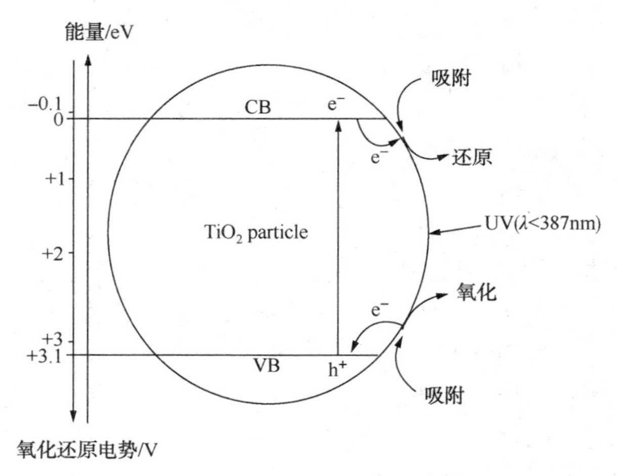

图 1-1　TiO_2 的光催化过程

初级过程形成电子和空穴：

$$TiO_2+hv \longrightarrow TiO_2+h_{vb}^{+}+e_{cb}^{-} \tag{1-1}$$

电子和空穴诱捕过程：

$$h_{vb}^{+}+>Ti^{IV}OH \longrightarrow \{>Ti^{IV}OH\}\cdot^{+} \tag{1-2}$$

$$e_{cb}^{-}+>Ti^{IV}OH \rightleftharpoons \{>Ti^{III}OH\} \tag{1-3a}$$

$$e_{cb}^{-}+>Ti^{IV}\longrightarrow>Ti^{III} \tag{1-3b}$$

电子-空穴复合：

$$e_{cb}^{-}+\{Ti^{IV}OH\}\cdot^{+}\longrightarrow>Ti^{IV}OH \tag{1-4}$$

$$h_{vb}^{+}+\{>Ti^{III}OH\}\longrightarrow>Ti^{IV}OH \tag{1-5}$$

界面间电荷转移，发生氧化还原反应：

$$\{>Ti^{IV}OH\}\cdot^{+}+Red\longrightarrow>Ti^{IV}OH+Red^{+}\cdot \tag{1-6}$$

$$e_{tr}^{-}+O_{x}\longrightarrow>Ti^{IV}OH+O_{x}^{-}\cdot \tag{1-7}$$

上述反应式中，$>Ti^{IV}OH$ 为初级羟基化光催化剂二氧化钛表面；e_{cb}^{-}为导带电子；e_{tr}^{-}是在电荷转移过程被捕获电子；h_{vb}^{+}是价带上产生的空穴；O_x是光生电子受体；$\{Ti^{IV}OH\}\cdot^{+}$是在光催化剂表面捕获空穴；$\{>Ti^{III}OH\}$为光催化剂表面捕获电子。由上可见，界面电荷转移的总效率由以下两方面来决定：第一是光生电子与空穴的复合与捕获之间的竞争，第二是被捕获电子和空穴与界面电荷转移之间的竞争。因此提高电子与空穴复合的寿命和界面电荷转移速率能直接提高光催化剂的量子效率。

根据 Hoffmann M. R. 等人的研究，我们可以直观了解到提高二氧化钛光催化活性的关键在于光生电子与空穴的有效分离。目前二氧化钛在晶型上主要有板钛矿型(brookite)、锐钛矿型(anatase)和金红石型(rutile)三种，其中后两者有光催化活性。尽管金红石型比锐钛矿型具有更低的带隙能，但从催化角度上看，锐钛矿型二氧化钛在光催化上无疑具有更高的活性，这是由于锐钛矿型具有更高的还原电势能和更低的电子-空穴复合概率。因此具备良好晶型、小晶粒尺寸、大比表面积的锐钛矿型二氧化钛更倾向被用于光催化反应。

理想上，为了最大化催化活性表面积，我们可以直接使用分散的锐钛矿型二氧化钛纳米粒子来进行光催化反应。但是在这方面还存在着很多挑战，我们很难保证纳米晶粒的稳定性，一则当尺寸达到了纳米尺寸，粒子的表面能变得极其之大，为了稳定，这些纳米粒子往往倾向于团聚来达到降低表面能的目的，同时并存；二则我们很难保持催化剂表面的干净度，因为这些胶体纳米晶体通常都需要络合配位体试剂来稳定，这极大地限制反应对象与催化活性点接触的可行性，从而影响其在实际中的应用。

1.1.2.3 TiO_2 基光催化剂的影响因素

(1) 晶体结构

TiO_2 光催化剂的晶型结构影响光催化反应的反应速率。在两种主要晶相结构中，金红石和锐钛矿虽都属于正交晶系，但两者的 TiO_6 八面体的扭曲程度不一样。金红石型结构较为致密稳定；锐钛矿相晶格中含有较多的缺陷和位错，能产生更多的氧空位来捕获电子，致使光生电子和空穴较容易分离，具有较高的活性和更多的活性表面。所以锐钛矿型 TiO_2 的光催化活性优于金红石型 TiO_2。随着环境稳定的升高，锐钛型 TiO_2 会逐渐向金红石型转变，在 1000℃不可逆转地转化成金红石型。

（2）粒径

TiO_2 的粒径越小，比表面积越大，其光催化效率越高。TiO_2 的投加量与反应速率的关系是：开始反应速率随着催化剂用量的增加而迅速上升，在投加量过大时，反应速率反而减小。这是因为 TiO_2 是不溶性物质，加入量过多，会阻挡紫外光的透射深度，使光催化效果下降。

（3）光强

TiO_2 光催化反应必须在光照下进行，并且主要对紫外光响应，但是光强过大并不利于反应的进行。研究表明，在相当大的光强下，光量子效率反而较差，因为此时存在中间氧化物在催化剂表面的竞争性复合。TiO_2 的吸收边缘在 350nm，一般在实验中采用高压汞灯。太阳光在紫外区也有一定的辐射能量，实验表明，许多化合物可被太阳光催化分解，这一结果为大规模应用 TiO_2 光催化技术提供了可行性。

（4）pH 值

pH 值的变化会影响 TiO_2 的表面电荷，从而影响反应物在 TiO_2 表面的吸附以及 TiO_2 的分散程度，最终影响光催化反应的速率。研究发现，pH 值的变化对不同反应物的光催化反应的影响也有所不同，并且影响程度与其他因素如光强等有关。

1.1.2.4　TiO_2 基光催化剂的改性研究

二氧化钛在环境问题上是应用最为广泛的标准光催化剂之一，然而，在实际应用中存在几个关键的技术难题制约着 TiO_2 半导体光催化剂大规模工业应用，二氧化钛具有大的能带和光生载流子的高复合率，导致其量子效率低，不高于28%，难用来处理数量大、浓度高的工业废气和废水；其次是太阳能的利用率较低，仅能吸收利用太阳光中波长小于 400nm 的紫外光(全光谱中只占5%)。因此，上述关键问题的解决是当前光催化领域研究的难点。对光催化剂进行改性是提高光催化活性和催化剂性能的有效途径之一。图 1-2 给出了近年来研究者在二氧化钛改性方面的一些介绍。

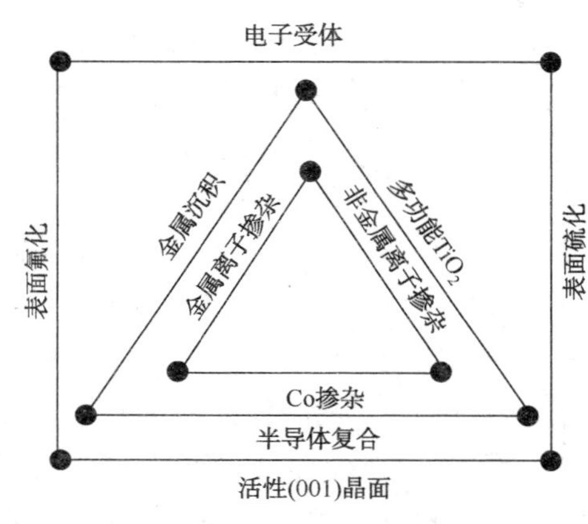

图 1-2　TiO_2 光催化剂的改性

（1）离子掺杂

离子掺杂修饰光催化剂 TiO_2 可引

起其吸收波长向可见光区移动。由于过渡金属元素存在多化合价，TiO_2 晶格中掺杂少量过渡金属离子，即可在表面产生缺陷，成为光生电子-空穴载流子的浅势捕获阱，降低光生电子空穴复合概率。

Choi 等系统研究了 21 种金属离子对 Q 型 TiO_2 的掺杂效果，并评价其对氯仿的氧化和四氯化碳的还原的光催化活性。研究发现，金属掺杂 TiO_2 的光催化活性有很多影响因素，如掺杂浓度、掺杂能势、掺杂离子的分布和光强等。例如发现在 TiO_2 的晶格中掺杂 0.1%~0.5%的 Fe^{3+}、Mo^{5+}、Os^{3+}、Re^{5+}、V^{6+}和 Rh^{3+}时，均能提高光催化剂降解效率，同时发现如 Zn^{2+}、Ga^{3+}、Zr^{4+}、Nb^{5+}、Sn^{4+}、Sb^{5+}等掺杂金属离子则对光催化活性影响不大。当掺杂浓度小于最佳浓度时，半导体中这些金属离子不能产生足够陷阱来有效分离光生电子与空穴；而当超过掺杂的最佳浓度时，掺杂光催化剂会随着掺杂物种类的增加，掺杂离子相互影响降低陷阱与陷阱平均距离，从而导致光催化效率的下降，所以掺杂离子都有一个最佳浓度。

掺杂离子提高 TiO_2 催化活性的原理可概括为四方面：①金属离子的掺杂能在光催化剂催化过程中成为捕获中心。当金属离子的价态高于钛四价，其能捕获电子，反之，低于则捕获空穴，提高电子和空穴分离效率。②金属离子掺杂能有效提高激发光子对于电子空穴的分离效率。③掺杂可导致载流子扩散长度增大，从而延长电子和空穴的寿命，抑制了复合。④掺杂可造成晶格缺陷，有利于形成更多的 Ti^{3+}氧化中心。

（2）贵金属沉积

半导体表面沉积贵金属是一种可捕获激发电子的有效改性方法。贵金属修饰 TiO_2，在其表面形成纳米级的原子簇，使其光生电子-空穴更加有效地分离，抑制空穴与电子的本体复合，从而提高光催化活性。贵金属沉积方法主要采用浸渍还原法和光还原法。

Hidalogo 等人报道了 Pt 担载金红石 TiO_2 比商用 P25 和 Pt 担载锐钛矿 TiO_2 对苯酚氧化的活性更高。Sclafani 和 Herrmann 也发现 Pt 担载金红石 TiO_2 在催化 2-丙醇到丙酮比 Pt 担载锐钛矿 TiO_2 有着更好的催化效果。Wu 等人利用 Au 担载 Fe^{3+}/TiO_2 光催化剂对 2，4-二氯苯酚分别在紫外光和可见光下进行降解，同时阐明了光催化剂在这两种不同的条件下截然不同的降解机理。在可见光下，Fe^{3+}掺杂使光催化剂能吸收可见光，同时 Au 充当电子捕获陷阱，从而导致高的光催化活性。而在紫外光照射下，光生电子跟空穴能有效地被 Au 和 Fe^{3+}离子捕获，有效提高了光催化活性。韩国学者系统地对单质银沉积二氧化钛光催化剂降解染料罗丹明 B 进行了研究，结果得到在 TiO_2 上沉积单质银能够在可见光照射下极大提高染料的降解率。研究进一步分析单质银的沉积对光生电子有诱导捕获作用，又提高了罗丹明 B 在复合催化剂表面的吸附能力。同样地，何超等人通过 Ag 沉

积对不同类型 TiO_2 改性后降解亚甲基蓝，结果表明，二氧化钛粒径尺寸减小，比表面积增大，在相同的单质银担载下，负载单质银对电子和空穴能有效分离从而提高降解率。

（3）染料光敏化

光敏化是延伸 TiO_2 激发波长范围的主要途径，能提高 TiO_2 光量子效率。它主要通过添加适当的光敏剂，使其以物理或化学吸附于 TiO_2 表面，这些物质能在可见光照射下吸收光子被激发产生自由电子，并注入 TiO_2 的导带上，使之能有效降解有机物，从而克服半导体催化剂因带隙较宽所带来的光生载流子的高复合率，及对长波长光利用率低的缺陷。敏化光催化剂的工作原理如图 1-3 所示。

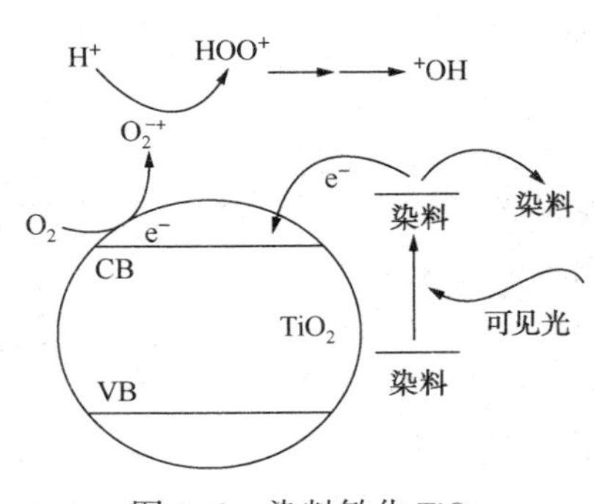

图 1-3　染料敏化 TiO_2 可见光催化机理

有效的光敏化要求还需考虑敏化剂氧化态和激发态的稳定性、激发态的寿命及染料的吸光范围与吸光强度等。Amao 等人通过自然界中的叶绿素衍生物 Chlorine-e6（Chl-e6）对 TiO_2 进行敏化，制得染料敏化 TiO_2 光催化剂。在自然光激发下，光生电子能从叶绿素衍生物的单线态注入催化剂的导带中，其在不同波长 400nm、541nm 以及 661nm 具有相当优异的光和电的转换效率，转化效率分别达到 11.0%、4.7% 和 7.9%。赵等人通过腐殖酸敏化 TiO_2 对 p，p′-DDT 催化降解研究，实验发现 2wt% 腐殖酸敏化 TiO_2 使其响应的波长从紫外区域红移到可见光。在可见光的照射下，光活性腐殖酸产生光的生电子跃迁到 TiO_2 导带上，进而发生催化降解反应。

同时，还需要注意一般染料敏化剂吸收谱与太阳光谱不能很好匹配，这是由于其在近红外区吸收很弱。此外，染料敏化剂同时也可能与污染物间发生吸附竞争，敏化剂不稳定，也可能被光降解或分解，因此如何寻找合适稳定的光敏化剂至关重要，也是这方面研究的一个难题。

（4）半导体复合

半导体复合本质上是两种粒子彼此之间的相互修饰。一般来说，半导体与 TiO_2 复合其光催化活性会大幅度提高，因为半导体之间的异相结点的设计与调控能够有效促进电荷分离。而绝缘体与 TiO_2 复合主要引起催化剂粒径、比表面积、光吸收性能等物理性质的变化，同时能赋予在复合光催化剂设计上的一些全新思路。

采用能隙较窄的硫化物、硒化物等半导体来修饰 TiO_2，因混晶效应，提高了其催化活性。如 WO_3-TiO_2、SnO_2-TiO_2、$V_2O_5-TiO_2$、ZrO_2-TiO_2 和 $CdS-TiO_2$

等。以 $CdS-TiO_2$ 体系为例，在大于 387nm 的光子辐射下，可激发 CdS，使其发生电子跃迁，注入 TiO_2 的导带上，而空穴留在 CdS 的价带，从而大大拓宽 TiO_2 的光谱响应范围，并有效降低光生电子的复合概率，增加光生空穴和自由基与有机分子碰撞概率，提高光催化效率。Huchun 等以钛酸丁酯为原料，用浸渍法制备了表面键共轭的 TiO_2-SiO_2 复合半导体，将其用于活性艳红 K-2G 的光催化脱色反应，结果表明 TiO_2-SiO_2 为 30%时对 K-2G 的降解率比 TiO_2 高出 3 倍。此外，北海道大学的大谷等人利用 SiO_2 无光催化性，成功制备了 SiO_2-TiO_2 复合光催化，再对 SiO_2 表面进行疏水修饰，从而制备出一种全新的界面悬浮光催化剂，大大解除了 TiO_2 在实际应用的种种限制。

相比于上述的改性方法，半导体的复合有以下优点：通过对粒子尺寸进行改变，可使半导体能带带隙和响应光谱的吸收范围更容易调控；由于光催化剂微粒的光吸收带边型，对自然光的采集非常有效；同时粒子的表面复合有利于其稳定。

1.1.2.5 其他改性手段

目前，提高二氧化钛光催化活性可以从光催化剂本身出发，通过催化剂的尺寸、形貌、晶型、晶面来控制优化。如对于锐钛矿二氧化钛，其通常裸露在外面的是低指数面(001)和(101)面，其中理论模型研究表明(001)面比(101)面在异相反应(光降解、光分解反应)中更具活性。值得提出的是，高比表面积对于在催化剂表面增加氧化还原反应点的数量密度有着极其重要的影响。因此我们可以从另一角度出发，构建具有介孔结构的高比表面积锐钛矿型二氧化钛光催化材料来提高二氧化钛的光催化活性。其中具有中空结构的二氧化钛微球因其独特结构和广泛的潜在应用引起研究者的极大关注并研究。

ZnO、CdS、WO_3、Fe_2O_3、MoSe 等材料光催化降解有机污染物的机理与 TiO_2 的降解机理类似。主要分为三个步骤：①当半导体材料被能量大于或等于其禁带宽度的光照射时，光激发电子跃迁到导带，形成导带电子(e^-)，同时价带留下空穴(h^+)；②光生电子和空穴分别被表面吸附的 O_2 和 H_2O 分子等捕获，最终生成羟基自由基(·OH)，该自由基通常被认为是光催化反应体系中主要的氧化物种；③·OH 氧化电位高达 2.7eV，具有强氧化性，可以无选择性地进攻吸附的底物使之氧化并矿化。对 ZnO、CdS、WO_3、Fe_2O_3、MoSe 等材料进行改性是目前解决以上问题的主要方法。许多研究表明，通过对 ZnO、CdS、WO_3、Fe_2O_3、MoSe 等纳米材料表面沉积贵金属、复合其他金属氧化物、掺杂无机离子以及载体负载等方法，可以扩展 ZnO、CdS、WO_3、Fe_2O_3、MoSe 等材料对光的响应范围，提高光催化性能及稳定性，大致与 TiO_2 类似。

(1) 贵金属沉积

Lu 等发现在 ZnO 中空球体表面沉积的 Ag 不仅可以作为电子库促进光生电子

和空穴的分离，而且还提高了表面羟基的量，使之整体表现出更高的光催化活性；Sano T 认为贵金属本身就可以作为催化剂降解有毒有机污染物；Zheng 报道了贵金属修饰改变了半导体表面缺陷的浓度，从而提高了光催化活性的研究结果；Choi 等分析了 Au 修饰的 WO_3 薄膜的降解机制；Sun 等也提出 Ag/WO_3 异质结的存在。

（2）半导体复合

单一半导体催化剂的光生载流子(e^-、h^+)容易快速复合，导致光催化效率降低，而不同半导体的价带、导带和带隙能不一致，半导体复合可能产生能级的交错，有利于光生电子和空穴的分离，从而产生更多的活性氧化物种，同时可以扩展纳米 ZnO、CdS、WO_3、Fe_2O_3、MoSe 等材料的光谱响应，因此复合半导体比单一半导体具有更好的光催化活性和稳定性。

（3）离子掺杂

金属离子的掺入可在半导体中引入缺陷或形成掺杂能级，影响电子与空穴的复合或改变氧化物半导体的能带结构，从而改变 ZnO、CdS、WO_3、Fe_2O_3、MoSe 等材料的光催化活性。另外，许多过渡金属具有对太阳光吸收灵敏的外层 d 电子，利用过渡金属离子对 ZnO、CdS、WO_3、Fe_2O_3、MoSe 等材料进行掺杂改性，可以使光吸收波长范围延伸至可见光区，增加对太阳光的吸收与转化。对大多数半导体，掺杂效应受到很多因素的影响，包括掺杂元素、掺杂浓度、掺杂离子的电子结构及能级位置等，对此人们进行了大量的研究。Qiu 等采用流变相反应法制备了 $Zn_{1-x}Mg_xO$ 光催化剂，该系列催化剂光催化降解亚甲基蓝的活性均高于 P25。王智宇等采用均匀沉淀法制备了 La^{3+}掺杂 ZnO，发现在 0%～0.5%摩尔浓度范围内 La^{3+}掺杂能够显著提高粒子的光催化活性，最佳掺杂浓度为 0.2%；当掺杂 La^{3+}的摩尔浓度大于 0.5%时，自由电子转移中心可能演变成电子复合中心，导致光催化活性低于未掺杂的 ZnO 样品。Hameed 等用过渡金属元素(Fe、Co、Ni、Cu、Zn)掺杂 WO_3 提高光解水性能，在 355nm 紫外激光灯下掺杂 Ni 后析氢效果最好，10.0%Ni 掺杂的产氢率最高，但是析氧量却在掺杂 10%Fe 时达到最高值。作者研究了 WO_3 纳米片的可见光光催化释氧特性，发现 WO_3 纳米片的催化性能比商用 WO_3 粉体提高一个数量级。但是，目前 WO_3 在可见光辐射下光解水的效率还很低，如何提高其光解水催化性能成为光催化领域的研究热点之一。

（4）载体负载

ZnO、CdS、WO_3 光催化剂易被空穴氧化发生光腐蚀，且在过酸过碱($pH < 2$ 或 $pH > 10$)的介质中有较大的溶解趋势，导致光催化活性下降，影响了光催化效率和催化剂的循环使用。选择合适的载体负载 ZnO、CdS、WO_3，通过载体效应可以提高其稳定性。

1.1.3 新型光催化材料研究现状

（1）银系化合物

银的卤化物AgX(X=Cl，Br，I)是重要的光敏材料，广泛应用于光催化工艺中。就光催化反应而言，AgX的能带结构并不合理，AgX价带电位远比O_2/H_2O的电势更正，具有很高的光催化氧化活性，但导带电位反而比H^+/H_2的电势更正，致使光生电子无法作用于水产生氢，转而与晶格中的Ag^+结合形成单质银；另一方面，由于银离子的配位强度较低，加之晶体的某些结构缺陷，导致银从晶格中溶出，形成游离Ag^+，加速了银的还原。要使AgX稳定地发挥光催化作用，必须设法束缚光生电子或提供合适的电子受体参与完成还原反应。研究表明，将AgX负载到Al_2O_3、SiO_2、TiO_2、Fe_3O_4和WO_3等载体上形成复合光催化剂，能够在发挥AgX光催化性能的同时，一定程度上改善光稳定性。余长林、曹芳芳等采用光化学沉积法制备了一系列不同Ag含量的新型Ag/BiOX(X=C，Br，I)复合光催化剂，发现沉积适量的Ag能增强BiOCl和BiOBr对可见光的吸收能力，降低它们的禁带宽度。另外，Ag能显著抑制BiOX的光生电子与空穴的复合，提高光催化活性。当Ag的质量分数为1%~2%时，可以大幅度地提高BiOX对酸性橙Ⅱ的光催化降解能力。Jing Cao等研究了在可见光下，一种新型$AgBr/WO_3$符合光催化剂对甲基橙降解的光催化活性，通过沉积沉淀法负载AgBr在WO_3上，$AgBr/WO_3$在可见光区域展现良好的吸附性。$AgBr/WO_3$的光催化活性受AgBr含量、$AgBr/WO_3$总量、初始甲基橙浓度、光强的影响。$AgBr/WO_3$(TF-0.30)在可见光下展示最高的光催化活性为0.0160min^{-1}，这与荧光发射光谱的最低强度和$AgBr/WO_3$悬浮液中·OH的最高PL强度是一致的，$AgBr/WO_3$光催化活性逐渐下降因为形成痕量银。

（2）$A_xB_yO_z$光催化剂

邹志刚课题组关注了ABO_2型含Ag光催化材料的研究。以能带调控的思想成功发展了$AgMO_2$(M=In，Ga，Al)系列光催化材料，并研究了其在可见光下降解有机物的活性，增强了材料的可见光吸收，并保持了原有的氧化能力；同时也研究了利用p区元素不同s、p轨道调控导带位置，制备$AgMO_2$(M=Al，Ga，In)光催化材料。研究发现，与$AgMO_2$相比，Ga4s4p与Ag5s5p轨道杂化能够降低导带位增强材料的可见光吸收；与$AgInO_2$相比，其导带位具有较强的还原电势，因而$AgGaO_2$具有较高的光催化降解有机物活性。利用不同比例的Al3s3p与Ga4s4p轨道对$AgAlO_2$导带位进行连续调控研究，发现光催化材料的还原势能和光吸收能力是一对影响光催化性能的相互矛盾的因素，通过对固溶体导带位的调控可以平衡这两个矛盾因素，从而获得高活性的光催化材料。另外，V. M. Skorikov采用高温熔盐法制备$Bi_{12}TiO_{20}$单晶，并研究了Cu、Ca、Zn、Cd、B、Al、Ga、

V、P、Nb、Cr、Mn、Fe、Co、Ni、Ga、V、Fe、Co、Ni 等掺杂 $Bi_{12}TiO_{20}$ 单晶的最佳生长条件及材料的光性能。山东大学许效红等采用化学溶液分解法(CSD)制备了钛酸铋化合物粉体：$Bi_{12}TiO_{20}$、$Bi_4Ti_3O_{12}$ 和 $Bi_2Ti_2O_7$。UV-Vis 反射谱显示它们在可见光区均呈现极强的吸收。紫外光照射下，$Bi_{12}TiO_{20}$、$Bi_4Ti_3O_{12}$ 与 $Bi_2Ti_2O_7$ 对水溶液中甲基橙的降解脱色均具有较强的光催化活性，表明它们都具有半导体光催化剂的特性，其中 $Bi_{12}TiO_{20}$ 的光催化活性最强，较接近 P25。

(3) Z 型光催化体系

Z 型光催化体系由光阳极、光阴极和氧化-还原介质三部分组成。该光催化体系作用机理类似于光合作用的 Z0 模型而被称为 Z 型光催化体系。一般分别将产氧和产氢半导体粉末称为光阳极和光阴极。光阳极受光激发产生电子-空穴对，光生空穴参与氧化水产氧反应，而光生电子则还原 IO^{3-} 为 I^-；光阴极受激发的电子将参与还原水产氢反应，光生空穴则参与氧化 I^- 为 IO^{3-}。

上海交通大学的上官文峰、袁坚模拟光合作用 Z 型反应光催化分解水研究中发现当 pH≈2，加入 Fe^{2+} 作为电子给体，能提高 Pt/TiO_2 光催化剂的产氢量；而当 pH≈2，加入 Fe^{3+} 作为电子受体，能提高 WO_3 光催化剂的产氧量。通过上述研究设计了以 Pt/TiO_2 作为产氢催化剂、以 WO_3 作为产氧催化剂，含有 Fe^{2+} 的酸性初始溶液的 Z 型反应体系。该体系在连续 20h 的氙灯光照条件下，实现了 Z 型反应分解水同时产生氢气和氧气。马延丽等研究发现，与传统的光解水过程相比，Z 型光催化反应系统的特色如下：催化剂只需分别满足光解水过程的一端，因此符合电极电位要求的氧化还原中间体与半导体光催化剂都很丰富。氧化还原对的氧化还原电位位于 $E(H^+/H_2)$ 和 $E(O^2/H_2O)$ 的中间，由于反应的自由能变化 ΔG 会很小，反应过程要比常规的一段式光解水过程要容易，更有利于效率的提高；还原剂和半导体的组合可以是多种多样的，可期待着能拓宽研究领域；可以在 PS1[H_2]反应阶段，直接使用染料敏化的半导体催化剂，获得对太阳光谱的高效吸收。

目前，光催化在环境和能源领域中具有广阔的应用前景，对于光催化材料的研究，已逐步出现由拓宽可见光吸收范围朝抑制光生电子-空穴对复合的方向转变的趋势。目前虽取得较大进展，但仍存在一些问题。由于对光催化机理的认识尚不够深入，开发的大部分新型光催化剂光量子效率不高，在可见光区的催化能力很低，易失活；催化剂的固载化问题，光催化剂多数为粉体状，易于流失，如何固定和再生是光催化剂深入研究的一项技术关键。

1.2 光催化技术的应用研究现状

光催化剂在光的照射下，表面会产生类似光合作用的光催化反应，产生出氧化能力较强的自由氢氧基和活性氧，具有很强的光氧化还原性能，可氧化分解各种有机化合物和部分无机物，能破坏细菌的细胞膜和病毒的蛋白质，从而杀灭细菌，把有机污染物分解成无污染的水和二氧化碳，被广泛应用到空气净化、水净化、自净化、杀菌消臭、防污防雾等领域。二氧化钛光催化作为环境净化功能材料，主要因二氧化钛所产生的氢氧自由基能破坏有机气体分子的能量键，使有机气体成为单一的气体分子，加快有机物质、气体的分解，将空气中甲醛、苯等有害物质分解为二氧化碳和水，从而净化空气。日本从 20 世纪 90 年代开始，大量研制、开发光催化空气净化产品，并投入市场，如光催化剂、空气净化器、陶瓷、板材等。

（1）光催化剂

光催化剂是光催化空气净化产品中最常用的一种，对它的使用主要是通过在建筑外装、内装上喷涂光催化剂来达到净化室内外空气的目的。光催化不仅可以用于室外，也可以在室内借助荧光灯和 LED 等室内照明达到同紫外光同样功能的净化效果。

（2）空气净化器

光催化空气净化器可以有效分解空气中因家装而挥发的有毒、有害物质，达到净化空气的目的。目前，光催化空气净化器主要适用于商场、学校、医院、公司的空气净化系统、家庭用空气净化器、车载空气净化器、光催化空调等。近年来，日本新干线部分车厢也安装了光催化空气净化装置，空气净化装置内置了氧化钛涂层的多孔质陶瓷以及作为紫外线光源的黑光，通过将其交互式多层排列，达到杀菌除臭的效果。

（3）道路建材

20 世纪 80 年代，日本在大都市交通密集地段，定期在路面喷涂光催化剂，来快速分解汽车尾气中的有害物质，达到净化空气的目的。目前，道路建设中具有净化功能的道路建材，如涂料、水泥、防音壁、遮光板等也被陆续使用。在中国，国家体育馆、鸟巢、上海世博馆等都通过喷涂光催化剂来净化室内环境和维护建筑设施的洁净。2018 年，北京地铁 6 号线全线尝试进行光催化喷涂，以消除车厢异味。

1.2.1 纳米光催化技术在大气污染治理中的应用

纳米光催化材料可实现对空气中诸如含硫化合物、氮氧化物等常见污染物的有效催化降解，所以纳米光催化技术在空气净化领域具备良好的应用前景。半导体光催化效应是由东京大学 Akira Fujishima 首次发现的，以其为代表的研究小组在半导体光催化的理论研究与实践应用领域均做出了极大的贡献。近年来，我国针对以半导体光催化技术为前提的空气净化的研究也收获了长足的发展。有研究人员研发出活性炭-纳米 TiO_2 复合光催化空气净化网，在特定前提下，可实现对空气中一系列污染物的有效净化，诸如针对一氧化碳净化率可达到60.1%，针对氨气净化率可达到96.5%，针对硫化氢净化率可达到99.6%等。经对比实验得出，这一空气净化网可显著提高光催化效率，同时可利用光催化效应实现活性炭的原位再生。还有研究人员研发的炭黑改性纳米 TiO_2 光催化膜，这一催化膜在很大程度上提高 TiO_2 光催化剂的催化活性，并且具备良好的稳定性。

1.2.1.1　纳米光催化技术应用于净化机动车尾气

机动车尾气排放是现如今全球各大城市空气污染物的主要来源之一，这些污染物包括有氮氧化物、固体悬浮微粒、一氧化碳、硫氧化合物等，均会对空气环境造成极为不利的影响。现阶段，针对机动车尾气的净化处理，主要利用的是贵金属三相催化剂，这一处理手段可实现高效的催化转化，然而同时也存在贵金属成本偏高、催化剂有毒性等不足。光催化技术可实现对机动车尾气中一系列污染物的有效降解，是一项具备良好发展前景的机动车尾气净化技术。有研究人员研究得出，TiO_2 催化可实现对机动车尾气中氮氧化物的有效净化；还有研究人员指出，通过将 TiO_2 催化材料添加进半柔性碱性水泥路面中，可有效减少机动车尾气中各式各样的污染物，基于中和反应，路面的碱性水泥可实现对附着于催化材料表层无机酸催化产物的有效去除，进而为催化材料的活性提供可靠保障。

1.2.1.2　纳米光催化技术应用于降低温室效应

温室效应是21世纪以来人们面临的一项重要环境问题。引发温室效应的关键是人为污染物为 CO_2，所以改善大气中 CO_2 的排放是降低温室效应的重要一环。与此同时，以 CO_2 为原料生产有价值化学用品是近年来绿色化学领域得到广泛关注的一项课题，大气中的 CO_2 还原利用可收获理想的综合效益。半导体光催化技术即为一种具备良好发展前景的 CO_2 还原技术。然而，现阶段光催化还原 CO_2 技术在工程应用层面，因为效率偏低而难以得到广泛推广。近年来，超临界流体光催化技术凭借其可显著提高 CO_2 催化还原反应效率的优势，表现出了一定的发展潜力。而纳米 TiO_2 催化则是该项技术必不可少的一部分。相关研究人员借助湿化学浸渍技术提取出一种负载于石墨烯的纳米 TiO_2 材料，这一材料可显著提高将 CO_2 转化成 CH_4 的效率。还有研究人员深入研究了纳米 TiO_2 将 CO_2 转化成 CH_4 该催化技术的基本原理、发展前景等，指出相较于纳米 TiO_2，添加Cu等金属的纳米 TiO_2 具备更可靠的转化效率及良好的市场应用潜力。

1.2.2　光催化剂在自净化领域的应用

二氧化钛光催化代表性功能除了空气净化外，还有自我净化的功能。由于光催化有较强的酸化力和超亲水性，喷涂于物体表面，可形成光催化防雾涂层，同时由于其强大的氧化反应效应，可氧化掉物体表面的污渍，使被涂物具有自净化功能。

1.2.2.1 建筑外墙的自净化

在建筑外墙上喷涂光催化剂后，在太阳光的照射下能够快速分解建筑表面的污染物和有害物质，下雨时被分解的污染物随着雨水被冲刷掉，从而保持建筑外墙的美丽和色泽，达到自洁的效果。

1.2.2.2 光催化瓷砖

1998 年日本专业陶瓷生产公司 TOTO 开发了具有自洁功能的光催化瓷砖，由于光催化的氧化分解能力，可以使空气中细菌的数量大量减少，进而保证医院的空气质量。光催化瓷砖不仅能杀菌、抗病毒，还能抑制异味、防腐、防污垢。

1.2.2.3 光催化玻璃

光催化玻璃即在玻璃表面涂上具有高光催化功能的薄膜，由于光催化的氧化功能和超亲水性，能有效去除污垢，即使在雨天也能较好地保持玻璃的清洁。目前，光催化玻璃在日本应用较为广泛，如日本中部国际机场、横滨市水道局、商场、住宅大楼等都有安装光催化玻璃的实例。此外，光催化玻璃还被应用到汽车后视镜、新干线列车的车窗上，不仅能保持汽车外观的清洁美观，还能保证雨天驾驶的安全。

1.2.2.4 光催化顶棚

日本许多体育馆、仓库、车站通道的屋顶，商店、娱乐设施的遮阳棚，住宅平台屋顶等均采用光催化材料设计，即美观又清洁。中国国家大剧院的顶棚，也采用了光催化技术，具有很好的清洁、防污等功能，自净化效果非常明显。

1.2.3 光催化剂在医疗卫生领域的应用

光催化在杀灭大肠杆菌、金色葡萄球菌、肺炎杆菌、霉菌等病菌的同时，还能分解由病菌释放出的有害物质。光催化空气净化功能、自洁功能可以使医疗环境长期保持清洁、干净，其杀菌功能还可以抑制医院、养老机构等医疗设施、医疗器械的细菌繁殖。近年来，在抑制癌细胞的生长、假牙清洁和牙齿美白方面也有光催化的贡献。通过在患癌部位注入光催化微粒子，来抑制癌细胞的繁殖；在假牙中加入含光催化的溶液，被光源照射后，假牙上附着的污物被分解而变得干净；牙齿美白方面，主要通过 LED 灯的照射，去除牙齿上的牙垢，达到清洁牙齿、去除细菌的目的。

1.2.4 光催化剂在农业领域的应用

1.2.4.1 水果蔬菜保鲜

光催化在农业方面的应用主要用于水果、蔬菜的保鲜上。众所周知，水果和蔬菜存放时间久了会变质，这是因为，开始变质的部分会释放出能促进水果和蔬菜成熟老化的乙炔气体，促进未变质部位快速变质。如果使用光催化，能将乙炔气体分解为二氧化碳和水，易于水果和蔬菜的长时间保存，保持其鲜度。使用光催化不仅可以保鲜，还可以抑制细菌、霉的繁殖，保持存放水果、蔬菜空间的清洁。

1.2.4.2 养液栽培

应用养液培植蔬菜、水果是农业栽培的常用方法，不仅能促进农作物的生长，还能使瓜果、蔬菜避免病虫害的侵蚀。养液栽培使用过程中最主要的问题是养液水的处理，如果不排水，循环使用会减少果菜产量；如定时排放污水容易造成环境污染。利用光催化处理循环水，建立去除对生长有害物质的清洁系统，提高养液使用率，进而净化环境。

1.2.4.3 提高种子发芽活力

实验发现，光催化产生的活性酸素能对种子发芽产生一定的影响。经过光催化剂处理的种子，其发芽率远高于普通种子的发芽率，因此，在发芽率较低的草药中使用光催化剂可大大提升草药的收益率。

1.2.5 光催化剂在防臭消臭领域的应用

光催化的防臭消臭功能主要体现在汽车、衣柜、鞋柜等狭小、密闭空间空气净化的应用上。例如，汽车使用时间久了，车厢内会产生异味；衣柜、鞋柜因空间密闭，时间久了也会有异味出现，利用光催化空气净化器可以有效消除车厢、衣柜、鞋柜的臭味异味，净化空气。在日本，光催化技术已被日本轨道交通列入车厢空气治理的一种技术手段，新干线的吸烟室也装有光催化除臭器，对车厢进行光催化除臭，以保证车厢空气的清新。

1.2.6 光催化剂在水净化领域的应用

除了抗菌消臭、防污的功能外，光催化还可以应用到水净化领域。利用二氧化钛光催化技术降解水中有机污染物，特别是当水中有机污染物浓度很高或用其他方法难以处理时，光催化的净化效果是非常明显的。但是，有效除菌的水净化系统的开发较为困难，因为粉末状二氧化钛光催化遇水易分散，不利于回收。日本千叶大学研制开发的二氧化钛光催化薄膜小球，将粉末状二氧化钛成膜于球状金属氧化物表面，可以将其与水分离，有效回收再利用。在日本千叶公园使用光催化薄膜小球进行污水净化处理后，取得了较为明显的效果。光催化技术由于不消耗地球能源、不使用有害的化学药品，而仅仅利用太阳光的光能等就可将环境污染物在低浓度状态下清除净化，并且还可作为抗菌剂、防霉剂应用，因而是一项具有广泛应用前景的环境净化技术。未来随着光催化技术研究的深入开展，应用在建筑、家电、涂料、生活等领域的光催化产品会不断增多，在水污染治理、医疗设施及器械、农业等领域的应用将会引起关注，光催化市场前景可期。

1.3 光催化技术的发展动态和面临的挑战

我国“十三・五”规划中明确提出，“坚持绿色发展，着力改善生态环境”，要“推动低碳循环发展”。因此，发展新型高效的环境-能源材料与技术是支撑落实“十三・五”规划的基本保障。光催化材料与技术是当前国际上公认的在“同时解决环境和能源问题”中最具有应用前景的新技术之一。由于其在光照后具有强氧化还原能力，能够深度氧化有机污染物和还原分解水制氢，已经成为研究光催化反应的模型反应物。它不仅能够分解有机污染物，分解水制氢，将太阳能转换为氢能；而且能够模拟光合作用将 CO_2 转换为碳氢燃料和氧气。然而历经了30多年的发展，二氧化钛非均相光催化的研究仍然处于基础实验阶段，研究者通过二氧化钛改性和使用牺牲剂等方法提高光催化效果，但是这些改性方法并没有使光催化技术走向商业化。

1.3.1 光催化技术存在的主要问题

作为新兴的环境净化技术，光催化技术与传统治理技术相比有着独特的优势。光催化技术是通过化学氧化法将有机污染物分解为水、二氧化碳和无毒害的无机酸，而传统的相转移法和过滤法仅通过物理作用将污染物富集转移，易造成二次污染；光催化氧化反应在常温条件下就可进行，而传统的高温焚烧法装置却较复杂、耗能高，并且燃烧不完全产生的有毒中间产物对环境危害可能更大。光催化氧化技术在污水处理领域具有广阔的应用前景和重大社会经济效益，受到科学界、政府部门和企业界的高度重视，投入大量资金和研究力量开展催化基础理论和应用技术开发及工程化研究。但是，该技术在实际应用过程中还存在一些不足的方面。

1.3.1.1 量子产率偏低

根据光催化原理，当光生空穴与电子有效分离并分别迁移至光催化剂颗粒表面不同能级位置后，可与颗粒表面吸附的有机物质发生氧化还原反应，与此同时，光生空穴与电子如果没有被适当的捕获剂所捕获，就会迅速发生复合。可见，光生电子与空穴的有效分离是提高光催化效率的首要问题。光催化的效率可利用量子产率来衡量，其被定义为每吸收一个光子，体系所发生的变化数。对一个理想的体系，如果没有电子和空穴的复合，量子产率作为理想值变为1。但在实际体系中，电子和空穴的复合现象是不可避免的，显然，电子和空穴的再复合会降低半导体的光催化效率。因此，研究人员一直在努力通过改性等方法来提高量子产率从而提高光催化活性。

1.3.1.2 光谱响应范围窄

半导体光催化剂的带隙能一般较宽，如 TiO_2 的禁带宽度为 3.2eV，只能吸收波长小于或等于 387nm 的光子，也就是说 TiO_2 的光吸收仅局限于紫外区。而太阳能作为一种清洁而经济的能源，在到达地面的辐射波中，波长在 200～400nm 间的紫外线仅占太阳光能量的 3%～5%，因此，太阳能利用率非常低。另外，随着昼夜、季节、天气的变化，太阳的辐射强度不同对光催化处理系统在实际废水处理中的运转带来困难。

1.3.1.3 催化剂的分离和回收难

由于光催化剂活性与粒径的大小有很大关系，粒度越小，比表面积越大，光催化活性越高，所以目前广泛利用的半导体催化剂大多为纳米级的粉末，而粒度小容易发生二次团聚。另外，这给光催化剂的分离和回收造成了一定的难度，也影响了该技术在工业上的广泛应用。因此，将催化剂固定在某些载体上以避免或更容易使其分离回收的技术引起国内外学者的广泛兴趣。制备不同形貌的催化剂或寻找合适的载体和固定化方法，制备负载型催化剂，克服悬浮相催化氧化中催化剂难回收等问题是该技术得以推广应用的关键之一。

1.3.1.4 高浓度废水透光率低

由于光催化反应是基于体系对光能量的吸收，因此要求被处理的体系具有良好的透光性。但是实际废水体系组成都比较复杂，不仅含有一些可溶性污染物，而且常常混有一些悬浮颗粒物等难溶性杂质，若废水浓度高、杂质多、浊度高则会对入射光起到遮蔽的作用，透光性差可能导致光催化反应难以进行。因此该方法在实际废水处理中，适用于后期的深度处理。

1.3.1.5 光催化剂的失活

目前，光催化技术已被广泛应用于水质净化、污水处理、空气净化、污水脱毒、杀菌等方面。虽然光催化法有较高的处理效率及反应速率，但在实际应用过程中普遍存在催化剂的失活现象，这大大影响和限制了光催化技术的实际推广应用。从过去的研究来看，导致光催化剂失活的因素很多，主要原因有：催化剂表面吸附或表面沉积、催化剂表面性质或结构改变、自由基俘获等。因此，防治或避免光催化剂失活以及失活后再生也是该项技术研究的一个重要方面。

1.3.2 光催化技术的发展趋势

21 世纪人类面临的最大课题是能源和环境问题。开发具有可见光响应的光催化材料，直接利用太阳能分解水造氢，或分解有毒有害气体和液体有机物质，净化已被污染的环境，对于从根本上解决能源和环境问题，解决影响人类生存的环境污染问题被寄予厚望。光催化材料研究的国内外研究现状和发展趋势主要体现在以下几个方面。

1.3.2.1 光催化材料的太阳能转换效率逐步提高

构建高效的光催化反应体系的核心问题是开发高效光催化材料。近年来，光催化薄膜材料分解水制氢的太阳能转换效率逐步提升。2008 年，Augustynsk 报道了 WO_3 光催化薄膜材料的饱和光电流达 3mA/cm^2(按外加偏压来自太阳电池提供计算)，太阳能转换效率约 3.6%，接近其极限值 3.9mA/cm^2。2010 年，sayama 等制备了 $BiVO_4$ 光催化薄膜材料，在 1mol Na_2SO_4 水溶液中 AM1.5 模拟太阳光照射下的饱和光电流为 1.5mA/cm^2(太阳能转换效率约 1.8%)。2011 年，邹志刚课题组通过掺杂和表面修饰获得 $BiVO_4$ 光催化薄膜材料的太阳能转换为氢能的效率，可以达到 4.1%，是 $BiVO_4$ 材料里的最高值。可见，利用光催化薄膜材料分解水制氢最有希望率先获得应用。

在太阳能分解水制氢领域，我国学者作出了很多高水平的研究工作。西安交通大学的郭烈锦教授采用超声喷雾热裂解方法制备了 $BiVO_4$ 光催化薄膜材料，发现 W 掺杂可以提升其光电化学性能，他们还研究了 WO/$BiVO_4$ 纳米异质结构光催化薄膜材料，在 AM1.5 模拟太阳光照射下的饱和电流为 1.6mA/cm^2(太阳能转换效率约 1.9%)。上海交通大学蔡伟民教授研究发现 Co_3O_4 修饰的 $BiVO_4$ 光催化薄膜材料，量子转换效率提高了 4 倍，在 1Vvs. Ag/AgCl 电极电势下，400 光辐照下的量子转换效率达到 7%左右。邹志刚课题组系统研究了具有可见光响应的 $BiFeO_3$-Fe_2O_3、$BiVO_4$($SrTiO_3$)1d(LaT_2N)等半导体光催化材料分解水制氢的性能，太阳能转换为氢能的效率可以达到 3.3%。这些工作表明在这一研究领域我国学者在国际上处于先进水平。

1.3.2.2 光催化表征手段快速发展

对光催化机理的认识有助于开发高效光催化材料，提高光催化性能。2005 年，日本大阪大学 Majima 研究组将单分子荧光显微观察手段引入光催化领域，对光催化材料表面的反应活性位分布进行直接观测。时间分辨原位红外光谱具有原位实时监控和利用红外光谱精确分析物质结构的优点，能够实时跟踪反应物在不同条件的化学变化。2007 年，中国科学院大连化学物理研究所李灿教授课题组将这一技术运用于光催化反应机理研究，获得了光生电子的衰减动力学信息、光生电子寿命以及反应物对光生空穴的捕获行为。2008 年，英国帝国理工学院 Dunnt 教授等利用瞬态吸收光谱确定了 TiO_2 光催化材料中光生电子-空穴复合、迁移以及与水的氧化-还原反应的时间尺度。从时间尺度上来看，水氧化反应是光催化分解水反应的主要速率控制步骤。水氧化反应是多空穴参与过程且受光生空穴的界面传输控制，因此长寿命光生空穴的浓度将决定某些中间物种的形成与累积过程。2008 年，李灿教授课题组将紫外拉曼光谱表征手段引入 TiO_2 相变研究过程，揭示了 TiO_2 表面相的形成、演变及其对光催化性能的影响规律。利用原位衰减全反射表面增强红外光谱可以方便地获得表面分子振动信息。2009 年，日本东京大学教授用该技术监测吸附在贵金属表面的 CO 的振动频率，获得了贵金属助催化剂与光催化材料之间费米能级的匹配信息。先进的表征手段不断地引入，有助于深入认识光催化反应。

1.3.2.3 改善光催化反应效率的手段明确化

半导体光催化材料的光生电子-空穴复合是限制光催化反应效率的重要因素。电子-空穴复合主要包括体相复合和表面复合，因此减小体相和表面复合是提高光催化反应效率的重要手段。邹志刚课题组提出了通过降低载流子的有效质量来提高载流子的迁移能力的方法，制备了 Mo 掺杂 $BiVO_4$ 多孔氧化物薄膜材料，以 Mo 部分取代 V，有效地降低了光生空穴有效质量，提高了其扩散长度，有效地减少了光生载流子的体相复合。2011 年，邹志刚课题组发现在 $In_{0.2}Ga_{0.8}N$ 和 Mo 掺杂 $BiVO_4$ 的光催化薄膜材料制备中会出现表面偏析相，成为光生电子和空穴的复合中心。通过利用电化学腐蚀减少表面偏析相，可以有效减少光生电子-空穴的表面复合，显著提高光催化材料的催化效率。此外，助催化剂修饰也是有效减少表面光生电子-空穴复合的有效手段。近年来，国外有几个研究组将钴磷配合物助催化剂用于修饰 $BiVO_4$、Fe_2O_3 和 WO_3 等光催化薄膜材料，均能显著提高光催化分解水的反应效率。

1.3.2.4 基于新奇物理机制的光催化材料兴起

近年来，光催化材料种类不断拓展。2008 年，福州大学付贤智教授课题组研究发现了二维共轭键结构的 $g-C_3N_4$ 聚合物半导体光催化材料。与无机半导体光催化材料不同，$g-C_3N_4$ 具有简单的晶体结构，其导、价带分别由 C2p 和 N2p 轨道构成，光生电子-空穴是通过 π 键传输，开辟了光催化材料研究的新方向。由于聚合物的种类丰富，功能易调节，组成元素来源丰富，成本低廉，因此这一类材料引起了人们的广泛关注。

近期，研究人员们将贵金属纳米颗粒与半导体光催化材料复合，利用贵金属纳米颗粒的表面等离子体共振效应，有效地拓展了光催化材料的光吸收范围。2008 年，山东大学黄柏标教授研究组开发了一系列 Ag@ AgZ(Z=Cl，Br，I)等离子体增强效应的光催化材料，显示出可见光光催化降解有机污染物的性能。日本的 Torimot 合成了复合体系的等离子体光催化材料 CdS@ SiO_2//Au@ SiO_2，发现该体系的光催化产氢效率很大程度上取决于 CdS 和 Au 纳米颗粒间的距离，这是由于金属颗粒的表面等离子体共振效应与周围介质有很大关系。美国加州大学的 Dun 等利用 Au/Ag 核壳纳米棒制备出等离子增强的 PtO-Si/Ag 光电二极管光催化材料，光谱特性研究表明光催化性能的增强很大程度上取决于 Au/Ag 核壳纳米棒的等离子体吸收光谱，进一步说明了等离子体增强在光催化中的作用。利用新奇物理机制拓宽光响应和高光催化性能引起人们的广泛关注。

1.3.2.5 光催化材料构–效关系被重视

随着光催化研究工作的推进，人们发现控制光催化材料的形貌、尺寸以及晶面等微结构参数，能够有效调控光催化材料的性能。2002 年，Jtrng 等采用有机模板法制备了双层 TiO_2 纳米管。2007 年，武汉理工大学余家国教授制备了具有分级纳米孔结构的 TiO_2。2008 年，Awaga 等利用模板法制备了 TiO_2 空心球。这些纳米管、空心球结构、分级结构等特殊结构的光催化材料均具有较大的比表面积，显示了比普通颗粒更好的光催化性能。

选择性暴露晶面成为提高光催化材料反应活性的另一个有效途径。近期，关于晶体各向异性和活性面的研究已向多种半导体材料扩展，并取得了重要进展。2008 年，Yag 等发现 F 能够有效稳定 TiO_2 的高活性(200)晶面。此后，研究人员在高活性晶面 TiO_2 的可控制备方面开展了一系列的研究工作。2010 年，Lou 等利用溶剂热法合成了近(001)面暴露的锐钛矿 TiO_2。同年，Ye 等利用水热法通过控制溶液的 pH 值合成了(001)面暴露的 $BiVO_4$，显示出了较高的光催化氧化水性能。2011 年，邹志刚课题组研究发现，通过调控 Zn 不同晶面暴露可以实现光催化反应的选择性。这些研究结果，进一步表明光催化材料微结构调控是改善光催化材料性能的有效手段之一。

1.3.2.6 光催化环境净化向复杂体系和高选择性方向发展

与光催化分解水反应类似，有机污染物光催化降解反应过程是一个典型的界面反应，并且污染物分子的吸附构型和分子反应机理是紧密相关的。最近几年，人们在对高毒性、高稳定性的有机污染物的矿化、光催化降解的选择性等方面的研究取得了一定的研究进展。

中国科学院化学研究所赵进才教授研究组在光催化选择性氧化、降解界面反应方面取得了明显的进展，该课题组在简单染料分子敏化 TiO_2 反应体系内，成功地实现了选择性氧化醇类化合物为醛类化合物，提出了染料受光激发产生电子注入 TiO_2 的导带，还原 O_2 为超氧，处于激发态的染料自由基促进 TEMPO 氧化为 $TEMPO^+$，利用 $TEMPO^+$ 选择性地氧化醇类化合物为醛类化合物这一反应途径。后续，他们进一步实现了不需要染料敏化，在 TiO_2 光催化反应体系中氧化醇类化合物为醛类化合物的反应途径。

1.4 本章小结

本章从光催化技术的研究进展可以预见，通过太阳光的直接作用分解有机污染物或高效分解水制备洁净的氢气，将从根本上解决环境及能源问题，彻底改善能源利用过程对环境的破坏，实现人类的终极能源梦想。要实现利用太阳光作为唯一能量来源自发高效地进行光解水制氢反应，仍面临着巨大挑战。科学家们从光催化材料研发、共催化复合体系构筑、纳米形貌调控、器件化以及构筑新型制氢体系等多个方面展开研究，重点突破，努力提高光解水制氢效率。综合对比不同路径，光催化材料的纳米形貌调控和集成器件化设计能够结合其他路径的优点，是未来太阳光催化分解水技术的重要研究方向。同时，只有深入理解光解水反应机理，探明光催化材料的光吸收、光生电荷激发、迁移、界面转移及氧化还原反应机制，才能从根本上找到优化材料设计及提高制氢效率的新方法。

光催化技术展示了巨大的潜在应用前景，也面临着艰巨的挑战，如何实现光催化材料带隙与太阳光谱匹配、如何实现光催化材料的导价带位置与反应物电极电位匹配、如何降低电子-空穴复合提高量子效率、如何提高光催化材料的稳定性等问题仍是这一领域必须要解决的关键科学问题。“我相信总有一天可以用水来作燃料，组成水的氢和氧可以单独或和在一起来使用，这将为热和光提供无限的来源，所供给光和热的强度是煤炭所无法达到的，水将是未来的煤炭。”1870年，吉尔斯·费恩在科幻小说《神秘岛》中写下了这段看似“梦呓”的预言。光催化技术在国际上被喻为“梦”的技术，它的实现将会给人类社会带来一个崭新的变革。发展太阳能科学利用技术，对可持续发展有巨大价值。同时，太阳能在我国也拥有宽广的潜在应用市场，一旦形成产业，必将引领国际。

TiO$_2$光催化材料的制备和表征

2.1 引 言

在能源和环境问题强大需求的推动下，国际上光催化领域的研究已经从最初的实验现象发现，逐步由基础理论研究转向光催化材料的应用基础研究；由光催化材料探索逐步转向高效光催化材料体系设计。在研究手段上，已经能够从分子、原子水平上揭示光催化材料基本物性以及光催化材料的构-效关系，从飞秒时间尺度上研究光催化反应过程与反应机理，包括第一性原理与分子动力学模拟在内的现代科学计算方法，逐渐在光催化材料物性与光催化反应机理研究方面起到重要作用。以半导体物理学、材料科学和催化化学为基础的较为完整的光催化基础理论体系已经初步建立。光催化已经发展为物理、化学、能源和环境等多学科交叉领域，成为热点研究领域之一。光催化领域最新的研究进展主要集中体现在认识光催化太阳能转换效率限制因素，揭示光催化机理与发展表征手段，设计基于新奇物理机制的光催化材料(改善光催化反应效率)，阐明光催化材料构-效关系以及构建复杂、高选择性环境净化体系等方面。由于受量子尺寸效应、量子隧道效应、界面效应等影响，纳米二氧化钛具有不同于传统的晶体和非晶体的独特性质(如奇特的微结构以及其光、电、催化等特性)。在纳米尺寸范围内(1～100nm)，粒子的结构既不表现为非晶体的无序状态，也不像晶体那样长程有序。纳米二氧化钛的表面原子与总原子个数之比、比表面积、表面晶格缺陷的密度等随尺寸的减小而增大，这更能提高二氧化钛的活性。纳米二氧化钛的导带和价带由块体材料中连续的能带过渡为分立的能级，出现有效禁带宽度(即量子尺寸效应)，从而可以使某些难于在体相催化剂上或在缓和条件下进行的有机物矿化得以实现，同时还能提高对某产物的选择性。

2.2 TiO$_2$ 基本物理化学性质

二氧化钛配位数是6，空间结构是八面体型，钛原子都是被6个几乎等距离的氧原子所配位。而纳米二氧化钛内部微结构几乎与传统的晶体结构基本一致，只有纳米二氧化钛是极少的分子组成点群，每个晶体又包含有限个晶胞，晶格点阵发生一定程度的弹性畸变，使空穴和电子不易复合，能提高活性。在光照射下，能在二氧化钛表面纳米区域内形成亲水性及亲油性两相共存的二元纳米界面结构。二氧化钛在光照条件下能够进行氧化还原反应，是由于其电子结构特点为一个满的价带和一个空的导带。当光子能量达到或超过其带隙能级时，电子就可以从价带激发到导带上，同时产生相应的空穴，即生成电子-空穴对，对有机污染物进行氧化降解反应。纳米二氧化钛矿化有机物总体过程可表示为如下反应：

$$\text{有机污染物}+O_2 \xrightarrow[\text{超带宽光}]{TiO_2} CO_2+H_2O+\text{矿化的盐}+\text{无机盐}$$

对总体过程，可分解为五个基本步骤：

（1）电荷的产生：

$$hv+TiO_2 \longrightarrow e_{CB}+h_{VB}(\text{空穴})$$

因为纳米级二氧化钛的能量是不连续的，价带的纳米和导带之间存在一个禁带。用作光催化剂的纳米二氧化钛的禁带宽度为 3.2eV，当吸收波长小于或等于 387.5eV 的光子后，价带中的电子就会被激发到导带上，形成带负电的活性电子，同时在价带上产生带正电的空穴。

（2）电荷体的复合

$$e_{CB}+h_{VB} \longrightarrow \text{热}+\text{光}$$

激活态的导带电子和价带空穴能重新合并，使光能以热的形式散发掉，当存在合适的俘获剂或表面缺陷态时，就会在表面发生氧化还原反应，所以光催化剂过程中尽量避免电子——空穴对的重组效应。

（3）价带空穴引起的氧化途径的发生

光生空穴有很强的氧化能力，可以使电子从被吸附的溶剂分子转移，或从被吸附的底物分子转移，使原来不吸收入射光的物质活化而被氧化。

$$h_{VB}{}^{+}+H_2O \longrightarrow \cdot OH+H^{+}$$

$$h_{VB}{}^{+}+OH^{-} \longrightarrow \cdot OH$$

$$h_{VB}{}^{+}+RX \longrightarrow RX^{+}$$

（4）导带电子引起的还原途径的发生

在电子从导带传送给反应物的过程中，分子氧作为电子受体，以过氧阴离子及其质子氧化形式存在着，发生歧化反应，产生过氧化氢，加入的过氧化氢有利于反应速率的提高。

$$e^{-}+O_2 \longrightarrow O_2^{-}$$

$$\cdot O_2^{-}+H_2O \longrightarrow HOO\cdot+OH^{-}$$

$$2HOO\cdot \longrightarrow H_2O_2+O_2$$

$$H_2O_2+e^{-} \longrightarrow 2\cdot OH$$

（5）羟基自由基矿化有机物

羟基自由基是短暂的强氧化剂，能消除氢同时氧化有机物，产生有机自由基，接着在分子氧存在下被氧化成自由基，这些中间体激发热力学链反应进行矿化生成水、二氧化碳和矿化物。

$$\cdot OH+RH \longrightarrow R\cdot +H_2O$$

$$\cdot OH+RX \longrightarrow RX\cdot + \cdot OH$$

$$RX\cdot (R\cdot)+\cdot OH \longrightarrow H_2O+CO_2+\text{矿化的产物}$$

通过上述过程产生具有强氧化性的羟基自由基外，在光反应诱导产生的其他活性集团对于有机物的矿化也同样具有相当重要的意义。

$$e_{CB}+\equiv Ti—O\cdot +H^{+} \longrightarrow \equiv Ti—OH$$

$$h_{VB}+\equiv Ti\cdot +OH^{-} \longrightarrow \equiv Ti—OH$$

$$h_{VB}^{+}+\equiv Ti—OH \longrightarrow \equiv Ti—O\cdot +H^{+}$$

$$h_{VB}^{+}+\equiv Ti—H_2O \longrightarrow \equiv Ti—O\cdot +H^{+}$$

这些活性集团由于具有大量的悬键，这些悬键可在能隙中形成缺陷能级，使纳米二氧化钛表面具有很高的活性，可以直接对有机物造成羟基化，而羟基自由基的氧化能力是水体存在的氧化剂中最强的，并将其最终矿化为水、二氧化碳等无机物。许多有机物的氧化电位较二氧化钛的价带电位更负一些，能直接为氢离子所氧化。由于有机物的矿化机理往往与分子结构有关，结构不同，矿化机理及途径也有差异：①对脂肪族化合物的矿化机理是脂肪烃与·OH 作用生成醇，进而氧化为醛和酸，最终生成水和二氧化碳。②对卤代脂肪烃，先羟基化，然后再脱卤矿化。③对芳香族化合物的矿化是在·OH 的作用下，芳环结构发生变化，开环逐步氧化为水、二氧化碳和小分子无机物。

二氧化钛这一理想催化剂，具有高活性高化学稳定性和无二次污染性，可以回收液相中的有机污染物。但二氧化钛的纳米催化剂易凝聚，对太阳光的利用率不高，并且微粒细小造成回收困难。而且二氧化钛块体或球体表面的吸附性差，需要较长的时间才能达到有机物的完全降解。采用具有大比表面积、多孔的惰性吸附剂作为载体，对水中极低浓度的污染物进行快速的净化和表面富集，加快光催化降解反应速度，是提高光催化活性的有效途径之一。涂抹法、固定法的缺陷是二氧化钛与载体结合不牢固，容易脱落。在溶胶中加入活性炭，通过热处理增强二氧化钛与载体的结合力，而又不影响二氧化钛的光催化活性是解决载体与二氧化钛结合不牢固的方法。通过控制溶胶的组分及其与活性炭的配比量，使二氧化钛纳米粒子不发生二维黏结，又不影响活性炭的比表面积，并且在应用中对活性炭的存在状态没有要求，从而能促使光催化技术的工业化。

二氧化钛活性炭复合体具有强光催化性能，原因是借助活性炭的吸附作用，对水中有极低浓度的污染物进行快速的吸附净化和表面聚集，为光催化反应提供高浓度环境，加快污染物光催化降解反应的速率，而且将反应的中间副产物吸附并转移到二氧化钛而使有机物完全净化；二氧化钛光催化作用时，被活性炭吸附的污染物向二氧化钛表面迁移，使活性炭的吸附能力得以恢复，从而实现了活性炭的原位复生，这种催化剂与载体的相互作用增强了二氧化钛活性炭复合体的光催化性能和使用寿命。

当用紫外光照射二氧化钛光催化剂时，能形成具有高度活性的电子和空穴对，产生共轭作用，氧化多种有机物，并最终将其降解为二氧化碳和水的羟基自由基，而羟基自由基的寿命短，若二氧化钛晶体粒子与活性炭融合在一起，则被活性炭所吸附的污染物分子与羟基自由基的碰撞概率增大。同时，二氧化钛光催化作用促使被活性炭吸收的污染物向二氧化钛表面迁移而被光催化分解，加快了污染物光催化降解速率，并可抑制光催化中间产物释放。这样就使碳吸附能力得以恢复，实现了活性炭的原位再生，产生活性炭吸附能力与二氧化钛光催化功能的协同效应，污染物不能在碳表面迁移。因此对于二氧化钛非但没有因碳吸附提供丰富的污染物高浓度环境，反而因污染物先被碳吸附而使二氧化钛的周围环境的污染物浓度更低，造成光催化降解速度低，去除污染物效果差。又因为污染物不能从活性炭的表面迁移至二氧化钛表面由光催化反应过程脱除，因此也就不能实现活性炭原位再生的过程。

2.3 中空二氧化钛

2.3.1 中空微球的研究背景

近年来，无机氧化物（如 TiO_2、SiO_2、Fe_3O_4 等）中空微球，因其形貌清晰、尺寸均一、密度低、高比表面积、热力学稳定性高等特性，具有极为广阔的应用前景。例如，中空结构空间比率大常常被用来承载和控制释放特殊物质，如药物、DNA、蛋白质、生物分子等。此外，这些中空微球还可以用来调控折射参数、降低密度、增加催化活性面积、吸附、细胞早期检测显示标识等。

无机中空微球由于其独特的光学、光电、磁性、电学、热性能、电化学、光电化学、力学以及催化性能，使得在应用上比有机中空微球更具有广泛性和多样性。自从 kowalski、Rohm 和 Haas 在制备无机中空微球做了开创性工作之后，大量化学和物理化学的制备方法先后被开发出来，包括多相聚合结合溶胶凝胶法、乳化/界面聚合、自组装技术和表面原位聚合法。其中，模板法是最为普遍的方法，且至少有两个过程是必不可少的：首先，必须对模板进行改性使得其表面能包覆无机前驱体；再者，当无机物外壳包覆在模板时，模板必须能通过一定的方法去除，而留下中空壳。通常地，模板可分为硬模板和软模板两种。硬模板法（如 SiO_2、碳微球、高聚物、金属颗粒等），其最终中空微球的结构跟模板相似，具有清晰的单分散形貌；缺点是烧结或化学腐蚀去除模板复杂且耗能。至于软模板法（细菌、液滴、水泡等），其优点是模板容易去除，但缺点是制备的中空微球形貌和单分散性通常因模板变形而不好。尽管这些模板法的一些缺陷是固有的并且似乎是不可克服的，但一些新的尝试，比如牺牲模板法、改性软模板法等正试图去克服这些缺点。此外，制备无机中空微球还有一个重要的制备方法——无模板法，比如奥斯特瓦尔德熟化法（Ostwald ripening method），这种方法不仅结合硬模板和软模板的优点，而且避免了它们二者的缺陷。

2.3.2 二氧化钛中空微球的制备方法

随着无机中空微球的深入研究，其广泛的应用前景引起了人们的高度重视。而二氧化钛作为一种重要的无机半导体材料，其中空结构的构建而形成独特的性能如低密度、高比表面积以及高转移性，使得二氧化钛中空微球在原来的应用（光捕获、化学分离、光催化、光伏以及光学仪器）中更具有优势。因此，如何制备分散性好、尺寸均一、比表面积高的二氧化钛中空微球至关重要，如上节所提，目前二氧化钛中空微球的制备可以借鉴其他无机中空微球的制备方法，比如模板法（硬模板法和软模板法）、无模板法和一些新型的制备方法等。

2.3.3 硬模板法

在无机中空微球的制备过程中，硬模板法是比较常见的一种手段。目前为止各种各样利用得比较多的硬模板有高聚物微球、碳微球、二氧化硅、碳酸钙微球等。二氧化钛中空微球的最终形貌和尺寸基本上取决于制备过程中所用的模板。

（1）高聚物模板法

硬模板法中，高聚物模板法是最常用的一种。在利用高聚物微球作模板过程中，通常有主要两种方式来制备具有均相、厚度均一外壳的中空微球。其一，以聚苯乙烯（PS）为例，利用聚苯乙烯及其衍生物作为模板微球和制备 TiO_2 中空微球。在这种制备过程中，聚苯乙烯微球首先被分散在溶液中，接着控制无机分子前驱体的表面沉积使得无机粒子包覆在聚苯乙烯微球的表面。或者也可以通过与聚苯乙烯核上的特殊功能官能团直接表面反应形成核壳复合物，然后通过合适的溶剂或在空气中按一定温度升温烧结选择性除去聚苯乙烯微球，最后留下无机中空微球。Yang 和 Lu 等人通过浓硫酸对核壳聚苯乙烯凝胶模板进行内部磺化首次制备得到无机中空微球。同时他们也通过一种特殊的高聚物中空微球为模板成功制得双层二氧化钛中空微球。这种特殊的中空模板复合物是由含有亲水内层的PS中空微球和PMMA-PMA的横向孔道组成，利用这种特殊模板制备双层二氧化钛中空微球，如图2-1所示。

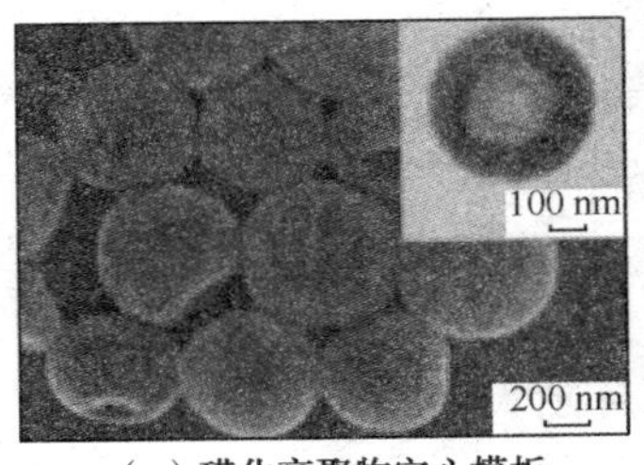

（a）磺化高聚物空心模板

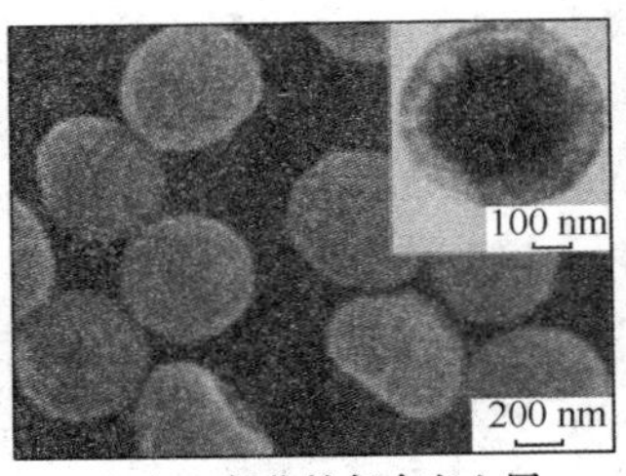

（b）二氧化钛复合空心层

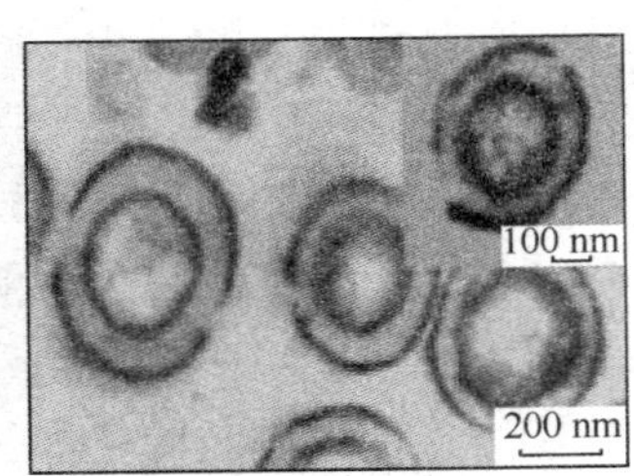

（c）双壳中空层

图2-1　双层空心球的形成

Ma等人利用聚苯乙烯/双乙烯/苯（PS-DVB）为模板制备了多层壳结构的二氧化钛中空微球。在制备过程后处理烧结温度的控制极其重要，预加热过程中的温度对二氧化钛中空微球的最终结构有着直接的影响。

其二是层层自组装技术（layer-by-layer self-assembly method）。自组装方法是由Caruso等人首先提出的，此后引起了学术界的广泛兴趣。其原理是基于带相反电荷材料通过静电作用在层层之间交替沉积形成均一的外壳。例如通过在亚微米胶体PS粒子的表面连续吸附多电解质物质和带电荷相反的纳米粒子，可以形成多层核壳结构的复合粒子，最后去除PS模板即可制得直径和壳厚尺寸均一的中空微球。通过这种方法可以制得TiO_2、SiO_2、Mn_2O_3以及其他材料。

高聚物模板法制备中空微球最大的优势就是可利用高聚物微球大小的可控性以及表面功能官能团的改性。因此包括非金属氧化物、金属氧化物，甚至金属都可通过这种方法制备其相应的中空微球。然而缺点正如前节所提，模板的去除是必不可少且复杂、耗能。因此针对这些问题，最近，Wu等人报道了一种一步合成法制备单分散的二氧化钛和二氧化硅中空微球。这意味着无机外壳的形成和高聚物核的去除能在同一媒介中同时进行，如图2-2所示。这大大简化了中空微球的制备工艺。

（2）无机非金属模板法

无机非金属模板中常用的主要有两种，分别为碳和二氧化硅颗粒。碳颗粒作为合适的模板主要是由于其丰富的反应基团和去除容易。Li和其合作者将金属粒子吸附到亲水的碳颗粒表面，并通过去除碳颗粒模板成功制备了一系列无机中空微球，如TiO_2、Al_2O_3、ZrO_2、Y_2O_3等。此外，还可利用介孔结构的碳微球作为模板，将金属氧化物的前驱体沉积在碳球表面的孔道中，制备具有晶型多孔金属氧化物中空外壳的中空微球。

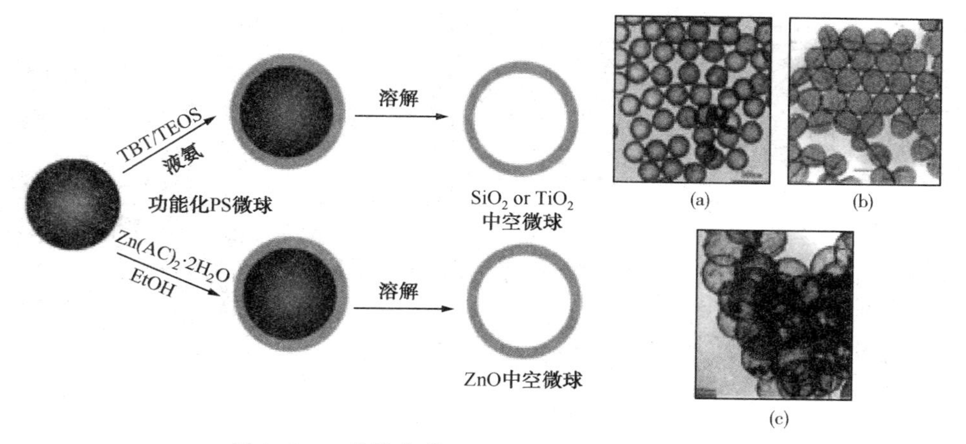

图 2-2　一步法合成 SiO_2、TiO_2、ZnO 中空微球

2.3.4　软模板法

软模板法不同于硬模板法的最大优势就是制备过程中模板相对容易除去。然而缺点也很明显，最终的中空微球常因软模板的变形而使得其形貌与单分散性相对较差。因此如何控制这些无机中空微球的单分散性和球型形貌是这种制备方法的最大挑战。Mann. S 等人通过界面活性剂稳定的非水溶液乳液(甲酰胺/十六烷)成功制备直径从 100nm 到几微米的二氧化钛中空微球，可用于低密度染料，自我修复涂层和光催化剂，如图 2-3 所示。

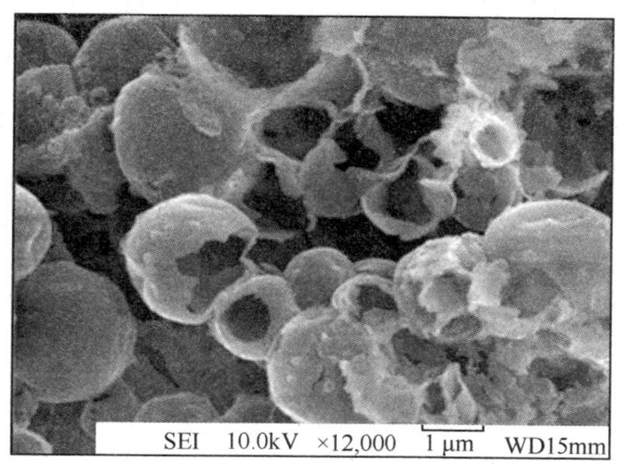

图 2-3　微乳液滴模板制备中空 TiO_2 微球

再有，Kimizuka 等人利用室温离子液体 1-丁基-3-甲基咪唑六氟磷酸盐和无水甲苯，使得二氧化钛前驱体在其界面上进行溶胶凝胶反应，从而形成中空二氧化钛微球，如图 2-4 所示。在制备过程还可以加入 Au 纳米粒子或者羧酸酯基染料制备复合中空微球材料。

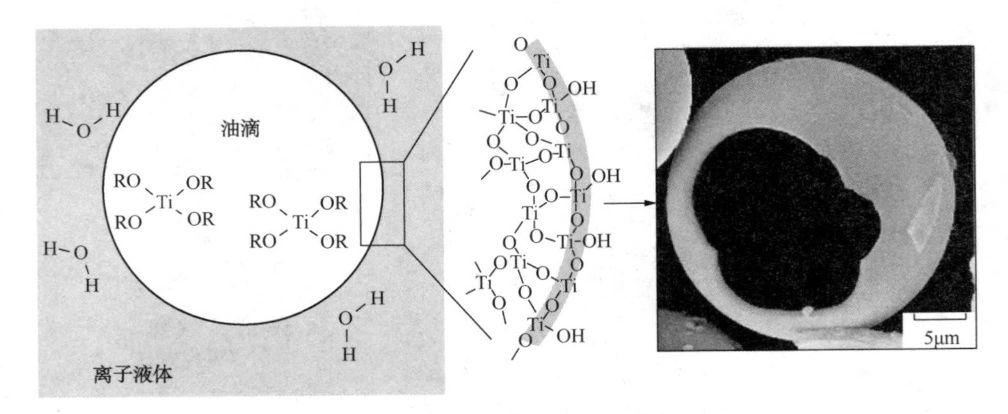

图 2-4　离子液体制备中空微球

2.3.5　无模板法

从上述讨论可以看出，尽管目前模板法在制备具有微米/纳米尺寸的中空微球最有效，同时也是最普遍利用的一种合成方法，但是这种方法存在着固有的缺陷并且事实证明很难克服。例如，在硬模板法中无论是通过热处理或化学方法去除模板本身都是十分复杂和耗能的，而在软模板法中由于软模板的不可控性使得其相对中空微球的形貌跟单分散性也很难得于控制。因此开发一些新中空微球的合成方法十分具有挑战性，且十分必要。近年来，无模板法制备中空微球因其制备工艺简单被广泛研究，Ostwald 熟化法就是其中最具有代表性的方法之一。

Ostwald 熟化法的基本原理是由于小尺寸晶粒具有更高的溶解性，大尺寸晶粒并由小尺寸晶粒慢慢成核长成。在小的胶体团聚体中，尺寸较小，结晶不好会溶解在液相中重新生长成尺寸较大、结晶更好的晶粒。目前利用 Ostwald 熟化法可制备 TiO_2、Fe_3O_4、Bi_2WO_6 等中空微球，例如 Zeng 等人通过 TiF_4 溶液的 Ostwald 熟化一步合成直径介于 0.2~1.0μm 的锐钛矿 TiO_2 中空微球。Li 等人用 $TiOSO_4$ 为原料通过热溶剂法成功制备具有刺猬型形貌的 TiO_2 中空微球，其中空结构可通过不同的溶剂如甘油、乙醇或乙烯醚来进行调节。

此外，最近也有报道阐明了一种通过自我模板(self-templated formation)制备中空微球的方法。Yu 等人通过这种被称之为局部 Ostwald 熟化工艺合成了一系列中空粒子，比如 TiO_2、SnO_2 和 CuO/Cu_2O 等。随着反应时间的增加，表面层首先转化到一种热力学上更加稳定的形式，于是，一层不易溶解的超薄外壳就在无定形的固体微球表面形成。为了使得反应体系稳定，这种无定形核倾向于溶解并扩散到外界溶液当中，从而慢慢形成中空结构。

2.3.6 本章的主要研究内容

鉴于传统的粉体 TiO_2 半导体光催化剂在环境水处理中易团聚、易失活、难回收等缺点，本书以 TiO_2 为基础研究对象，旨在合成一种高比表面积且具有双亲性的中空 TiO_2-ZrO_2 交错复合催化微球，具体研究内容如下：

(1) 采用先水热后煅烧处理合成中空 TiO_2 微球，并以亚甲基蓝溶液为目标降解物对所合成的中空 TiO_2 微球光催化活性进行考察。

(2) 在中空 TiO_2 微球的制备基础上，采用模板水热法合成中空 TiO_2-ZrO_2 交错复合微球，并以亚甲基蓝溶液为目标降解物考察 ZrO_2 的复合对 TiO_2 光催化活性的影响。

(3) 采用硅烷偶联剂 KH832 对中空 TiO_2-ZrO_2 交错复合微球进行表面疏水改性，并对其性质以及界面光催化活性进行考察。

本书制备的 TiO_2 与 ZrO_2 交错复合的中空微球光催化剂，与中空 TiO_2 相比具有较高的比表面积，有利于光催化过程中对目标降解物的吸附，从而提高目标降解物与催化剂的接触概率，增加反应活性。在采用硅烷偶联剂对其进行双亲性改性处理过程中，由于 ZrO_2 的引入有效保护接枝的疏水基团，从而确保改性后的双亲性催化微球在界面催化过程中具有较高的稳定性，能漂浮在气液两相界面，非常有利于光催化反应的持续进行。

2.4 中空 TiO_2 微球的制备及光催化性能

2.4.1 实验试剂与仪器

本实验所用主要实验试剂及仪器见表 2-1 和表 2-2。实验用水均为高纯去离子水(自制)。

表 2-1 主要实验试剂

试剂名称	等级	试剂名称	等级
钛酸丁酯(TBOT)	分析纯(AR)	亚甲基蓝(MB)	分析纯(AR)
甲基丙烯酸甲酯(MMA)	分析纯(AR)	无水乙醇(EtOH)	分析纯(AR)
过硫酸铵[$(NH_4)_2S_2O_8$]	分析纯(AR)	去离子水	

表 2-2 主要实验仪器及设备

实验仪器名称	规格型号	生产厂家
高压水热反应釜	25mL	中国石油化工集团公司

续表

实验仪器名称	规格型号	生产厂家
电热恒温干燥箱	202-1AB	天津市泰斯特仪器有限公司
超声波清洗器	KQ-300B	昆山市超声仪器有限公司
台式离心机	TDL-5-4	上海安亭科学仪器厂制造
电子天平	AY120	日本岛津公司
X 射线衍射仪	XRD-7000	日本岛津公司
扫描电子显微镜	JSM-6700F	日本电子株式会社
双光束紫外可见光分光光度计	TU-1901	北京普析通用仪器有限责任公司
静态氮吸附仪	JW-BK122W	北京精微高博科学技术有限公司
紫外可见分光光度计	UV-2102	尤尼科(上海)仪器有限公司

2.4.2 中空 TiO_2 微球的制备

(1) PMMA 微球的制备

将 160mL 蒸馏水加入 500mL 三颈瓶中，再加入 20mL 甲基丙烯酸甲酯(MMA)，于 N_2 保护下室温搅拌 20min，得到乳液 A。将 0.205g 过硫酸铵溶解于 40mL 蒸馏水中，得到溶液 B。将溶液 B 缓慢加入乳液 A 中，搅拌均匀后，于 70℃下回流 3h，整个过程在 N_2 保护下进行，得到的白色悬浮液经冷却、离心分离、水洗 3 次，50℃下干燥、研磨后，记为聚甲基苯烯酸甲酯(PMMA)。

(2) PMMA-TiO_2 复合微球的制备

以合成的 PMMA 微球作为模板。称取一定量的 PMMA 微球和 10mL 无水乙醇置于烧杯中，超声震荡使得 PMMA 微球均匀分散于无水乙醇中，标记为 A 液；用移液管准确量取 5mL 钛酸丁酯(TBOT)和 20mL 无水乙醇置于烧杯中，超声震荡使得钛酸丁酯分散均匀，标记为 B 液。磁力搅拌下将 B 液滴加至 A 液中，搅拌均匀后，缓慢滴加 2.5mL 去离子水至 A、B 混合液中磁力搅拌均匀，将此悬浮液转移至 50mL 聚四氟乙烯内衬的高压反应釜中，置于电热鼓风干燥箱中，在一定温度下水热反应数小时，自然冷却至室温，经抽滤、洗涤、干燥、研磨得到 PMMA-TiO_2 复合微球。

(3) 中空 TiO_2 微球的制备

将干燥的 PMMA-TiO_2 复合微球至于马弗炉中，以 1℃/min 的速率升温至一定温度，煅烧 3h，即可得到中空 TiO_2 微球。

2.4.3 结构表征

(1) X 射线衍射(XRD)分析：利用 XRD-7000 型 X 射线衍射仪对样品的晶体结构进行测定。仪器测试参数：管电压为 40kV，管电流为 40mA，Cu K_α 靶，扫描速率 4℃/min。

(2) 扫描电子显微镜(SEM)分析：利用 JSM-6700F 型扫描电子显微镜对样品进行微观形貌分析。

(3) 紫外可见漫反射(UV-Vis DRS)分析：利用 TU-1901 型双光束紫外可见光分光光度计对样品的光吸收性能进行测定。

(4) 比表面积(BET)分析：采用 JW-BK122W 型静态氮吸附仪对样品进行比表面积测量。

(5) 红外光谱(IR)分析：采用 FTIR8900 型傅立叶红外光谱仪对样品进行特征基团的表征。

2.4.4 光催化降解 MB 实验

本实验主要采用自制的光催化实验装置，通过降解有机污染物来评价所合成的催化剂的光催化性能。光催化反应器装置由光源、石英试管(长 22.0cm，直径为 2.0cm，距离光源 10cm)、光源冷却器装置、气泵等构成。反应时，将通气管插入石英管底部，以保证催化剂悬浮在降解液中。实验时，在石英反应管中加入 50mL10mg/L 的 MB 溶液和 0.5g/L 的光催化剂，在无光照下通气暗吸附 30min 后，开启光源后开始计时，每隔一定时间取样，高速离心后取其上层清液，用 UV-2102PC 型紫外-可见分光光度计在 665nm 处测定溶液吸光度。根据吸光度与待降解液浓度的关系，计算降解率 D(式 2-1)，并以降解率的大小进行光催化活性评价。

$$D=\frac{c_0-c_t}{c_0}\times 100\%=\frac{A_0-A_t}{A_0}\times 100\% \tag{2-1}$$

式中，c_0(mg/L)是光催化实验时，暗吸附 30min 后染料的初始浓度；c_t(mg/L)是反应时间为 t 时染料的浓度；A_0 为与 c_0 相对应的初始吸光度值；A_t 为与 c_t 相对应的 t 时刻的吸光度值。

2.4.5 结果与讨论

2.4.5.1 FT-IR 分析

图 2-5 为所制备的 PMMA 微球和核壳 PMMA-TiO_2 复合微球以及中空 TiO_2 微球样品的 FT-IR 谱图。从 PMMA 微球的 FT-IR 谱图中可知：在 $2995cm^{-1}$ 和 $2950cm^{-1}$ 处的吸收峰是饱和 C-H 和-CH_3 的伸缩振动；$1448cm^{-1}$ 和 $1386cm^{-1}$ 处的吸收峰是饱和 C-C 键的骨架振动；$1730cm^{-1}$ 处的吸收峰是 C ═O 基团的伸缩振动，是聚酯的特征吸收峰，也是聚甲基丙烯酸甲酯的特征吸收峰和最强吸收谱带。在 $1149cm^{-1}$ 处的吸收峰为 C-O-C 基团的伸缩振动；$842cm^{-1}$ 和 $752cm^{-1}$ 处的吸收峰为饱和 C-H 的弯曲振动；出现在 $3440cm^{-1}$ 附近的吸收峰为 PMMA 微球表

面物理吸附的水的 O-H 伸缩振动吸收。

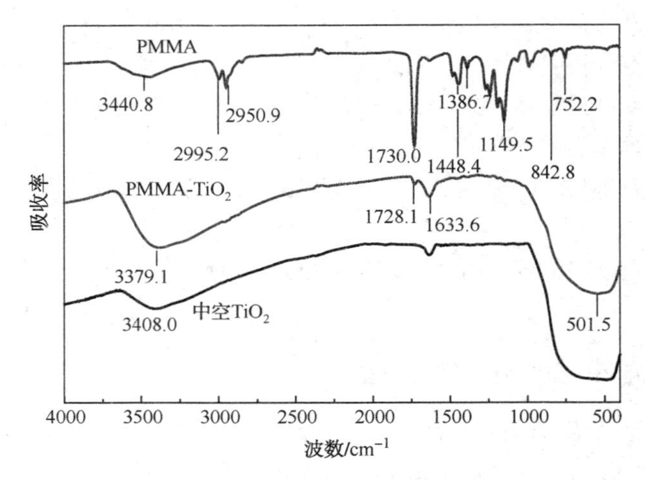

图 2-5　PMMA、PMMA-TiO_2、中空 TiO_2 微球的 FT-IR 谱图

从 PMMA-TiO_2 复合微球的 FT-IR 谱图中可见：在 $501cm^{-1}$ 处的吸收峰为 TiO_2 的特征吸收峰，由此可知，产物是 TiO_2。$1633cm^{-1}$ 处的吸收峰是 TiO_2 表面的 O-H 弯曲振动吸收峰；$1728cm^{-1}$ 处的吸收峰是 C ═O 基团的伸缩振动，也是聚酯类高聚物的特征吸收峰，说明形成了 TiO_2 对 PMMA 胶体微球的包覆，即形成了 PMMA-TiO_2 复合微球。在马弗炉中经 500℃ 高温煅烧 3h 后的中空 TiO_2 微球的 FT-IR 谱图中可以看出：仅有 $501cm^{-1}$ 处的 TiO_2 的特征吸收峰和 $3408cm^{-1}$ 处的微球表面物理吸附的水的 O-H 伸缩振动吸收峰，证明 PMMA 胶体微球经过煅烧之后已经完全被除去，形成了中空 TiO_2 微球。

2.4.5.2　XRD 分析

在 TiO_2 晶型中，研究表明金红石型和锐钛矿型在紫外光照射下具有光催化性能。但金红石型 TiO_2 的晶型结构相当稳定，结晶度也较好，晶体缺陷少，受光激发产生的电子和空穴易复合，不利于光催化活性的提高。锐钛矿相晶格中相对具有较多的缺陷和位错，能与周围的水分子反应产生更多的氧空位来捕获电子，致使光生电子和空穴较容易分离。图 2-6 是在最佳条件下合成的中空 TiO_2 微球的 XRD 谱图。从图中可以看出，中空 TiO_2 微球有锐钛矿的特征衍射峰，其中 25.28°、37.80°、48.04°、53.89°、55.60°分别对应锐钛矿型 TiO_2 的[101]晶面、[004]晶面、[200]晶面、[105]晶面及[211]晶面。所有衍射峰与锐钛矿型 TiO_2 的标准卡相一致(JCPDS No. 21-1272)。没有出现杂质峰，说明所制得的样品为高纯度的锐钛矿型 TiO_2，且衍射峰强，表明样品结晶度良好。结晶度即结晶的完整程度，结晶完整程度越高的晶体，晶粒越大，内部质点的排列越规则，衍射谱线强、尖锐而且很对称。

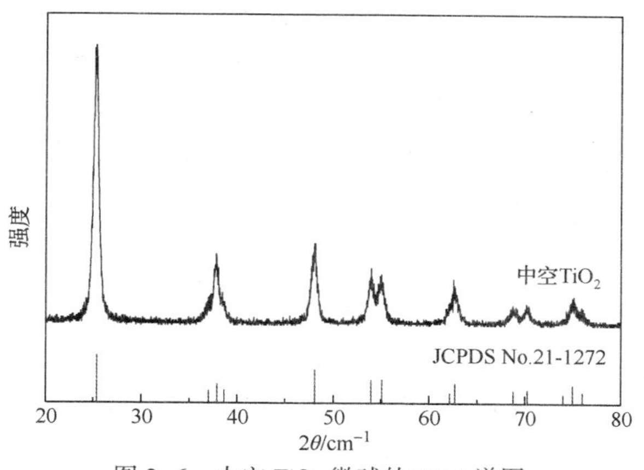

图 2-6 中空 TiO_2 微球的 XRD 谱图

2.4.5.3 SEM 分析

扫描电子显微镜(SEM)能有效地观察制备样品的形貌。图 2-7 为所制备的 PMMA 微球样品的 SEM 图，图 2-7(a)为 PMMA 微球，图 2-7(b)为高温 500℃ 煅烧后的中空 TiO_2 微球。从图中可以看出 PMMA 微球呈规则的球形，粒度分布较为均匀，平均粒径为 0.7～1μm，颗粒表面比较光滑，但由于表面氢键的作用略有团聚。图 2-7(b)中，高温煅烧得到的 TiO_2 空心微球呈规则的球形，由于内部模板被烧掉，微球颗粒略有塌陷，形成中空结构，比表面积增大，增大与反应物的接触，从而可能提高光催化活性。

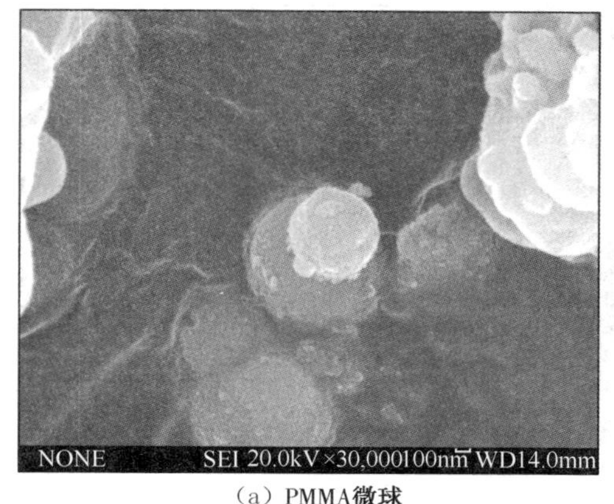

(a) PMMA微球

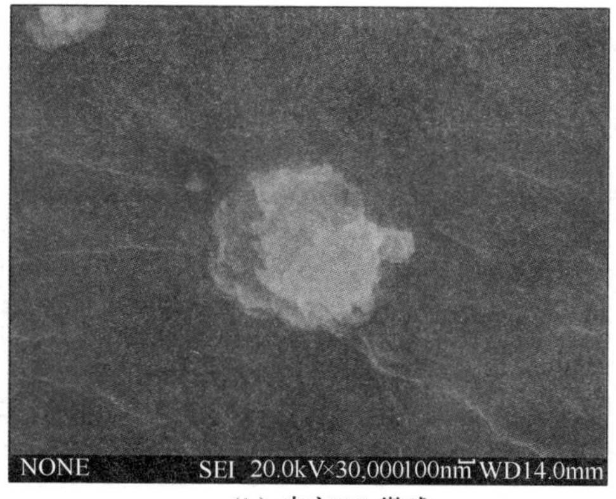

(b) 中空TiO_2微球

图 2-7 不同样品的 SEM 谱图

2.4.5.4 UV-vis DRS 分析

图 2-8 是在最佳条件下所得中空 TiO_2 的 UV-Vis 漫反射图谱。通过对紫外可见吸收光谱带长波侧带边做切线交与基线，交点所对应的波长即为所测样品光吸

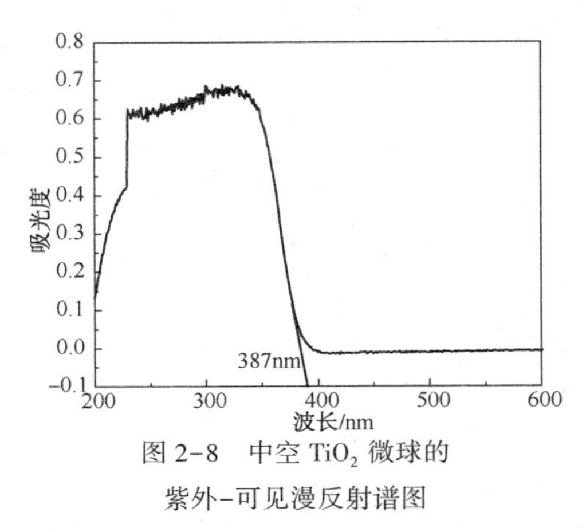

图 2-8　中空 TiO_2 微球的紫外-可见漫反射谱图

收阈值 λg，可根据吸收阈值估算出样品的禁带宽度，公式为：$Eg(eV)=1240/\lambda(nm)$。从图中可以看出中空 TiO_2 的光吸收阈值为 387nm，所对应的禁带宽度为 3.2eV，这与锐钛矿 TiO_2 的 3.2eV 吸收带隙相一致，说明微球的中空结构不会影响 TiO_2 在紫外光区的吸收强度。

2.4.5.5　比面积与孔径分析

图 2-9(a)和(b)分别为中空 TiO_2 的等温吸附脱附曲线和孔径分布图。由图 2-9(a)可见，从对测定的 BET 比表面积数据分析可得出，中空 TiO_2 的比表面为 74.9m^2/g，高于商用 P25 的比表面积(50~60m^2/g)。催化剂比表面积增大，使催化剂的实际光照表面积增大，提高了催化剂的吸光性能，同时比表面的增加也有助于催化剂对反应物的吸附。光催化反应是一种接触反应，光催化剂比表面积的增加，意味着光催化剂与分解物的接触概率大大增加，从而有利于光催化活性的提高。图 2-9(b)是中空 TiO_2 催化微球的孔径分布曲线。测试结果显示中空 TiO_2 的平均孔径为 6.65nm，最可几孔径为 6.43nm，中空 TiO_2 的纳米粒子的孔径尺寸分布均匀，更有利于光催化反应过程的进行。

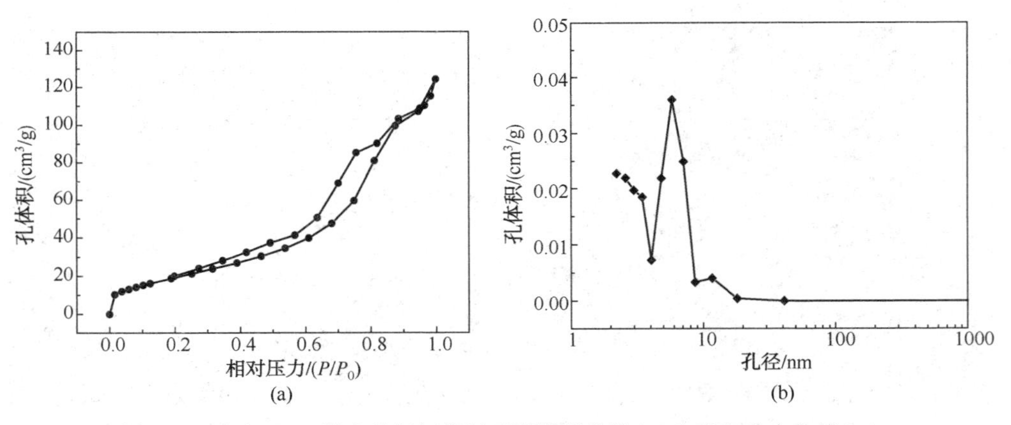

图 2-9　中空 TiO_2 微球的氮气等温吸附脱附曲线(a)和孔径分布曲线(b)

2.4.6　中空 TiO_2 微球光催化性能实验

2.4.6.1　水热时间对 PMMA-TiO_2 复合微球光催化活性的影响

本书选定水热温度为 180℃，PMMA 微球添加量为 5%的条件下，考察了不同水热时间下所制备的 PMMA-TiO_2 复合微球光催化活性的影响。图 2-10 分别是水热时间为 4h、6h、8h、10h 和 12h 的条件下 PMMA-TiO_2 复合微球在高压汞灯（125W）照射下降解 10mg/L MB 溶液的浓度变化曲线。图 2-11 为系列 PMMA-TiO_2 复合微球降解 MB 溶液的降解率曲线。由图 2-11 可以看出不同水热反应时间下所制备的 PMMA-TiO_2 复合微球都对 MB 溶液有催化降解效果，并随着光照时间趋近完全分解。而通过总结，从图 2-11 中可得出水热反应时间为 4h、6h 的

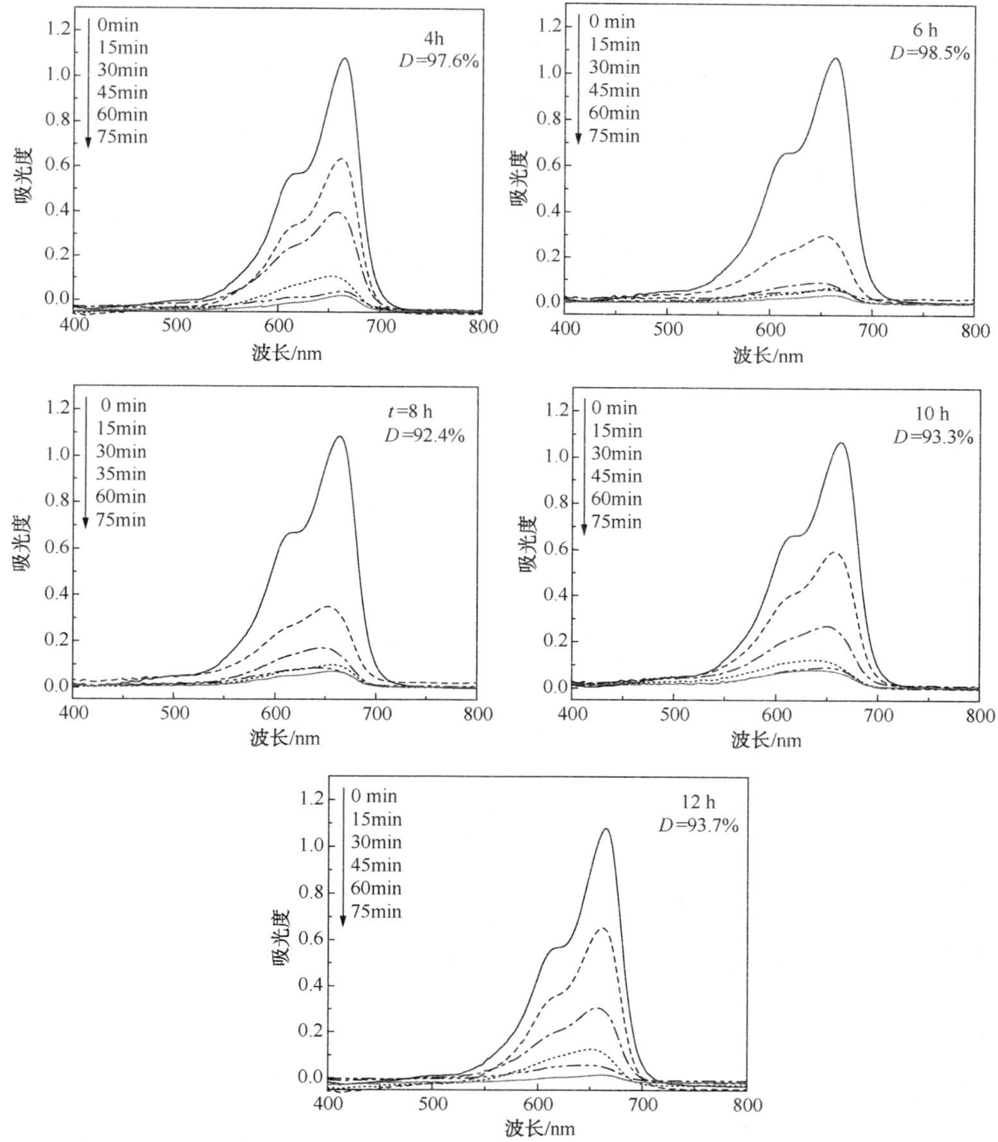

图 2-10　不同水热反应时间制备的 PMMA-TiO_2 微球降解 MB 的紫外可见光谱图

$PMMA-TiO_2$ 复合微球对 MB 溶液的降解率呈上升趋势；水热时间为 8h 的 $PMMA-TiO_2$ 复合微球对 MB 溶液的降解率有所下降；水热时间为 10h、12h 的 $PMMA-TiO_2$ 复合微球对 MB 溶液的降解率略有降低。由此可知在水热时间为 6h 的条件下所制备的 $PMMA-TiO_2$ 复合微球具有最佳的光催化活性，因而本实验选取 6h 作为制备 $PMMA-TiO_2$ 复合微球的水热时间。结合图 2-11 的降解率曲线，在光催化降解反应过程中，水热时间为 6h 的 $PMMA-TiO_2$ 对 MB 的降解率达到最大值为 98.6%。

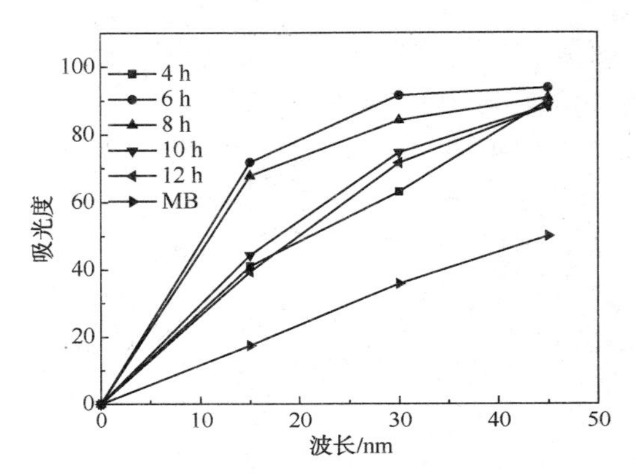

图 2-11　水热时间对 $PMMA-TiO_2$ 复合微球光催化活性的影响

2.4.6.2　水热温度对 $PMMA-TiO_2$ 复合微球光催化活性的影响

在水热时间为 6h 和 PMMA 微球添加量为 5%的条件下，考察了不同水热温度对 $PMMA-TiO_2$ 复合微球光催化活性的影响。图 2-12 是水热温度分别为 100℃、120℃、140℃、160℃和 180℃的条件下制备的 $PMMA-TiO_2$ 复合微球，在高压汞灯照射下降解 10mg/L MB 溶液的浓度变化曲线。从图 2-12 可知，当水热温度为 120℃时，所制备的 $PMMA-TiO_2$ 复合微球的光催化活性最好。

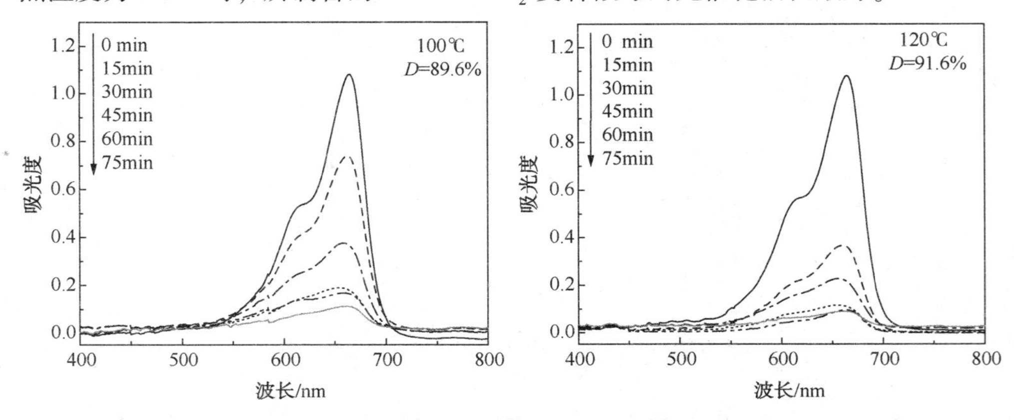

图 2-12　不同水热反应温度制备的 $PMMA-TiO_2$ 微球降解 MB 的紫外可见光谱

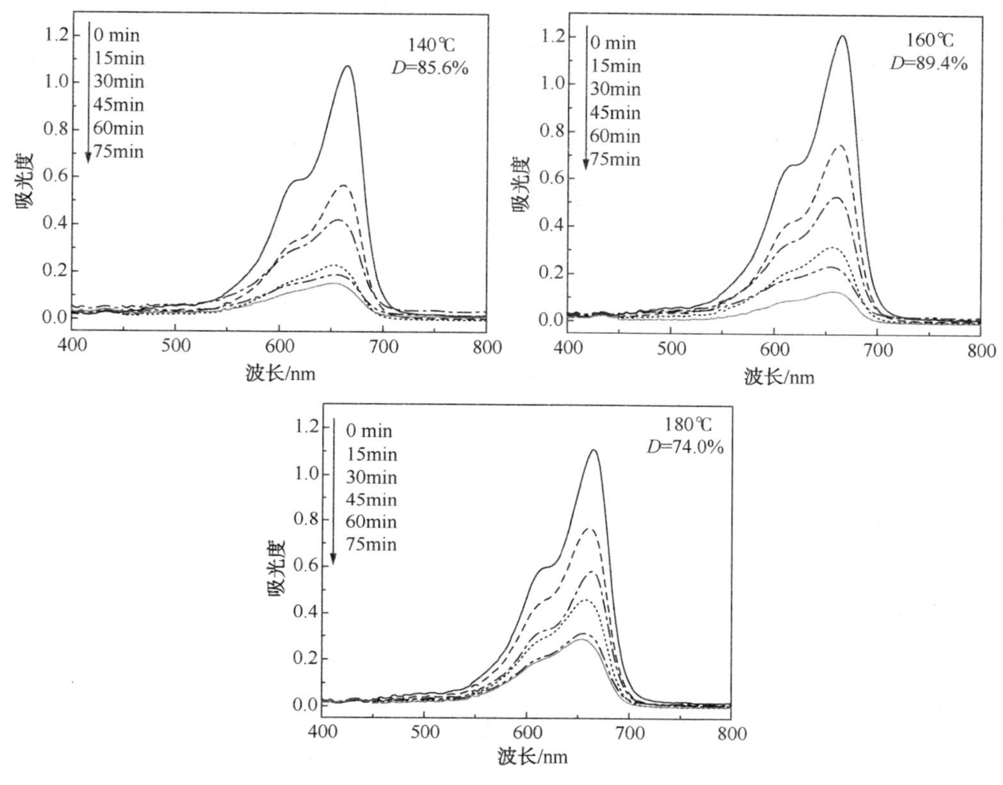

图 2-12 不同水热反应温度制备的 PMMA-TiO_2 微球降解 MB 的紫外可见光谱(续)

图 2-13 为不同水热温度所制备 PMMA-TiO_2 复合微球对 MB 溶液的降解率。由图可知，加入光催化剂后，对 MB 溶液的降解率明显提高。水热温度为 100℃、120℃时，PMMA-TiO_2 复合微球对 MB 溶液的降解率呈上升趋势；水热温度为 160℃、180℃时，所制备的 PMMA-TiO_2 复合微球对 MB 溶液的降解率有所下降。由此可知，在水热温度为 120℃的条件下所制备的 PMMA-TiO_2 复合微球具有最高的光催化活性，因而本实验选取 120℃作为制备 PMMA-TiO_2 复合微球的水热温度。

2.4.6.3 模板添加量对 PMMA-TiO_2 复合微球光催化活性的影响

在固定水热时间为 6h 和水热温度为 120℃的条件下，考察了不同 PMMA 微球添加量对 PMMA-TiO_2 复合微球光催化活性的影响。图 2-14 分别是 PMMA 微球添加量为 5%、10%、15%、20%和 25%的条件下所制备的 PMMA-TiO_2 复合微球，在高压汞灯照射下降解 10mg/L MB 溶液的浓度变化曲线。从图 2-14 可以看出，随着 PMMA 微球添加量的增加，MB 溶液降解率越来越小。

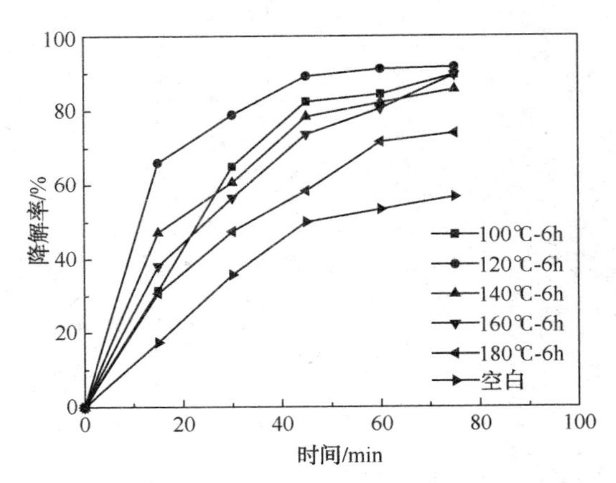

图 2-13　水热温度对 PMMA-TiO_2 复合微球光催化活性的影响

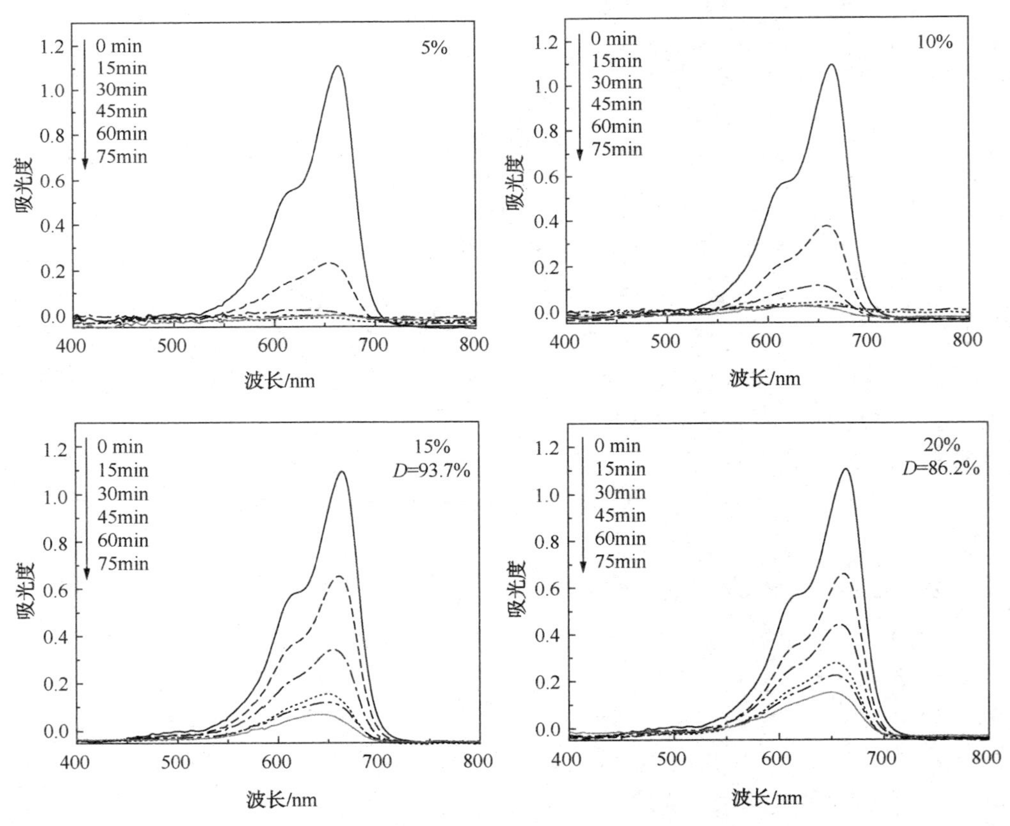

图 2-14　不同模板添加量制备的 PMMA-TiO_2 微球降解 MB 的紫外可见光谱

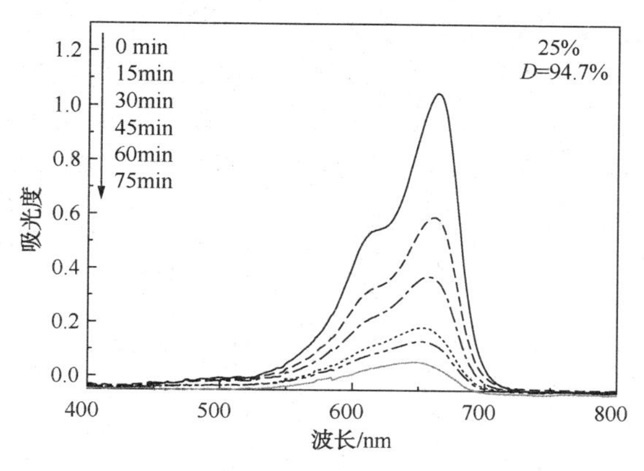

图 2-14 不同模板添加量制备的 PMMA-TiO_2 微球降解 MB 的紫外可见光谱(续)

图 2-15 为不同 PMMA 微球添加量条件下 PMMA-TiO_2 复合微球降解 MB 溶液的降解率曲线。由图 2-15 可知，当 PMMA 微球模板的添加量为 5%时，PMMA-TiO_2 复合微球的光催化活性最高。这可能是由于模板添加越多，会覆盖 TiO_2 表面的光催化活性位点，导致光催化活性下降。因而本实验选取 5%PMMA 微球添加量作为制备 PMMA-TiO_2 复合微球的模板添加量。

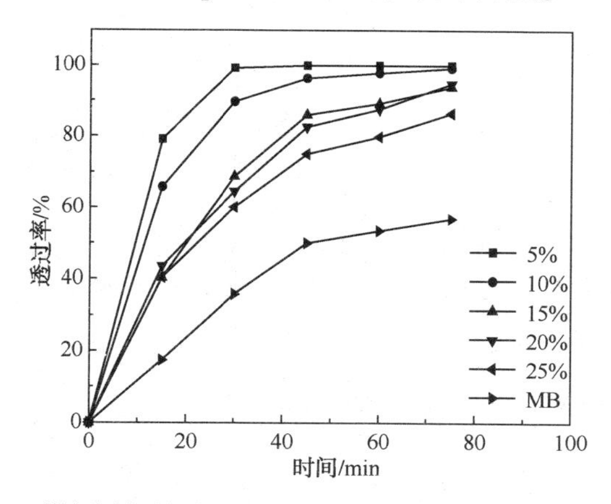

图 2-15 模板添加量对 PMMA-TiO_2 复合微球光催化活性的影响

2.4.6.4 煅烧温度对中空 TiO_2 微球光催化活性的影响

在固定水热时间为 6h、水热温度为 120℃和 PMMA 微球添加量为 5%的条件下，考察了不同煅烧温度对所制备的中空 TiO_2 微球光催化活性的影响。图 2-16 分别是煅烧温度为 300℃、400℃、500℃、600℃和 700℃的条件下所制备的中空 TiO_2 微球，在高压汞灯照射下降解 10mg/L MB 溶液的浓度变化曲线。图 2-17 为不同煅烧温度下中空 TiO_2 微球降解 MB 溶液的降解率曲线。从图 2-16 和图 2-17 可以看出，在 300~500℃，随着煅烧温度的升高，MB 溶液的降解率增大，当煅烧温度为 500℃ 时，催化微球对 MB 溶液的吸附性增强，75min 内降解率达到 100%。当煅烧温度超过 600℃时，催化微球对 MB 溶液的降解率有所下降，这可能是由于煅烧温度的上升会引起 TiO_2 锐钛矿型向金红石型的转变，导致其光催化活性下降。因而本实验选取煅烧温度为 500℃作为制备中空 TiO_2 微球的煅烧温度。

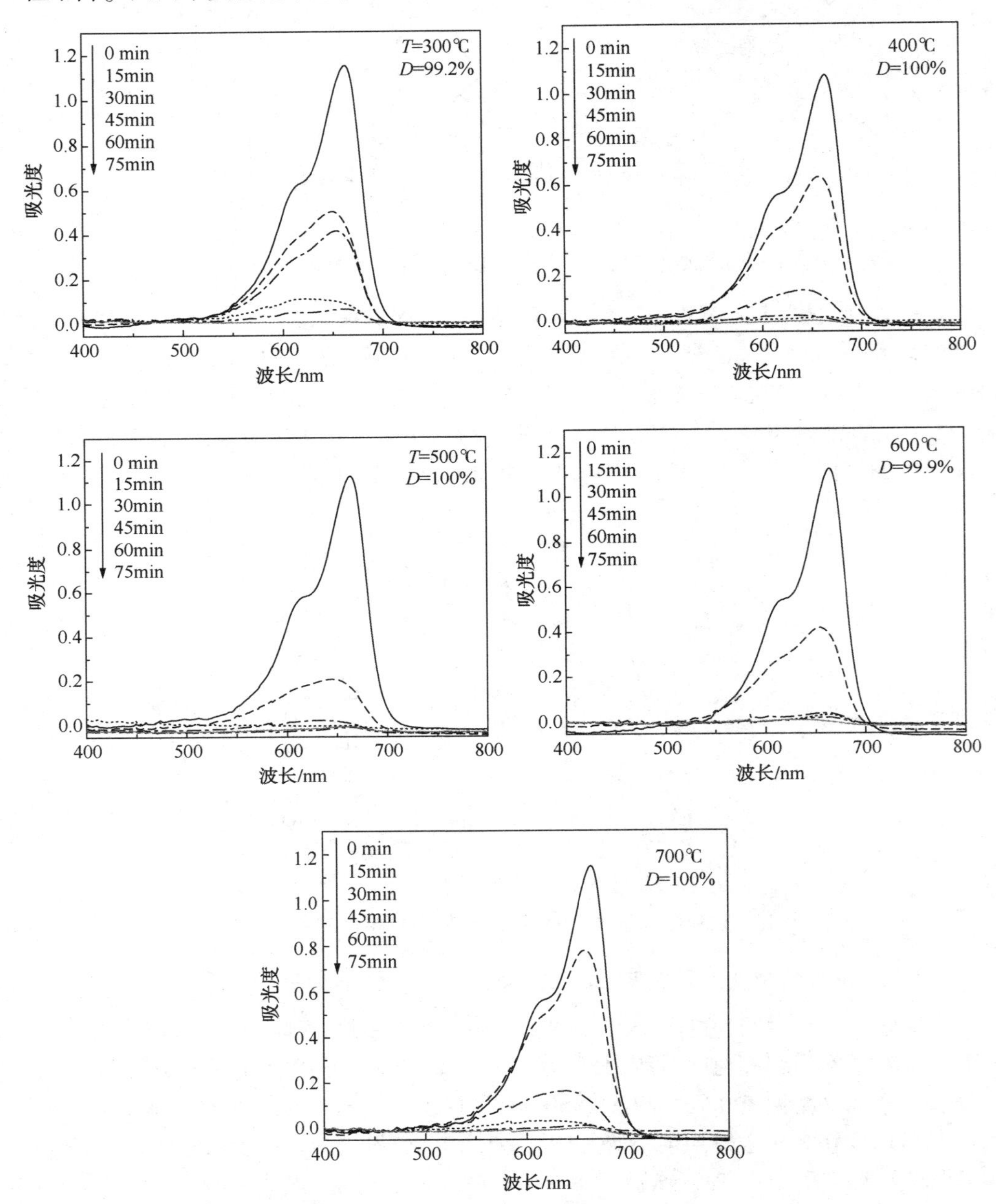

图 2-16　不同煅烧温度制备的中空 TiO_2 微球降解 MB 的紫外可见光谱

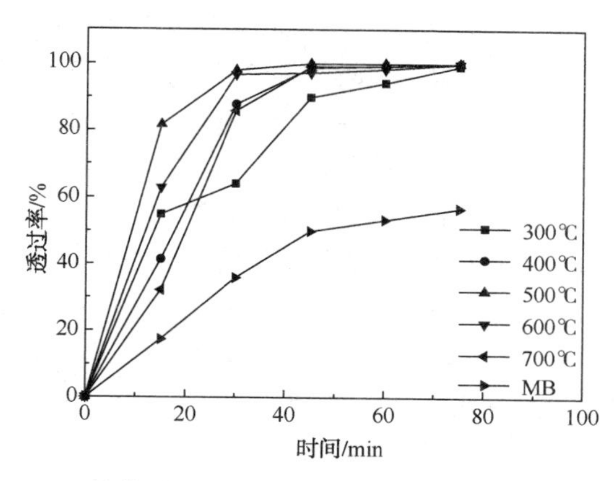

图 2-17 不同煅烧温度对中空 TiO_2 微球光催化活性的影响

综上所述，制备中空 TiO_2 微球的最佳合成条件为：以水热时间为 6h，水热温度为 120℃和 PMMA 微球添加量为 5%的条件下合成 PMMA-TiO_2 复合微球；并在马弗炉 500℃煅烧 3h 去除 PMMA 微球模板的条件下，最终制备出具有极佳光催化活性的中空 TiO_2 微球。

2.4.7 小结

以 PMMA 微球为模板，采用水热法及煅烧处理制备了 TiO_2 中空微球。通过 SEM、XRD、FT-IR、UV-Vis DRS、BET 对样品的形貌、晶型及结构进行了表征。以 MB 溶液为模型反应，考察了其光催化性能。结果表明：当水热时间为 6h，水热温度为 120℃，煅烧温度为 500℃时，TiO_2 中空微球呈规则球形，锐钛矿相，平均粒径在 1μm 左右，具有良好的光催化活性。在高压汞灯照射下，30min 就可使 10mg/LMB 溶液的降解率达到 99.5%。

2.5 中空 TiO_2-ZrO_2 交错复合微球的制备及性能

半导体光催化技术因其能够有效地降解环境中的芳香烃、染料、抗生素以及农药等有机污染物而受到人们的广泛研究。二氧化钛半导体光催化剂以其无毒、制备简易及价格廉价等优点而成为最常用光催化剂的主要材料。但是，纯二氧化钛光催化剂存在光生载流子复合率高、量子效率偏低等缺陷，直接应用受到一定的限制。研究发现，将某些金属氧化物与 TiO_2 耦合制备成复合物可以显著提高 TiO_2 的光催化性能。这是由于当两种或两种以上的半导体复合后，材料内部可能形成异质结，其光化学、光物理方面的性质会发生改变，不仅能调节单一材料的性能，而且还往往产生新的特性。半导体与 TiO_2 复合后，可通过提高电荷分离效率与延伸光激发的能级范围来提高 TiO_2 的光催化活性，而绝缘体与 TiO_2 复合主要引起催化剂粒径、比表面积、光吸收性能等物理性质的变化。JunchaoHuo 等人利用溶剂结合火焰喷雾热解一步法制备了 TiO_2 分等级多孔中空微球，其独特的多孔中空结构赋予 TiO_2 高的比表面积和优异的光散射性能，使其在染料敏化电池应用中光电转化效率提高了 38.2%。Xuan 等利用聚苯乙烯-聚丙烯酸模板法制备了中空球形 Fe_2O_3-TiO_2 磁性光催化剂，其具有良好的紫外光相应的光催化活性，并能通过 Fe_2O_3 的磁性回收达到重复使用 6 次以上，同时其催化活性无损伤。Ran Wang 等利用一种新型的水囊模板法成功制备了 TiO_2 中空微球，其微球壁由一维 TiO_2 纳米棒自组装形成，由此其比表面积达到 $155m^2/g$，且光催化活性比商用 P25 高出数倍。本章采用硬模板-水热法合成了具有中空交错结构的 TiO_2-ZrO_2 复合光催化剂，对其结构及性能进行了表征，并以模拟染料废水亚甲基蓝溶液为目标降解物，评价了中空 TiO_2-ZrO_2 交错复合微球的光催化性能，为进一步深入研究进行了有意义的探讨。

2.5.1 实验部分

2.5.1.1 实验试剂与仪器

本实验所用主要实验试剂及仪器见表 2-3 和表 2-4。实验用水均为高纯去离子水(自制)。

表 2-3 主要实验试剂

试剂名称	等级	试剂名称	等级
钛酸丁酯(TBOT)	分析纯(AR)	氨水($NH_3\cdot H_2O$)	分析纯(AR)
氧氯化锆($ZrOCl_2\cdot 8H_2O$)	分析纯(AR)	过硫酸铵[$(NH_4)_2S_2O_8$]	分析纯(AR)

表 2-4 主要实验仪器及设备

实验仪器名称	规格型号	生产厂家
高压水热反应釜	25mL	中国石油化工集团公司
电热恒温干燥箱	202-1AB	天津市泰斯特仪器有限公司
超声波清洗器	KQ-300B	昆山市超声仪器有限公司
台式离心机	TDL-5-4	上海安亭科学仪器厂制造
电子天平	AY120	日本岛津公司
X 射线衍射仪	XRD-7000	日本岛津公司
扫描电子显微镜	JSM-6700F	日本电子株式会社
双光束紫外可见光分光光度计	TU-1901	北京普析通用仪器有限责任公司
静态氮吸附仪	JW-BK122W	北京精微高博科学技术有限公司
紫外可见分光光度计	UV-2102	尤尼科(上海)仪器有限公司

2.5.1.2 PMMA 微球的制备

将 160mL 蒸馏水加入 500mL 三颈瓶中，再加入 20mL 甲基丙烯酸甲酯(MMA)，于 N_2 保护下室温搅拌 20min，得到乳液 A。将 0.205g 过硫酸铵溶解于 40mL 蒸馏水中，得到溶液 B。将溶液 B 缓慢加入乳液 A 中，搅拌均匀后，于 70℃下回流 3h，整个过程在 N_2 保护下进行，得到的白色悬浮液经冷却、离心分离、水洗 3 次，50℃下干燥、研磨后，记为聚甲基苯烯酸甲酯(PMMA)。

2.5.1.3 中空 TiO_2-ZrO_2 微球的制备

称取适量 PMMA 微球于 20mL 无水乙醇中，超声分散 20min(使 PMMA 微球在溶液中均匀分散)，磁力搅拌下加入 5mL 钛酸丁酯，记此溶液为 A 液。称取适量 $ZrOCl_2 \cdot 8H_2O$ 溶于 10mL 乙醇中，记为 B 液。磁力搅拌下将 B 液缓慢加入 A 液中，搅拌均匀后，缓慢滴加氨水调节 pH，将乳白色悬浮液转移到 50mL 聚四氟乙烯内衬的反应釜中，在一定温度下水热反应后，冷却到室温，抽滤、洗涤、干燥、研磨、煅烧得到中空 TiO_2-ZrO_2 交错复合微球。

2.5.1.4 结构表征

(1) X 射线衍射(XRD)分析：利用 XRD-7000 型 X 射线衍射仪对样品的晶体结构进行测定。仪器测试参数：管电压为 40kV，管电流为 40mA，Cu K_α 靶，扫描速率 4℃/min。

(2) 扫描电子显微镜(SEM)分析：利用 JSM-6700F 型扫描电子显微镜对样品进行微观形貌分析。

(3) 紫外可见漫反射(UV-vis DRS)分析：利用 TU-1901 型双光束紫外可见光分光光度计对样品的光吸收性能进行测定。

(4) 比表面积(BET)分析：采用 JW-BK122W 型静态氮吸附仪对样品进行比表面积测量。

(5) 热重/差热(TG/DTA)分析：采用 ZCT-B 型热重/差热分析仪对所合成的中空 TiO_2-ZrO_2 微球复合微球进行热处理。仪器测试条件：升温速率 10℃/min，温度扫描范围：10~1000℃。

2.5.1.5 光催化降解 MB 实验

实验方法同 2.3.4。

2.5.2 结果与讨论

2.5.2.1 SEM 分析

图 2-18(a)为未煅烧 PMMA-TiO_2-ZrO_2 催化微球，图 2-18(b)为煅烧后中空 TiO_2-ZrO_2 催化微球的 SEM 图，从图中可以看出，用硬模板-水热法制备的

TiO_2-ZrO_2 是直径在 0.7~2μm 之间的微球，由于微球表面氢键作用略有团聚，未煅烧 PMMA-TiO_2-ZrO_2 催化微球是由许多小颗粒堆积在模板上形成，表面粗糙，具有一定数量的微孔，这可能有利于 TiO_2-ZrO_2 光催化剂对污染物的吸附。而在高温煅烧后，内部模板被烧掉，微球颗粒略有塌陷，形成中空结构，从而提高其光催化活性。

(a)

(b)

图 2-18　TiO_2-ZrO_2 光催化微球的 SEM 图

2.5.2.2　XRD 分析

图 2-19 是上一章制备的中空 TiO_2 和 160℃、10h 水热条件下制备的 TiO_2-ZrO_2 交错复合微球的 XRD 谱图。如图所示，中空 TiO_2 及未经过煅烧的 PMMA-TiO_2-ZrO_2 微球均有锐钛矿的特征衍射峰，其中 25.28°、37.80°、48.04°、53.89°、55.60°分别对应锐钛矿型 TiO_2 的[101]晶面、[004]晶面、[200]晶面、[105]晶面及[211]晶面。500℃下煅烧后的中空 TiO_2-ZrO_2 微球在 30.42°出现了单斜晶型 ZrO_2 的特征衍射峰，与单斜晶型 ZrO_2 标准卡相一致(JCPDS No. 34-1084)，而未煅烧的 TiO_2-ZrO_2 微球中并未出现 ZrO_2 的特征衍射峰，可能是由于在煅烧前，Zr 是以无定形晶态或者其他形式($ZrTiO_4$)存在的。

2.5.2.3　FT-IR 分析

图 2-20 为所制备的 PMMA 微球和核壳 PMMA-TiO_2 复合微球以及中空 TiO_2 微球样品的 FT-IR 谱图。

从 PMMA 胶体微球的 FT-IR 谱图中可知：在 2995cm^{-1}和 2950cm^{-1}处的吸收峰是饱和 C—H 和—CH_3 的伸缩振动；1448cm^{-1}和 1386cm^{-1}处的吸收峰是饱和 C—C 键的骨架振动；1730cm^{-1}处的吸收峰是 C ═O 基团的伸缩振动，是聚酯的特征吸收峰，也是聚甲基丙烯酸甲酯的特征吸收峰和最强吸收谱带。在 1149cm^{-1}处的吸收峰为 C—O—C 基团的伸缩振动；842cm^{-1}和 752cm^{-1}处的吸收峰为饱和

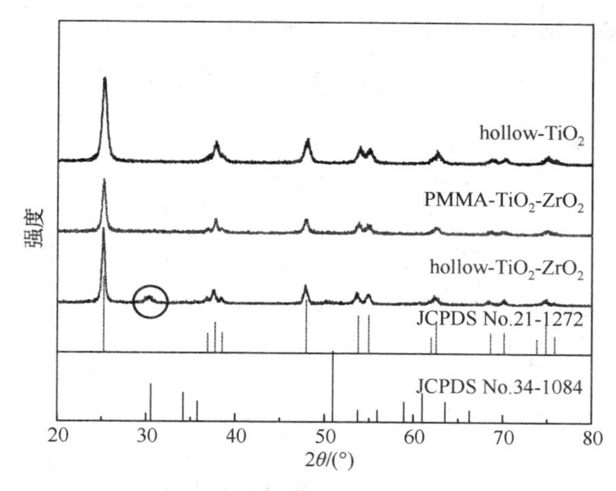

图 2-19 中空-TiO_2、PMMA-TiO_2-ZrO_2、中空-TiO_2-ZrO_2 的 XRD 图谱

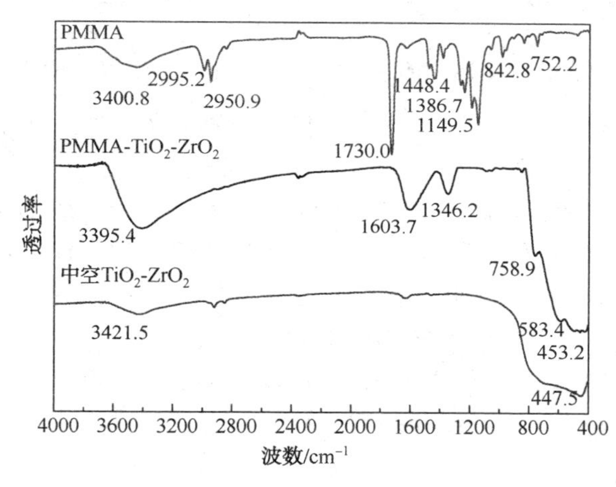

图 2-20 PMMA、PMMA-TiO_2-ZrO_2、中空-TiO_2-ZrO_2 微球的 FT-IR 谱图

C—H 的弯曲振动；出现在 3440cm^{-1}附近的吸收峰为 PMMA 胶体微球表面物理吸附的水的 O—H 伸缩振动吸收。从 160℃、10h 水热反应后得到的 PMMA-TiO_2-ZrO_2 微球 FT-IR 谱图可以看出：在 758cm^{-1}处和 583.4cm^{-1}处新出现了 Zr-O-Zr 的伸缩振动峰，在 453cm^{-1}处出现了 Ti-O-Ti 的振动吸收峰，说明在包覆过程中有钛氧化物和锆氧化物生成。在马弗炉中经 500℃ 高温煅烧 3h 后的中空 TiO_2-ZrO_2 微球的 FT-IR 谱图中可以看出：Ti-O-Ti 的振动吸收峰由 453cm^{-1}处移动到了 447cm^{-1}，可能是由于氧化钛的生成及氧化钛与氧化锆之间的相互作用所引起的，3421cm^{-1}处仍然存在微球表面物理吸附的水的 O-H 伸缩振动吸收峰，证明 PMMA 微球经过煅烧之后已经完全被除去，形成了中 TiO_2-ZrO_2 微球。

2.5.2.4 UV-Vis DRS 分析

图 2-21 为所制备 TiO_2、PMMA-TiO_2-ZrO_2 复合微球以及中空 TiO_2-ZrO_2 微球样品的 UV-Vis DRS 谱图。

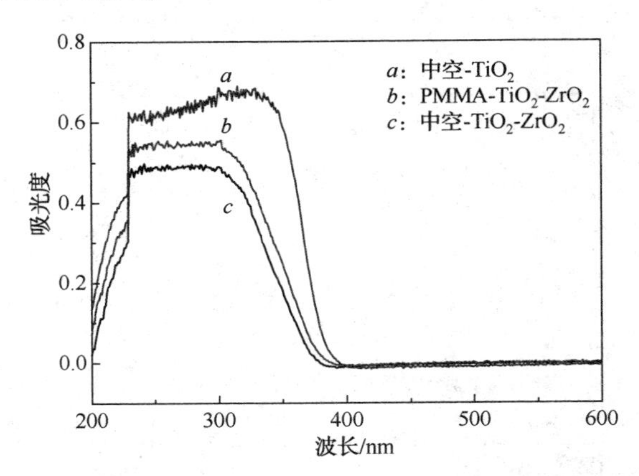

图 2-21 中空-TiO_2、PMMA-TiO_2-ZrO_2、中空-TiO_2-ZrO_2 微球的紫外漫反射谱图

由图可知，样品在 200～400nm 之间都有较强的吸收，*a* 曲线中空 TiO_2 在 387nm 处有较大吸收，这与其 3.2eV 的吸收带隙相一致，而 ZrO_2 的吸光带隙在 5.0eV 以上，并无光催化活性，将 ZrO_2 与 TiO_2 复合后，与纯 TiO_2 相比较，其吸收谱带有不同程度的蓝移，吸收边带向紫外光区域移动。这可以说明，ZrO_2 与 TiO_2 之间存在明显的耦合作用，氧化锆的复合使氧化钛的禁带宽度有变宽的趋势，这可能与复合过程中新相 $ZrTiO_4$ 的出现有关，由于 Ti 和 Zr 的原子半径接近（Ti：2Å，Zr：2.16Å），Ti 和 Zr 在晶格中的有序排列，更有利于两者之间的耦合，这也与上述 XRD 谱图结果相一致。

2.5.2.5 BET 分析

图 2-22 是系列催化剂的等温吸附脱附曲线。由图可见，从对测定的中空 TiO_2、PMMA-TiO_2-ZrO_2、中空 TiO_2-ZrO_2 的 BET 比表面积数据分析，PMMA-TiO_2-ZrO_2 和中空 TiO_2-ZrO_2 的比表面积相对中空 TiO_2 的比表面积发生了一定程度上的变化，中空 TiO_2 的比表面为 74.87m^2/g（c 曲线所示），而在 160℃，10h 水热包覆模板后得到的 PMMA-TiO_2-ZrO_2 的比表面积达到了 447.2m^2/g（a 曲线所示），600℃下煅烧得到的中空 TiO_2-ZrO_2 的比表面积为 224.6m^2/g（b 曲线所示），可能是由于在煅烧过程中，PMMA 模板逐渐去除，表面堆积颗粒略有塌陷，引起比表面积有所下降，与上述 SEM 分析结果相一致。但中空 TiO_2-ZrO_2 的比表面积仍为中空 TiO_2 的比表面积的 3 倍，说明催化剂中因 ZrO_2 的添加，催化剂比表面积增大，使催化剂的实际光照表面积增大，提高了催化剂的吸光性能，同时比表面积的增加也有助于催化剂对反应物的吸附，从而有利于光催化活性的提高。

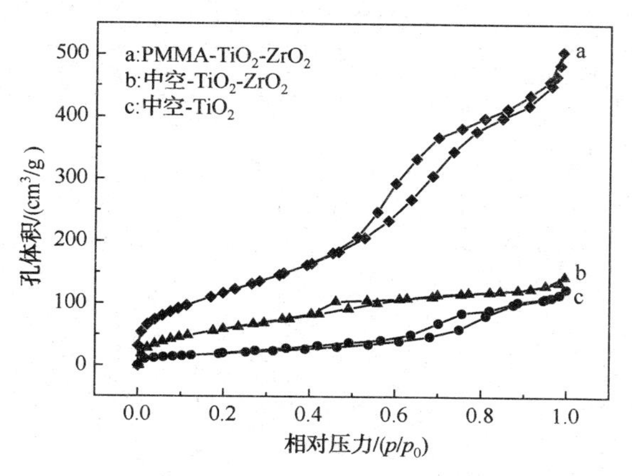

图 2-22　中空 TiO_2、PMMA-TiO_2-ZrO_2、中空 TiO_2-ZrO_2 微球的氮气等温吸附脱附曲线

图 2-23 是系列催化剂的孔径分布曲线。测试结果显示中空 TiO_2 的平均孔径为 6.653nm，而 PMMA-TiO_2-ZrO_2 的平均孔径为 5.638nm，煅烧得到的中空 TiO_2-ZrO_2 的平均孔径为 4.159nm，较中空 TiO_2 的孔径小。从粒径分布曲线分布和表 2-5 所示数据可以看出 PMMA-TiO_2-ZrO_2 的最可几孔径(4.984nm)较大，这是由于在水热反应包覆模板的过程中，TiO_2、ZrO_2 前驱纳米颗粒在 PMMA 微球上进行堆积排列，而煅烧后得到的中空 TiO_2-ZrO_2 的最可几孔径(3.557nm)变小，可能是在煅烧模板去除过程中，颗粒塌陷，使得 TiO_2、ZrO_2 纳米颗粒排列更加紧密，引起颗粒之间的孔道变小，这与上述 BET 比表面积的变化一致。中空 TiO_2 的纳米粒子的孔径尺寸分布较宽、较为零散，复合 ZrO_2 后的 TiO_2 纳米粒子的孔径分布尺寸相对更加集中，这说明 ZrO_2 的添加使中空 TiO_2 纳米颗粒形成过程中粒径更加规整均匀。表 2-5 为系列催化剂的 BET 分析数据。

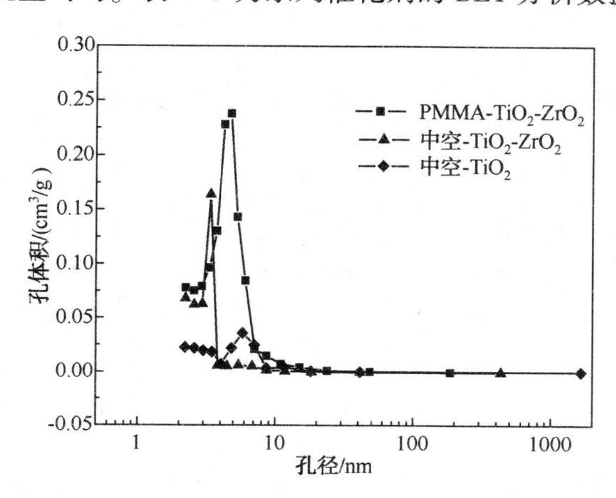

图 2-23　PMMA-TiO_2-ZrO_2、中空-TiO_2-ZrO_2 中空-TiO_2 微球的孔径分布曲线

表 2-5　催化剂的比表面积及孔径尺寸

催　化　剂	BET 比表面积/(m^2/g)	BJH 平均孔径/nm	最可几孔径/nm
PMMA-TiO_2-ZrO_2	447.2	5.638	4.984
中空-TiO_2-ZrO_2	224.6	4.159	3.557
中空-TiO_2	74.87	6.653	6.438

2.5.2.6　TG-DTA 分析

为了考察中空结构的形成过程，对样品进行了 TG-DTA 分析。图 2-24 所示为样品 PMMA-TiO_2-ZrO_2 的热重分析。由 DTA 曲线可以看出，在 0~600℃的加热过程中出现两个放热峰，其中 200~300℃的放热峰为吸附水和溶剂乙醇的蒸发与分解及 Ti-OH、Zr-OH 的脱水缩合。对应的失重率为 0.74%。300~400℃的放热峰主要归因于 PMMA 的燃烧分解，对应的失重率为 15.51%。而在 400℃以后，样品质量几乎不再变化，说明模板 PMMA 微球完全分解，这与上述 FT-IR 分析结果相一致。

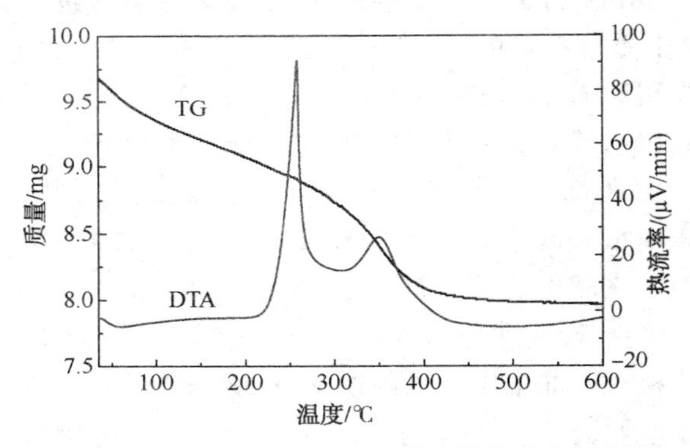

图 2-24　PMMA-TiO_2-ZrO_2 微球的热重分析曲线

2.5.3　中空 TiO_2-ZrO_2 微球光催化性能实验

2.5.3.1　Zr 添加量的影响

图 2-25 分别是 Zr 添加量为 10%、15%、20%和 25%的条件下所制备的中空 TiO_2-ZrO_2 微球，在高压汞灯照射下降解 10mg/L MB 溶液的浓度变化的紫外可见谱图。从图中可知，随着 Zr 添加量的增加，中空 TiO_2-ZrO_2 微球对 MB 溶液的降解效果先增加后减小，并且在添加量为 15%的情况下，中空复合微球的催化活性达到最高。由此可知，一定量 ZrO_2 的复合有助于 TiO_2 光生电子空穴的分离，从而提高了光催化活性。

2.5.3.2　水热反应温度的影响

水热反应温度是中空复合微球形成极为重要的参数，本书考察了不同水热反

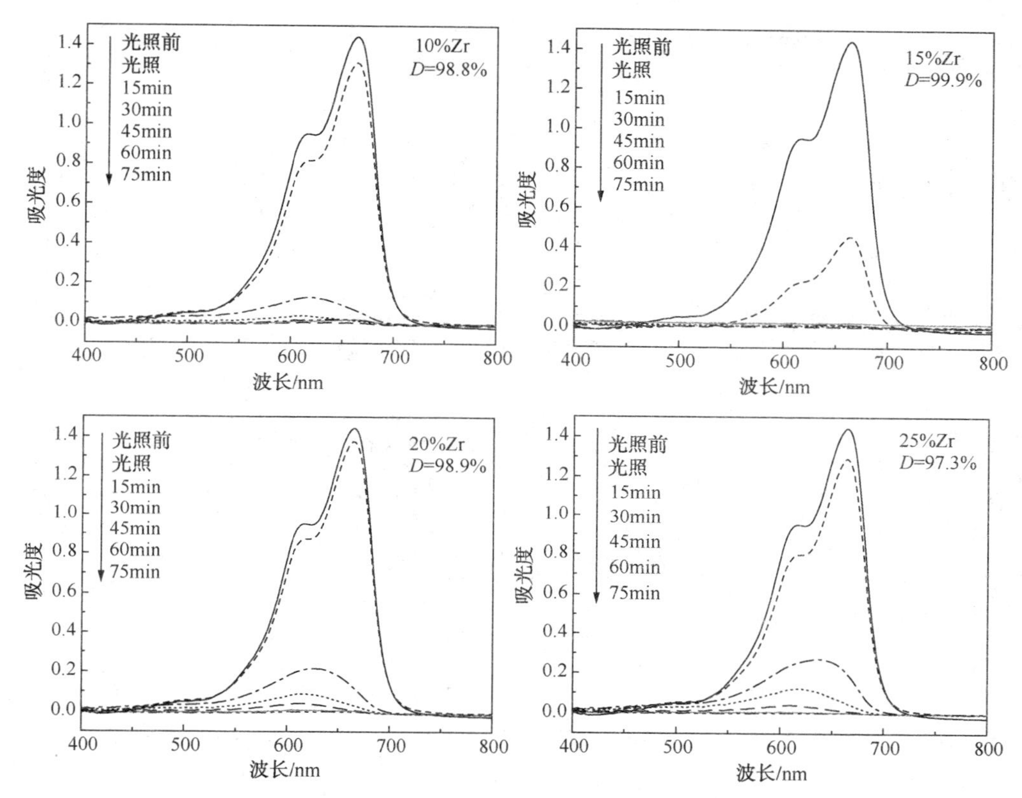

图 2-25　不同 Zr 添加量下制备中空 TiO_2-ZrO_2 微球降解 MB 的紫外可见光谱

应温度条件下所制备中空复合微球光催化活性的变化。图 2-26 分别是水热反应温度为 140℃、160℃、180℃和 200℃条件下所制备的中空 TiO_2-ZrO_2 微球，在高压汞灯照射下降解 10mg/L MB 溶液的浓度变化的紫外可见谱图。从图中可知，随着反应温度的增加，中空 TiO_2-ZrO_2 微球对 MB 溶液的降解效果先增加后减小，并且在 160℃下，催化活性达到最高。因此，选择 160℃为最佳水热条件。

2.5.3.3　水热反应时间的影响

图 2-27 分别是水热时间为 6h、8h、10h 和 12h 的条件下中空 TiO_2-ZrO_2 复合微球在高压汞灯(125W)照射下降解 10mg/L MB 溶液的浓度变化曲线。由图可以看出，不同水热反应时间下所制备的中空 TiO_2-ZrO_2 复合微球都对 MB 溶液有很好的催化降解效果，并随着光照时间趋近完全分解。水热时间 6h 时得到的催化微球具有良好的吸附效果，在 30min 暗吸附过程中即可将 MB 溶液完全脱色，但在光催化反应结束后，催化剂由白色变为蓝色，说明在此降解过程中，催化微球的吸附性占据主要作用。在水热反应时间为 8h 的条件下中空 TiO_2-ZrO_2 复合微球对 MB 溶液的降解效果最为完全，降解率为 99.8%，且催化剂没有变色，说

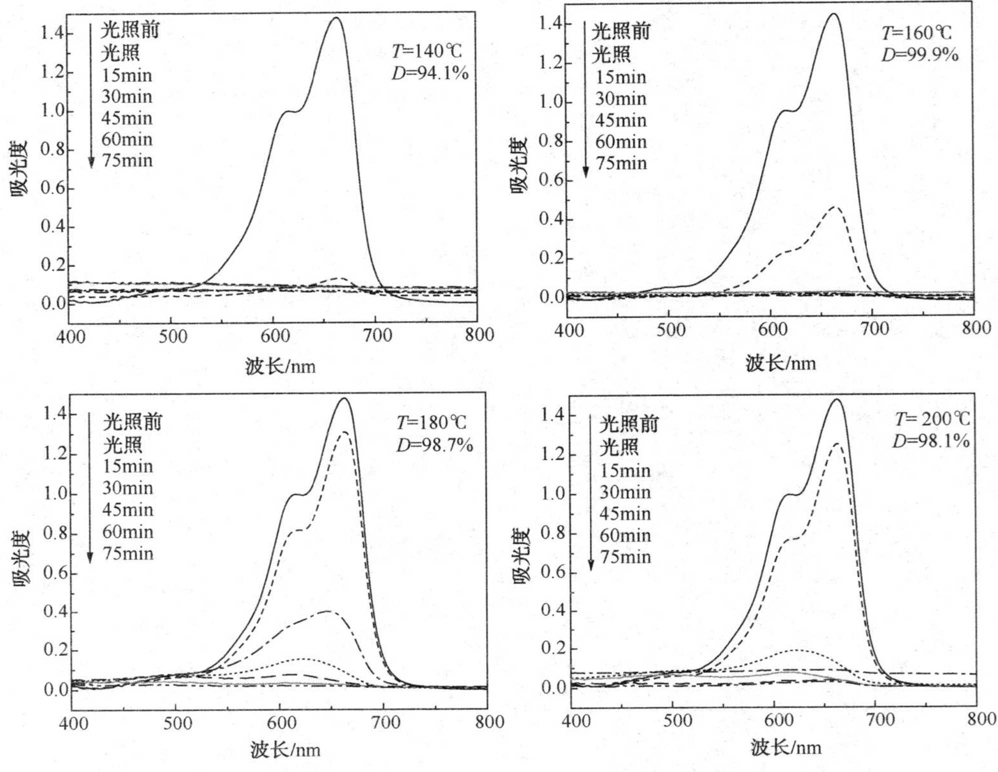

图 2-26 不同水热反应温度下制备中空 TiO_2-ZrO_2 微球降解 MB 的紫外可见光谱

明已将染料分子完全矿化分解。10h、12h 水热时间条件下制备的催化微球尽管有很高的降解率，但其对染料分子的吸附性较 8h 条件下制备的催化微球吸附性差，因此，选择水热时间为 8h。

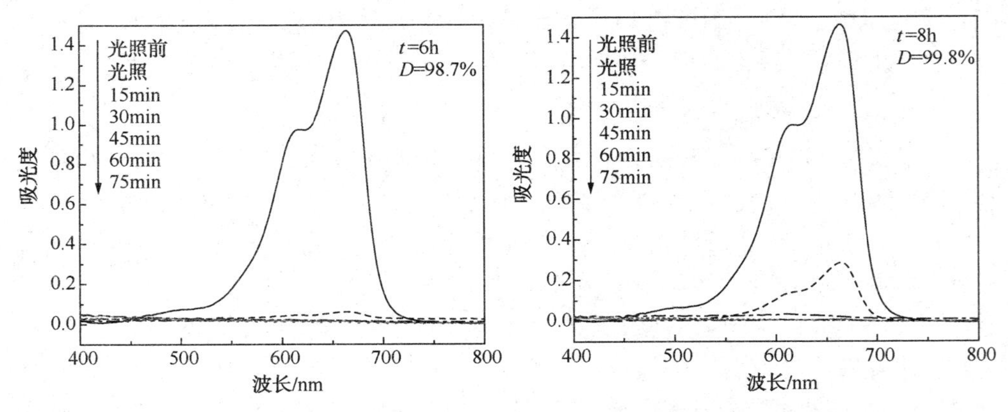

图 2-27 不同水热反应时间下制备中空 TiO_2-ZrO_2 微球降解 MB 的紫外可见光谱

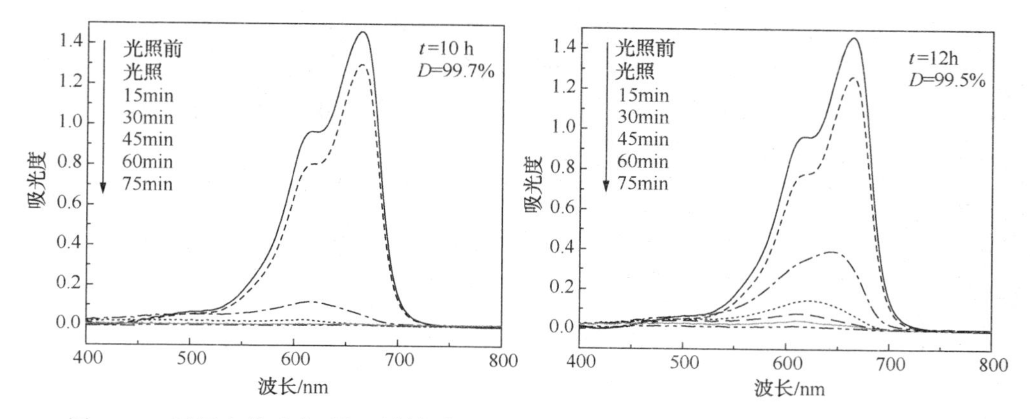

图 2-27　不同水热反应时间下制备中空 TiO_2-ZrO_2 微球降解 MB 的紫外可见光谱(续)

2.5.3.4　水热反应 pH 的影响

本书同时考察了不同 pH 条件下水热反应对所制备中空 TiO_2-ZrO_2 复合微球光催化活性的影响。图 2-28 分别是水热反应前驱液 pH 为 5、7、9 和 11 的条件下所制备的中空 TiO_2-ZrO_2 复合微球，在高压汞灯照射下降解 10mg/L MB 溶液的浓度变化曲线。从图可以看出水热反应溶液 pH 为 9 的条件下得到的催化微球对 MB 的降解率最高且具有较强的吸附性能，更有利于催化微球对染料分子的吸附，从而增强其光催化反应活性。而在 pH 为 11 的碱性条件下制备的催化微球在光催化反应结束后，催化剂由白色变蓝色，说明此过程中催化微球并没有将有机染料分子完全分解。因此，选择水热反应前驱液的 pH 为 9 作为最佳 pH 条件。

2.5.3.5　煅烧温度的影响

本书最后考察了不同煅烧温度对所制备的中空 TiO_2-ZrO_2 复合微球光催化活性的影响。图 2-29 分别是煅烧温度为 400℃、500℃、600℃和 700℃的条件下所制备的中空 TiO_2-ZrO_2 复合微球，在高压汞灯照射下降解 10mg/L MB 溶液的浓度变化曲线。从图可以看出，在 400～600℃，随着煅烧温度的升高，MB 溶液的降解率增大，当煅烧温度超过 600℃时，催化微球对 MB 溶液的降解率有所下降，这可能是由于煅烧温度的上升会引起 TiO_2 锐钛矿型向金红石型的转变，导致其光催化活性下降。因此，选择最佳煅烧温度为 600℃。

2.5.3.6　光催化活性对比实验

图 2-30 是系列催化剂降解亚甲基蓝的降解率随时间的变化曲线。由图可见，对于 10mg/L 的 MB 溶液，在高压汞灯(125W)照射下降解 105min，在前 30min 暗吸附过程中，PMMA-TiO_2-ZrO_2 和中空 TiO_2-ZrO_2 相比中空 TiO_2 具有更高的吸附性，这与 PMMA-TiO_2-$ZrO_2$447.2m^2/g 的比表面积和孔体积有关。其中 PMMA-TiO_2-ZrO_2 虽吸附性能最佳，但在 75min 后，MB 有一定的脱附，使得降解率有所下降，

且在 105min 后催化剂变色，说明此脱色过程仅为物理吸附，而不是将有机物彻底分解矿化的过程。中空 TiO_2-ZrO_2 在 45min 时降解率已达到 96.7%，且催化剂不变色，说明中空 TiO_2-ZrO_2 除具备较好的吸附性，还具有比中空 TiO_2 更高的光催化活性，这是由于 ZrO_2 的添加增大催化剂的比表面积达 224.6m²/g，有利于底物的吸附，也能提供更多的表面氧空穴，反应的活性位置大大增多，提高了催化剂的光催化活性。

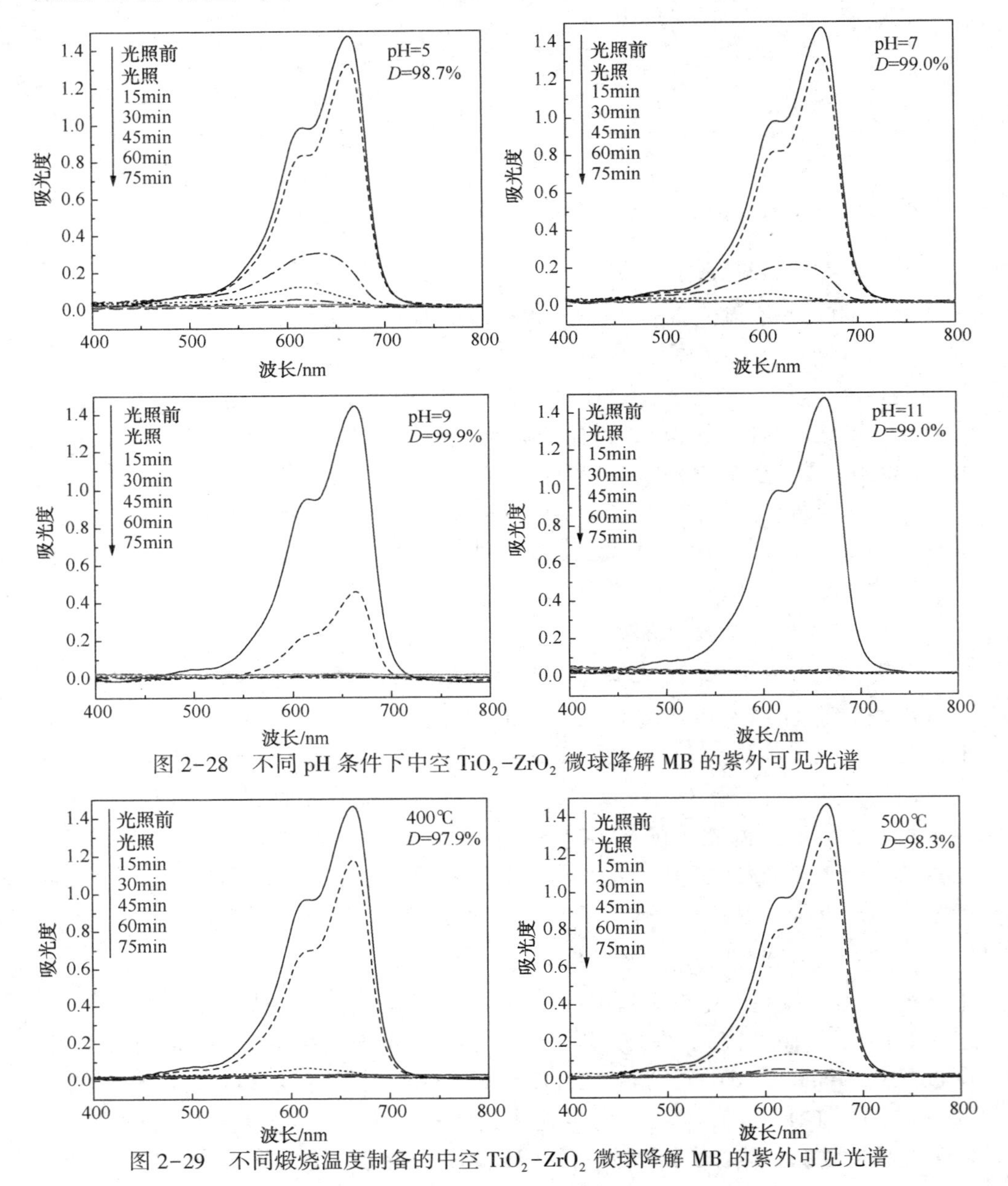

图 2-28　不同 pH 条件下中空 TiO_2-ZrO_2 微球降解 MB 的紫外可见光谱

图 2-29　不同煅烧温度制备的中空 TiO_2-ZrO_2 微球降解 MB 的紫外可见光谱

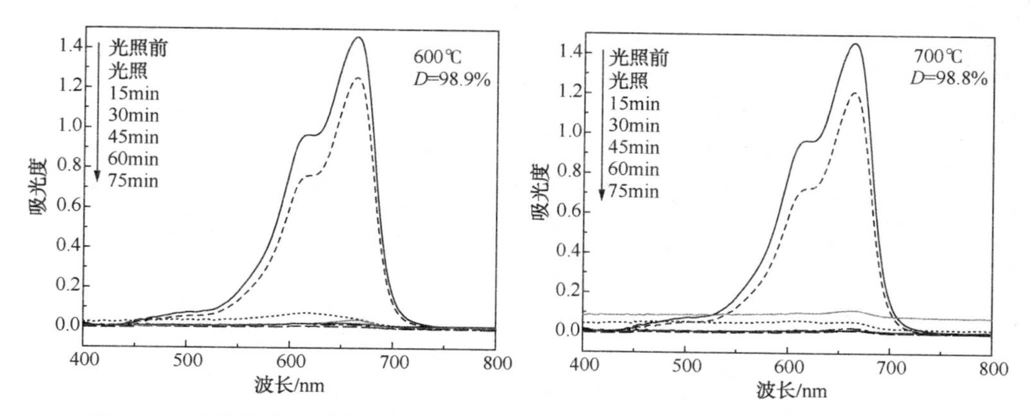

图 2-29　不同煅烧温度制备的中空 TiO_2-ZrO_2 微球降解 MB 的紫外可见光谱(续)

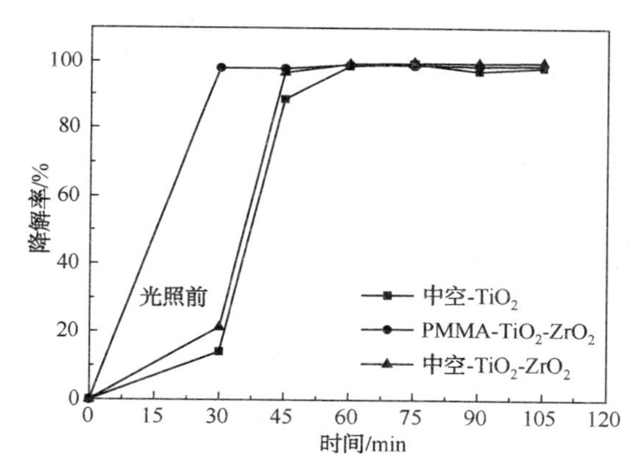

图 2-30　PMMA-TiO_2-ZrO_2、中空-TiO_2-ZrO_2 和中空-TiO_2 微球的降解率

2.5.4　小结

以 PMMA 微球为模板，采用硬模板-水热法在 160℃、10h 条件下合成了中空 TiO_2-ZrO_2 交错复合微球，直径在 0.7~2μm，比表面积为 224.6m^2/g，具有良好的紫外光催化活性。实验结果表明，与 ZrO_2 的复合减小了 TiO_2 纳米粒子的粒径，增大其比表面积。在汞灯辐照下，对 10mg/L 的 MB 溶液在 45min 时降解率已达到 96.7%。其特殊的空心结构可以将目标降解物 MB 分子进行更强的吸附，使其与催化剂的接触面积增加，从而提高催化剂的催化效率。

2.6　双亲性中空催化微球的制备及性能

目前传统光催化过程一般使用悬浮相催化剂，尽管其降解效率较高，但存在催化剂分离的问题，催化剂在溶液中很难分离，容易形成二次污染。此外，当悬浮体系中的溶剂刚好与光催化剂的吸收波长范围重合时，溶剂与光催化剂会在吸收光子方面形成竞争关系，催化剂在光子吸收方面必然大大减小，从而直接降低其催化速率。目前比较传统的做法是将 TiO_2 通过一定方法负载于一些载体上，但与新型的悬浮相催化剂相比，固定后的光催化剂与反应物的接触比表面积极大下降，其量子效率通常低下，粒子与基材的固定不牢靠等，使得其离工业大规模生产有不短的距离，推广应用受到限制。因此本书寻求一种全新的思维方式，通过改性处理得到可悬浮于水-空气界面的双亲性光催化剂体系来很好地解决上述传统光催化体系的瓶颈问题。此反应体系不仅使得光催化分解物 CO_2 尽快扩散入空气中，而且空气中充分氧气的供给也使得催化剂光激发活性种优于溶液反应体系，从而有利于催化反应持续进行。同时又能有效地吸收垂直照射的光线，处理浑浊的废水，这种界面光催化剂的漂浮特性也无碍正常的光催化反应过程的进行。实验证明，这种非悬浊态且可悬浮在水面上的双亲界面光催化体系能极大改善悬浮体系的不足，具有广泛的研究价值和应用前景。

2.6.1 实验部分

2.6.1.1 实验试剂与仪器

本实验所用主要实验试剂及仪器见表 2-6 和表 2-7。实验用水均为高纯去离子水(自制)。

表 2-6 主要实验试剂

试剂名称	等级	试剂名称	等级
正辛基三乙氧基硅烷(KH832)	分析纯(AR)	诺氟沙星胶囊	分析纯(AR)
氢氧化钠(NaOH)	分析纯(AR)	无水乙醇(EtOH)	分析纯(AR)
氯霉素(CAP)	分析纯(AR)		

表 2-7 主要实验仪器及设备

实验仪器名称	规格型号	实验仪器名称	规格型号
电热恒温干燥箱	202-1AB	电子天平	AY120
超声波清洗器	KQ-300B	紫外可见分光光度计	UV-2102
台式离心机	TDL-5-4	傅立叶变换红外光谱仪	FT-IR-8900

2.6.1.2 双亲性中空 TiO_2-ZrO_2 微球的制备

中空 TiO_2-ZrO_2 前处理：将自制的中空 TiO_2-ZrO_2 加入 10mL NaOH 溶液(1mol/L)磁力搅拌 10h 后洗涤，干燥并研磨备用。

将处理过的 TiO_2-ZrO_2 加入含有 5mL 正辛基三乙氧基硅烷(KH832)的 100mL

乙醇溶液中，并超声振荡 2h。接着将其移入三口烧瓶内，安装到回流装置上。反应之前首先对回流装置充入 N_2 进行曝气 10min，待体系中的氧气充分去除后，调节恒温加热磁力搅拌器使油浴温度升高到 80℃，并处于搅拌状态，维持此温度和搅拌速率回流反应 2h。反应结束后，用无水乙醇将此反应液洗涤一遍后，加入超纯水，然后在油浴中 80℃反应 30min，反应完成后静置一段时间，离心分离出上层清液。最后将产品 100℃干燥 3h，研磨得双亲性中空 TiO_2-ZrO_2。实验过程如图 2-31 所示。

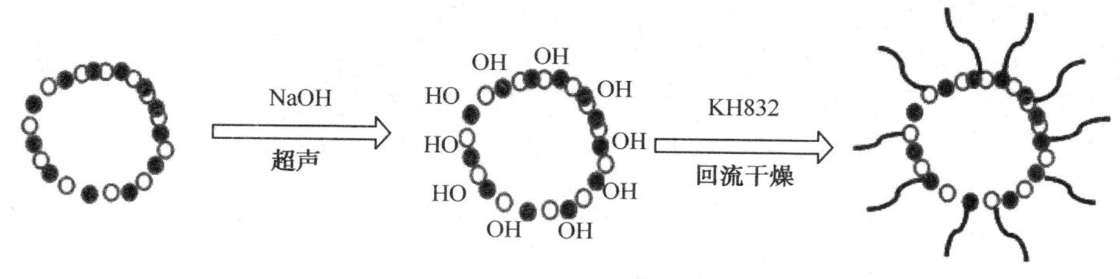

图 2-31　双亲性中空 TiO_2-ZrO_2 的制备流程图

2.6.1.3　光催化活性的考察

光催化反应器装置由烧杯、循环水装置、汞灯构成。将烧杯静置于汞灯下方，实验时，在烧杯中加入 50mL 20mg/L 的 CAP 溶液(或 20mg/L 的诺氟沙星溶液)和 0.5g/L 的光催化剂，在无光照下通气暗吸附 30min 后，开启光源，进行光催化反应。其降解率的计算同 2.1.5 小节。

2.6.2　结果与讨论

2.6.2.1　物理表征

如图 2-32 所示，与未改性的催化微球相比，双亲性中空催化微球具有一定的漂浮性，并能较稳定存在于两相界面，可有效吸收垂直照射的光线，有利于光催化反应的进行。在光催化过程中，接枝在 TiO_2 微球表面的疏水基团可能会被 TiO_2 自身强的氧化性分解，使得 TiO_2 表面呈亲水性，而接枝在 ZrO_2 表面的疏水基团仍然存在，呈疏水性，其双亲性利于光催化过程的进行。

2.6.2.2　FT-IR 分析

红外光谱作为一种鉴别官能团有效的分析方法，特别是鉴别同时含有有机官能团和无机官能团，可方便地从其特征峰中进行定性分析。图 2-33 为中空 TiO_2-ZrO_2 与其烷基疏水改性双亲性光催化剂的红外光谱图。从图中可看出，改性后的双亲性中空 TiO_2-ZrO_2 所检测到的红外光谱图中除了呈现未改性 TiO_2-ZrO_2 红外光谱图所有的特征峰外，还出现了 $1134cm^{-1}$ 处 Si—O 键和 $2923cm^{-1}$、$2854cm^{-1}$ 处的—CH_2 伸缩振动和 $1467cm^{-1}$ 处的—CH_2 弯曲振动，这说明了中空

TiO_2-ZrO_2 表面确实接枝上了烷基疏水基团。

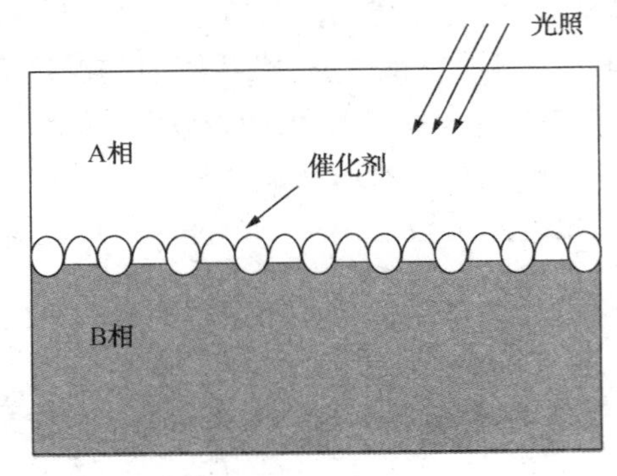

图 2-32　双亲性中空 TiO_2-ZrO_2 的物理性质

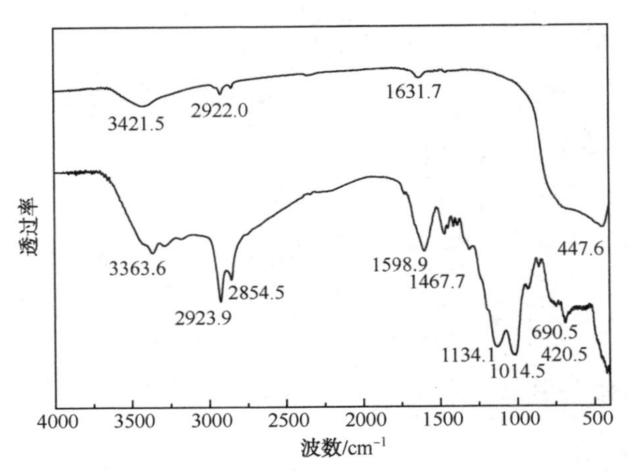

图 2-33　中空-TiO_2-ZrO_2、双亲性中空-TiO_2-ZrO_2 微球的 FT-IR 谱图

2.6.3　双亲性中空 TiO_2-ZrO_2 微球的应用

2.6.3.1　双亲性中空 TiO_2-ZrO_2 微球对氯霉素的降解

图 2-34 是双亲性中空 TiO_2-ZrO_2 微球在高压汞灯（125W）照射 60min 时，对 CAP 溶液的降解率随时间的变化曲线。由图可见，CAP 在紫外区有两个吸收峰，分别为 207nm 和 276nm，由于 CAP 属委内瑞拉链丝菌产生的抗生素，其分子结构含有对硝基苯基、丙二醇和二氯乙酰胺三个部分，276nm 的吸收峰对应于对硝基苯基的吸收，而 207nm 的吸收峰属于二氯乙酰胺的吸收。可以发现，随着光催化降解实验的进行，276nm 的吸收峰逐渐降低，光催化 60min 后，其降解率达到 80.1%。

2.6.3.2　双亲性中空 TiO_2-ZrO_2 微球对诺氟沙星的降解

图 2-35 是双亲性中空 TiO_2-ZrO_2 微球在高压汞灯（125W）照射 60min，对诺

氟沙星溶液的降解率随时间的变化曲线。由图可见，诺氟沙星在紫外区的特征吸收峰在 271nm。随着光催化降解实验的进行，271nm 的吸收峰逐渐降低，光催化 60min 后，其降解率达到 100%。因此，双亲性中空 TiO_2-ZrO_2 微球在对于喹诺酮类类抗生菌素具有很高的紫外光催化活性。

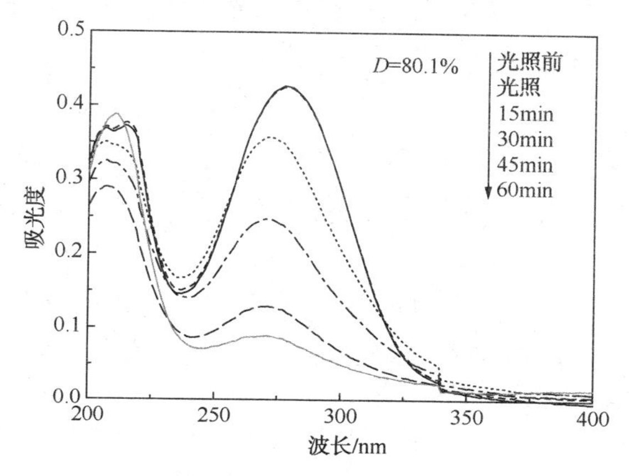

图 2-34　双亲性中空 TiO_2-ZrO_2 降解 CAP 浓度变化曲线

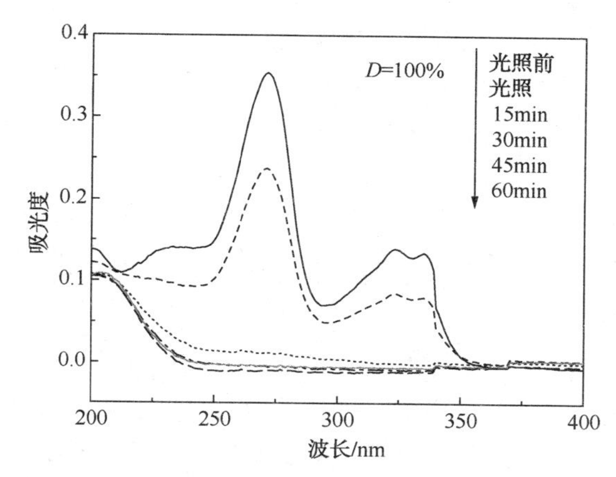

图 2-35　双亲性中空 TiO_2-ZrO_2 降解诺氟沙星浓度变化曲线

2.6.4　小结

采用硅烷偶联剂 KH832 对中空 TiO_2-ZrO_2 交错复合微球进行表面疏水改性，通过对改性前后的催化微球的红外光谱分析，证实改性后的催化微球表面接上了疏水基团。改性后的双亲性中空 TiO_2-ZrO_2 催化微球具有一定的界面特性，60min 内在紫外光下对氯霉素和诺氟沙星的降解率分别为 80.1%和 100%，在环境废水处理技术中具有广泛应用前景。

3 可见光催化材料的研究进展

3.1 引　　言

2018年，在第20届中国科协年会上，“高活性可见光催化材料”入选了先进材料领域重大科学问题和工程技术难题。高活性可见光催化材料是一种利用光催化技术的原理，在可见光或者LED灯下，能捕获有机污染物，通过氧化还原反应将有机物完全分解为无污染的CO_2和水。这种材料与吸附型的净化材料有明显区别。吸附型净化材料，只是将污染物吸附到吸附剂中，虽然污染物发生转移，但并没有被分解，同时材料饱和后将不再吸附，对污染物不再具有净化效果。高活性可见光催化材料则将污染物通过化学反应分解为无污染的无害物，达到降解作用，也不存在吸附饱和问题，如果材料稳定，将会一直分解有机物，起到永久净化的目的。因为能有效去除污染物，高活性可见光催化材料研究也成为关乎国计民生的大事。

3.2 可见光催化材料的研究背景

水是生命的源泉，是人类赖以生存和发展的不可缺少的物质资源之一。高活性可见光催化材料用于水污染净化，将水体中有机物包括液相染料、重金属等完全降解或无害化。比如，偶氮芳香染料如甲基橙和亚甲基蓝，是造纸、皮革、化妆品、药品和其他工业中最主要的有毒污染物和合成染料。直接排放未经处理的染料会毒害水生生物，并间接影响人类健康。另外，室内污染是人类健康的一大杀手。据流行病学统计，在我国，白血病的自然发病率约为十万分之四，每年新增约4万名白血病患者，其中40%是儿童。医学界普遍认为，除了家族遗传，环境污染应是儿童白血病的重要诱因。家庭装修会带来室内环境污染，居室中常见的有害物质，仅美国环保署正式公布的就有189种，其中危害较大的主要有甲醛、苯系物、氨、三氯乙烯和石棉等。如果将高活性可见光催化材料用于室内涂装材料，能有效降解室内有机污染物。对建筑外墙，高活性可见光催化材料也能起到清洁以及缓解大气污染的作用。它能将自然界存在的太阳光能转换为化学反应所需的能量，用于发生催化作用，使周围的氧气及水分子被激发成极具氧化力的 OH·及 O^{2-} 自由基离子，不仅能起到净化作用，还能缓解大气污染，并将能源有效利用。

然而，目前国内外对“高活性可见光催化材料”的认识多局限于基础研究。真正实现产业化应用的研究成果还比较少，现已成为全人类面临的一个急需解决的重大科学难题。目前国内外研究存在一些瓶颈：

（1）光催化效率有待提高。光催化效率是评定一种催化剂性能的重要指标之一。光催化效率高就能短时间内将有机污染物完全降解，及时有效地缓解环境污染问题。同时高效率的催化剂可用较少的量发挥更大的净化作用。

（2）实现可见光催化难。光催化材料普遍的在紫外光条件下活性较高，而在可见光下活性很低，例如大家普遍认可的在紫外光下高效的光催化剂——商用 P25，然而紫外光在太阳光中仅约占 5%，所以在太阳光下，这种催化剂光利用效率很低，光催化效率也低，大大限制了它的应用。若催化材料在可见光下活性高，那么在 LED 灯下就能净化空气污染物，从而室内空气污染问题就迎刃而解。

（3）难以实现工业化生产。实验室研究可以不考虑成本、能耗、环保、稳定性等问题，进行一百次实验，成功了一次就是成功了，但只证明了可行性。在实际放大生产过程中，制备条件并不能像实验室条件可控以及稳定，存在很多不可控的因素，因此开发一种可行的、稳定的制备方法是实现光催化剂工业化应用的关键问题所在。同时工业化生产中还要考虑成本、能耗、环保、产率、技术可操作性、稳定性等问题，进行一百次工业化生产，如果有一次不成功那就是百分之一不合格。

近年来，通过化学改性的手段在 TiO_2 结构中引入金属、非金属来提高其可见光活性，新型的可见光催化材料陆续被开发，例如氮化碳（C_3N_4）光催化材料。氮化碳是近年来新兴的非金属半导体材料，在可见光下可高效降解有机污染物。C_3N_4 与 TiO_2 复合形成异质结也是一种策略，既能实现可见光响应，又能改善催化效率。TiO_2 与石墨烯、碳量子点、铋系材料复合形成的异质结等催化剂。在工业化中真正实现效果显著、能够解决问题的可见光目标暂时还未达到。虽然目前我国在基础研究上做了大量工作，一直推进工业化生产，但实验室和产业化应用间还是有一定差距。

目前大家比较认可的明星光催化材料是德固赛 P25，不管是在基础研究还是工业化生产方面，目前评价一个催化剂性能的好坏都是以 P25 为衡量标杆，它具有稳定的光催化净化能力，也实现了批量产业化生产。在真正使用上，P25 还是有局限性，比如在催化剂回收再利用方面，水净化后要将 P25 催化剂回收，由于催化剂的纳米尺寸效应，很难从水相中回收出固体催化剂，即使按照现有工艺回收，也需要很大的成本和精力。采用矿物负载技术解决了纳米 TiO_2 易于团聚的问题，改善了纳米催化剂的吸附能力，制备的 TiO_2/矿物复合催化材料具有优异的可见光净化性能。另一方面，通过调节 TiO_2 的形貌或晶面，改善 TiO_2 自身的催化性能。通过将 TiO_2 制备复合催化材料具有易于固液分离的优势，可以解决回收问题，但在大工业级生产和应用过程中还存在其他难以解决的问题，有待进一步研究和实践验证。这也是材料特性和工业应用之间的鸿沟。因此，对于高活性可见光催化材料的开发及实际应用依然是目前的一个重大挑战。

3.3 可见光催化材料的种类

3.3.1 掺杂改性制备可见光催化剂

在半导体纳米光催化剂的研究中，以二氧化钛为例，其具有良好的禁带宽度，氧化能力强，无毒，生物、化学和光化学稳定性好等优点，是当前最有应用潜力的光催化材料。但二氧化钛半导体的光响应范围较窄，难以有效利用太阳光；另一个问题是半导体光生电子/空穴对的复合概率较高，处于激发态的空穴与电子极易失活：①重新复合；②迁移到粒子表面与吸附的其他电子给体或受体发生氧化还原反应；③被亚稳态的表面捕获等。因此根据半导体能带理论和异质结构的工作原理，研究各种表面改性技术和研制新的光催化剂，选用合适的掺杂组分、制备方法和载体，制备出具有宽光谱响应范围、光量子效率高、易于回收利用的二氧化钛/载体光催化材料，将是今后研究的主要方向。

3.3.2 掺杂改性的机理

3.3.2.1 引入中间能级，降低二氧化钛带隙

金属离子的掺杂主要产生以下三种作用：①金属离子掺杂后，若是取代 Ti^{4+} 的位置，便会在 TiO_2 禁带中引入新的杂质能级，从而使其禁带宽度相对变窄，使 TiO_2 的吸收波长向可见光区拓展；②若是金属离子堆积在 TiO_2 晶粒表面，则激发半导体产生电子和空穴；③掺杂的金属离子若是沉积在 TiO_2 表面，金属离子和其少量的氧化物则成为电子和空穴的浅势捕陷阱，有效抑制光生电子和空穴的复合；④光生电子-空穴对所带电荷较强，难以通过表面电荷区进入溶液中进行反应，要求反应物预先吸附在催化剂表面，因而通过过渡金属掺杂，改善其对反应物的吸附性能也是光催化性能增强的原因之一。一方面由于掺杂的金属元素的 d 轨道和二氧化钛晶格中 Ti 离子的 d 轨道的导带重叠，使禁带的带隙变窄，而使修饰的二氧化钛光催化剂能吸收可见光，吸收光谱红移，从而使催化剂在可见光下能起作用。而阴离子的掺杂产生的掺杂能级与二氧化钛的价带发生重叠，相当于使二氧化钛的价带变宽上移，而使其禁带变窄。或者，一些金属元素掺杂

后和二氧化钛形成氧化物固溶体，这些金属带隙比二氧化钛要窄，从而可以吸收可见光。另一方面，掺杂可以形成掺杂能级，为掺杂物在价带(VB)和导带(CB)之间形成 t2g 能级，不同掺杂物形成的 t2g 能级不同，由于掺杂物的 d 电子和 CB(或 VB)之间的电荷转移，使波长长、能量较小的光子能够激发，吸收光谱红移，提高了光子的利用率，引起光催化剂对可见光的响应。

3.3.2.2 成为电子和空穴的浅势捕获阱，抑制光生电子和空穴复合

在二氧化钛中引入一些掺杂物能在二氧化钛禁带中引入施主和受主等杂质能级，对二氧化钛本征激发产生的光生载流子起到了俘获阱的作用。适量的浅势俘获阱可以促进受激载流子在二氧化钛粒子内部的扩散过程，延长受激载流子的寿命，大大减少电子空穴对的表面复合，增强光催化剂的光催化活性。如掺杂金属离子，因为金属离子是电子的有效接收体，可捕获导带中的电子，而金属离子对电子的争夺，使得光生电子和空穴分离，减少了二氧化钛表面光生电子与光生空穴的复合，从而使二氧化钛表面在光辐射作用下产生更多的 ·OH，提高催化活性。但如果掺杂量过大，过多的俘获阱易造成受激载流子在迁移程中的失活。

3.3.2.3 造成晶格缺陷，增加氧空位

金属离子进入二氧化钛的晶格内，取代了原来钛原子的位置，或非金属原子掺杂取代氧原子的位置，从而产生了局部晶格畸变或形成了新的氧空位，这些作用均会对晶型转变产生一定的作用。如 Y^{3+}、Eu^{3+} 掺杂到二氧化钛中取代晶格位置上的 Ti^{4+}，这样二氧化钛晶格中将缺少 1 个电子，为了平衡电价，必然在近邻位形成氧空位，同时，Ti^{4+} 被还原 Ti^{3+}。氟掺入二氧化钛后进入晶格并取代氧，产生氧空缺。氧空位和 Ti^{3+} 还原中心可以充当反应的活性位置，固体表面氧空位数量的增加将使表面光化学过程红移至可见光区。

3.3.3 掺杂改性的途径

3.3.3.1 金属离子掺杂

掺杂金属离子提高二氧化钛的催化效率的机制可概括为：掺杂可以形成捕获中心，价态高于 Ti^{4+} 的金属离子捕获电子，价态低于 Ti^{4+} 的金属离子捕获空穴；抑制 h^+/e^- 复合；掺杂可以形成掺杂能级，使能量较小的光子能够激发掺杂能级上捕获的电子和空穴，提高光子的利用率；掺杂可造成晶格缺陷，有利于形成更多的 Ti^{3+} 氧化中心，贵金属修饰二氧化钛是通过改变体系中的电子分布来影响 TiO_2 表面性质，进而改善其光催化活性。TiO_2 中掺杂不同的金属离子，引起的变化是不一样的，并不是所有的金属离子掺杂都会提高 TiO_2 的催化性能，只有掺杂特定的金属离子才有助于提高 TiO_2 的光量子效率。大量研究表明，金属离子掺杂 TiO_2 的光催化活性受诸多因素的影响，比如掺杂金属离子的浓度、价态、

半径、能级位置及d电子构型等，比如催化剂制备时烧结温度、时间等。当掺杂量较小时，捕获电子-空穴的浅势阱数量不多，光生电子-空穴不能有效分离；掺杂量过高时，捕获位间平均距离降低，从而增大了电子与空穴的复合概率，掺杂过渡金属量有一个最佳值。在最佳掺杂量时过渡金属氧化物 MO_x 对 TiO_2 光催化活性的提高顺序为 Cu>Mn>Fe>Ni>Co>Cr，这一顺序与对应氧化物生成焓大小即表面吸附氧的活泼性间有较好的一致性；过渡金属离子稳定氧化态的电子亲和势与离子半径的比值和光催化活性间呈现火山型曲线。

3.3.3.2 贵金属沉积

二氧化钛光催化材料的表面上用贵金属修饰可以改善其光催化活性。当半导体表面和金属接触时，载流子重新分布，形成肖特基势垒，成为电子俘获陷阱，阻止电子与空穴的重新复合。常用的沉积贵金属有Ag、Pt、Pd、Au、Ru等，这些贵金属的沉积普遍提高了半导体的光催化活性。沉积量对半导体活性影响很大，沉积量过大有可能使金属成为电子和空穴快速复合的中心，不利于光催化降解，如Pt在二氧化钛光催化材料的表面上用贵金属修饰可以改善其光催化活性。当半导体表面和金属接触时，载流子重新分布，形成肖特基势垒，成为电子俘获陷阱，阻止电子与空穴的重新复合。沉积量对半导体活性影响很大，沉积量过大有可能使金属成为电子和空穴快速复合的中心，不利于光催化降解，如Pt在二氧化钛表面的最佳沉积量为1%左右。贵金属沉积于半导体表面可改变体系中的电子分布状态，从而实现对半导体的修饰。贵金属沉积于 TiO_2 表面后会形成纳米级的原子簇。由于贵金属的费米能级(Ferm)i是低于 TiO_2 的费米能级的，当二者接触时，TiO_2 中的电子必定自动地移向贵金属，直至两者的费米能级相等，从而在其界面形成一个空间电荷层。其中贵金属带有负电，TiO_2 带有正电，这相当于在 TiO_2 的表面构成了一个光化学电池，从而使光催化反应能够顺利得以进行。

skathivel等制备了 Pd/TiO_2、Au/TiO_2 和 Pt/TiO_2 光催化剂，并降解酸性绿16，结果发现，与纯 TiO_2 相比，改性后的 TiO_2 光催化效率有不同程度的提高。Jin等采用光化学沉积技术制备了 Pd@ TiO_2、Cu@ TiO_2、Pd-Cu@ TiO_2 和 Pd-Cu-Pt/TiO_2 四种光催化剂。从表征结果中可以发现，每种金属都有各自的沉积方式：Pd均匀分散在 TiO_2 薄膜表面；金属Cu在 TiO_2 表面呈现网状结构。同时在对2,4一二硝基苯酚、甲醛、三氯乙烯的降解中，修饰后的光催化剂活性明显比未修饰的 TiO_2 薄膜高。

迄今的研究表明，Pt、Pd、Ag、Au、Ru等都是较常用的贵金属元素，其中Ag的费米能级最低，材料富集电子的能力最强。但过多的贵金属沉积有可能使贵金属成为电子和空穴快速复合的中心，反而影响了光催化反应的进行。Zhang等探讨了四种贵金属(Pt、Rh、Pd、Au)掺杂的纳米 TiO_2 对甲醛的光催化降解效果，通过比较发现，当掺杂Pt的量为0.3%时，无明显反应活性，而掺杂Pt的量为 1%时反应的转化率为 100%，再将 Pt 的量增加到 2%时，转化率不变。因此 1% Pt/TiO_2 为最佳负载量，测试表明催化剂的吸收波长向长波段方向产生红移，促使甲醛完全降解为 CO_2 和 H_2O。贵金属沉积通过两种方法进行，共凝胶法和光沉积(Photodeposition，PD)。共凝胶法与过渡金属离子掺杂 TiO_2 合成的制备方法相同，二者的区别在于氯铂酸等贵金属盐会在热处理的过程中分解生成单质。光沉积法将一定量的 TiO_2 加至去离子水中超声分散 20min，再向其中加入计算量的氯铂酸，再加入 1mL 甲醇作为牺牲剂，在不断通入 O_2 的情况下在紫外光下照射反应 2.5h。反应结束后，将样品进行离心分离并于 60℃ 干燥后即得 Pt 负载 TiO_2。在该过程中，氯铂酸被 TiO_2 的光生电子还原为单质铂，而甲醇则用来消耗该过程中产生的空穴。

3.3.3.3 过渡金属离子掺杂

Choi 等研究了 21 种金属离子掺杂对二氧化钛的光催化氧化氯仿和还原四氯化碳反应的影响。当掺杂量为 0.1%～0.5%时，掺杂 Fe^{3+}、Mo^{5+}、Ru^{3+}、Os^{3+}、Re^{5+}、V^{4+} 和 Rh^{3+} 离子，较大地提高了二氧化钛的光催化效率，其中 Fe^{3+} 掺杂的效果最佳，对氯仿的降解效率较纯二氧化钛提高了 15 倍。掺杂 Co^{3+} 和 Al^{3+} 则降低了二氧化钛的光催化活性。同时，掺杂 Fe^{3+}、V^{4+}、Rh^{3+} 和 Mn^{3+} 还引起了二氧化钛吸收带边的红移。

一般认为，由于过渡金属元素存在多化合价，在二氧化钛中掺杂少量过渡金属离子，可使其成为光生电子-空穴对的浅势捕获阱，延长电子与空穴的复合时间，从而提高二氧化钛的光催化活性。但是当掺杂离子的浓度高于一定值时，捕获位间距减小，同时俘获两种载流子，致使其复合的概率增大，反而会使光催化活性显著降低，且此时掺杂物易发生集聚，如表面富集甚至形成新相，使半导体材料的有效表面积减小，造成活性降低。

3.3.3.4 稀土金属离子掺杂

采用溶胶-凝胶法制备的 RE/二氧化钛光催化剂(RE = La^{3+}，Ce^{3+}，Er^{3+}，Pr^{3+}，Gd^{3+}，Nd^{3+}，Sm^{3+})用于光催化降解 NO_2 的活性与纯二氧化钛相比，适量掺入稀土，可有效扩展 RE/二氧化钛的光谱响应范围，并改善其对 NO_2 的吸附，使 RE/二氧化钛的光催化活性均有不同程度的提高，其中 Gd/二氧化钛的光催化活性最高。各种 RE/二氧化钛的最佳掺杂量均约为 0.5%。当半径大于 Ti^{4+} 的稀土离子掺入二氧化钛晶格中时，不仅会导致电荷不平衡，增强表面对 OH^- 的吸附能力，还会阻止晶界移动，引起较大的晶格畸变和膨胀，抑制二氧化钛晶粒长大，在较低温度下出现混晶，因此能够更好地捕获光生电子，抑制电荷载体的重新结合，使得二氧化钛的光催化性能有较大程度的提高。

稀土元素具有不完全的 4f 轨道和空的 5d 轨道，易产生多电子组态，具有多晶型、强吸附选择性、热稳定性好以及掺杂后光催化剂的光吸收波段移向可见区等特点，因此采用稀土元素掺杂 TiO_2 可能是一类有效的光催化剂。Li 等观察到适量掺杂 La 可以有效提高 TiO_2 光催化活性，并增加催化剂表面的 Ti^{3+} 含量(有助于电子-空穴对分离)。Ranjit 等研究 Eu^{3+}、Pr^{3+}、Yb^{3+} 掺杂 TiO_2 光催化剂，发现稀土掺杂有利于稳定高催化活性的锐钛矿相 TiO_2。Xie 等发现掺杂 Nd 的 TiO_2 溶胶体系可见光降解 X-3B 的光催化活性好于未掺杂的 TiO_2 的，他们认为 Nd 的加入起到了捕获电子的作用。陈俊涛等制备了稀土(Sm，Dy，Lu)掺杂 TiO_2 的锐钛矿型薄膜，结果发现适量掺杂上述三种稀土元素均引起 TiO_2 薄膜的吸收光向长波方向移动，且三种元素对 TiO_2 光催化活能提高的能力依次为 Sm>Lu>Dy。

稀土元素掺杂改性 TiO_2 催化剂的制备方法与过度金属掺杂 TiO_2 的制备方法相似，多采用溶胶凝胶法与浸渍法制备，具体制备方法(溶胶凝胶法)如下：

在室温下将搅拌均匀的 17mL 钛酸四丁酯和 30mL 无水乙醇混合溶液在磁力搅拌下缓慢地加入不同摩尔质量的硝酸钐(或硝酸铕或硝酸铈或硝酸钆)、28mL 无水乙醇、20mL 冰醋酸、7.2mL 蒸馏水的混合溶液中水解，搅拌 1h 得均匀透明的溶胶，陈化后在 80℃ 真空干燥得干凝胶，研磨后置于箱式电阻炉于不同煅烧温度下煅烧 2h，得到稀土掺杂 TiO_2 纳米粒子。以 RE_2O_3 的形式覆盖在二氧化钛晶粒表面的稀土离子，可有效分离电荷载体，延长载体寿命，阻止电子空穴对的重新结合，也会提高光催化反应的能力。

3.3.4 金属离子的掺杂方法

(1) 沉淀法。此法也称为共溶液掺杂法，是在溶胶凝胶法制备二氧化钛纳米粒子的过程中加入相应金属离子的盐溶液，共同形成凝胶，然后进行干燥、焙烧。用这种方法制备出的二氧化钛粒径可以通过改变反应条件进行调节，金属离子在其晶格中的分布较均匀，容易控制掺杂量。

(2) 浸渍法。此法是将二氧化钛颗粒或溶胶浸渍在金属离子的盐溶液中，通过吸附或者加入碱溶液使掺杂的金属离子转变为金属氢氧化物，经过焙烧得到金属氧化物，这类方法包括自制溶胶浸渍和市售粉体(如 P25)浸渍。这类方法工艺简单、成本低廉，但颗粒尺寸受原料粒子的限制，金属离子在晶格内分布不够均匀。

(3) 离子注入法。此法是将金属离子利用电子束蒸发成离子气体注入二氧化钛颗粒或薄膜中，经过热处理后可以在二氧化钛内部形成掺杂而不改变表面成分，是提高二氧化钛光吸收能力的较佳方法，但制备过程材料处理量小，一般只适用于实验室研究。

3.3.5 非金属离子掺杂

采用掺杂金属离子可增强二氧化钛光催化材料可见光响应能力。但是金属离子掺杂往往牺牲其紫外光区催化能力，而采用非金属掺杂不仅能够增强可见光响应能力，且保持紫外区光催化活性非金属离子掺杂将是二氧化钛光催化改性的重要方法。但是，相对于以金属离子为主的阳离子掺杂，对阴离子（如 N、C、P、F 等）掺杂的二氧化钛光催化剂的光催化性研究较少。

非金属离子掺杂的原理可大致概括为：

（1）掺杂后在二氧化钛带隙间出现一个能吸收可见光的“新带隙”；

（2）“新带隙”必须与原来的二氧化钛带隙充分重叠，以保证光生载流子在生命周期内能迁移到催化剂表面进行反应；

（3）为保持催化剂的还原能力，掺杂后的导带能级必须大于 H_2/H_2O 的电极电位。

根据以上理论，研究者 Asahi 认为不能形成 S 和 C 的非金属掺杂。因为 S 的离子半径太大，难以掺入二氧化钛中，取代二氧化钛晶格中的氧。而对于产生可见光吸收的原因，他们认为是氮的 2p 轨道和氧的 2p 轨道电子云杂化使带隙变窄引起的。

3.3.5.1 N 掺杂

Suda 等采用脉冲激光沉积技术，利用 TiN 为靶材在氮气/氧气混合气氛中制备了 N 掺杂二氧化钛薄膜。XRD 测试结果表明所得 TiO_2 薄膜主要以锐钛相存在且混合气体中氮气分压对薄膜晶体结构有较大的影响，随着氮气分压增加，除锐钛相外薄膜中将出现 TiN 相。XPS 测试表明，随氮气分压增加，N 原子进入二氧化钛晶格形成 Ti-N（N1s：396eV）键合紫外可见光光谱实验表明 $TiO_{2-x}N_x$ 吸收边红移。

3.3.5.2 C 和 S 掺杂

Khan 等通过控制甲烷和氧气流量，在 850℃火焰中灼烧金属钛片获得了 C 掺杂二氧化钛膜，XPS 结果表明制备的掺杂二氧化钛化学组成为 $TiO_{1.85}C_{0.15}$，其禁带宽度缩减至 2.32eV，吸收边红移至 535nm 光分解水实验表明碳掺杂二氧化钛光化学转化效率相比未掺杂样品提高近 8 倍。

Umebayashi 研究组通过将 TiS_2 进行加热氧化烧结，制备了 S 掺杂二氧化钛，XRD 测试表明所得掺杂二氧化钛主要以锐钛矿相存在，其 XPS 分析结果显示 S 元素在样品中有两种存在形式，一种以 SO_2 分子形式吸附在二氧化钛表面，此外少量 S 原子替代 O 进入二氧化钛晶格，形成 Ti—S 键。通过态密度（DOS）计算认为，由于 S3p 轨道与价带交叉混合，导致价带增宽，使得禁带变窄，可见光催化活性提高。

3.3.5.3 F 掺杂

利用 H_2TiF_6 水溶液为原料，采用喷雾热解技术制备了 F 均匀掺杂二氧化钛粉体。XPS 测试表明 F 有两种化学状态，一种为 $TiOF_2$。此外，F 原子还进入二氧化钛晶格，后者对二氧化钛的可见光光催化发挥积极的作用。喷雾热解温度对样品催化效率有重要影响，对气相乙醛降解实验表明，温度较高有利于 F 进入二氧化钛晶格，其 XPS 谱图也证实了这一点。催化活性的增强归因于掺杂提高了样品表面酸性，并产生氧空位和新的活化点。

3.3.5.4 双元素及多元素共掺杂

双元素和多元素掺杂可大致分为：两种过渡金属离子共掺杂、两种非金属离子共掺杂、过渡金属与非金属离子共掺杂、稀土与稀土共掺杂、过渡金属离子与稀土共掺杂、非金属与稀土共掺杂和两种以上元素共掺杂。

有研究者采用水热处理后再在 NH_3 中掺 N 首次合成了硫氮共掺二氧化钛。光吸收表明硫氮共掺引起其吸收带向长波移动，可见光降解亚甲基蓝实验表明共掺样比单独掺杂样具有更高光催化活性。

双元素的掺杂可以充分利用两种元素的特点及其协同作用来提高二氧化钛的光催化性能，此种掺杂方式将是今后二氧化钛光催化研究方面的焦点之一。但是共掺杂二氧化钛光催化性能提高的作用机理尚不十分明确，也没有统一的技术评定标准，表征的手段不同，制备方法也各异，制备条件也不同，难以评定结果的优劣，研究的系统性有待加强。

3.3.6 多种金属共同掺杂 TiO_2

关鲁雄等采用溶胶-凝胶水热后处理法制备掺杂铜和钒的纳米 TiO_2，研究结果表明：其晶粒直径约为 6nm；电子空穴分离效率提高；对可见光响应显著增强。光催化降解模拟实验，发现该 TiO_2 粉末对甲基橙有机废水的降解率很高，掺杂纳米 TiO_2 光催化剂扩大了对可见光响应范围，提高了光催化降解效率。董发勤等以硝酸镨[$Pr(NO_3)_3 \cdot 5H_2O$]、硝酸银($AgNO_3$)为掺杂的前驱物，纳米(TiO_2)为载体，用表面浸渍法制备了(银，镨)/氧化钛[(Ag，Pr)/TiO_2]纳米材料，在 200~230nm 短波段内的光吸收性能较强，光波吸收范围较窄，在紫外光照射下产生 ·OH 的强度达到 120000，比纳米 TiO_2 和镨掺杂纳米 TiO_2 有极大幅度地增长。

3.3.7 金属和非金属共同掺杂二氧化钛

研究结果表明，金属元素与氮共掺杂也能产生协同作用，促使 TiO_2 的可见光响应，如铜氮、铅氮、铂氮、铁氮、铈氮等的共掺杂。Song 等发现铜氮共掺杂 TiO_2 在可见光区具有强吸收，光吸收带边红移，而且其光催化活性高于单掺杂和不掺杂的 TiO_2。王振华等研究铅氮共掺杂 TiO_2 纳米晶(Pb-N-TiO_2)，结果表明铅氮共掺杂可以起到协同作用，降低 TiO_2 的带隙能，提高 TiO_2 对可见光的吸收，

$Pb-N-TiO_2$在可见光下表现出较高的催化活性。吴遵义等发现铂氮共掺杂可使TiO_2的吸收边带红移约20nm，$Pt-N-TiO_2$电极在可见光区的光电流约为纳米TiO_2电极的4倍。Cong等研究铁氮共掺杂纳米TiO_2，发现铁的掺杂可使TiO_2的光吸收带边向可见光区移动，氮掺杂的这种移动趋势更强，铁氮共掺杂时，光吸收带边的红移比单掺杂更强。其原因是铁氮的共掺杂在TiO_2的带隙中引入了新的能级，使TiO_2的禁带窄化。Liu等制备了几种金属(Ag、Ce、Fe、La)与氮共掺杂的TiO_2光催化剂。发现掺杂金属阳离子的半径和可变价态对共掺杂TiO_2的光催化活性起着重要的影响。共掺杂TiO_2粉末光吸收带边均红移到可见光区，尤其当掺杂的金属阳离子半径小于Ti^{4+}的半径，光吸收红移程度更大。

曾人杰等采用溶胶-凝胶法制备了铁掺杂TiO_2($Fe-TiO_2$)薄膜，将$Fe-TiO_2$薄膜放置氨气气氛中高温处理，形成铁、氮共掺杂TiO_2($Fe/N-TiO_2$)薄膜。结果发现$Fe/N-TiO_2$(0.5%Fe，摩尔分数)显示出更佳的亲水性能，在可见光下优势尤为明显。铁掺杂主要作用是降低电子和空穴的复合概率，氮掺杂可以增强TiO_2薄膜在可见光区的吸收，两种效应相互结合，共同提高了薄膜在可见光下的亲水性能。Hongwei等用溶胶-凝胶的方法得到了钐、溴共掺杂的TiO_2，他们发现掺杂溴没有导致新的荧光，但是溴的掺杂量对钐掺杂的TiO_2荧光强度影响很大，掺杂1%溴(摩尔分数)后荧光强度是没有掺溴的3倍，但是再增加掺杂溴的量，荧光强度降低并且荧光寿命变短，得到掺杂TiO_2在可调控的固态激光方面有应用前景。

3.3.8 半导体复合型催化剂

半导体复合是提高光催化效率的有效手段，是光催化材料研究中为改善材料的性能而采用的常规方法，可以用来改善传统光催化材料中存在的各种问题。从复合半导体光催化材料的价带和导带位置以及禁带宽度方面分析几种不同的复合作用对材料组成、能带结构以及光吸收性能的影响规律。半导体材料之间的复合形成异质结构，是提高半导体材料光催化性能的最有效途径。根据参与半导体材料复合的组分的性质不同，可以分为两种：半导体-半导体复合、半导体-碳材料复合。半导体-半导体的复合主要是通过将两种不同禁带宽度的半导体利用化学反应或其他方式(超声，煅烧等)来进行复合的。主要利用的是不同半导体材料的价带、导带和禁带宽度不一致而发生交叠，这样不仅可以拓宽半导体材料的光响应范围，而且还能够有效地将光生电子和光生空穴聚集在两个不同的半导体材料上，可以有效地抑制光生电子和光生空穴地再复合，因此复合之后的半导体光催化剂表现出优于单一半导体组分的催化活性。将两种或多种半导体以特定方式复合后，其化学、物理方面的光学特性都会发生很大的改变，它的意义在于，首先，复合不同能带结构的半导体光催化剂，用窄禁带的半导体来敏化宽禁带的半导体的设想提供了可能，这对当前只能采用宽禁带半导体作为主要光催化剂的光催化反应具有里程碑式的意义。其次，对半导体材料的二元复合，两种半导体之间产生的能级差内电场可以使光生电子和光生空穴由一种半导体迁移到另一种半导体相应的位置，使光生电子-空穴对达到彻底分离的目的，使得光生载流子的利用率大大提高，从而提高光催化剂的光催化活性。将两种不同的半导体复合在一起主要考虑的因素是：两种半导体的禁带宽度、价带和导带的能级位置是否匹配，还有就是两种半导体晶型的匹配度等因素。常见的半导体复合材料有金属氧化物半导体（TiO_2、SnO_2、WO_3 等）和金属硫化物半导体（CdS、PbS 等）。A. Hamrouni 等将 ZnO/SnO_2 复合半导体负载在天然沸石的表面来制备光催化材料，对有机染料甲基橙进行降解。结果显示，复合之后的半导体催化剂的光催化活性与单一半导体光催化活性相比有明显的提高。还有就是可以利用碳材料(碳纳米管、富勒烯、石墨烯)与半导体进行复合，其中碳材料主要起两个作用：一是可以作为催化剂的载体，我们知道纳米级别的 TiO_2 表面能非常大，因此纳米 TiO_2 非常容易团聚。若是将 TiO_2 负载在碳材料上就可以有效地解决纳米 TiO_2 的团聚现象。二是作为光催化反应中一个电子转移体，将光激发产生的光生电子和光生空穴可以有效地分离。受到光激发在半导体材料中形成光生载流子(包括光生空穴 h^+ 和光生电子 e^-)的寿命非常短，一般说来只有皮秒级的寿命。因此复合之后可以使得光生空穴和光生电子减小重新复合的概率，在反应中的利用率得到提高，这也大大地提高了催化剂的活性和效率。

3.3.9 钙钛矿型催化剂

钙钛矿型复合氧化物一枝独秀，其通式为 ABO_3。A 位阳离子半径大于 B 位阳离子半径，大多数钙钛矿型化合物为氧化物，但一些碳化物、氮化物、卤化物和氢化物也具有钙钛矿型结构。钙钛矿型化合物通常具有异常广泛的性质，如：光、热、电磁等性能。因为元素周期表中，90%左右的天然金属元素在钙钛矿型化合物结构中是稳定的，并且通过 A 位和 B 位的部分取代可以合成多组分的钙钛矿型化合物。钙钛矿复合氧化物催化剂有以下特点：结构确定；结构和组成多样，在保持原结构的基础上，组成、元素、原子价、缺陷种类和浓度、离子的传输速度等可变幅度大；热稳定性高；固态化学的信息丰富。

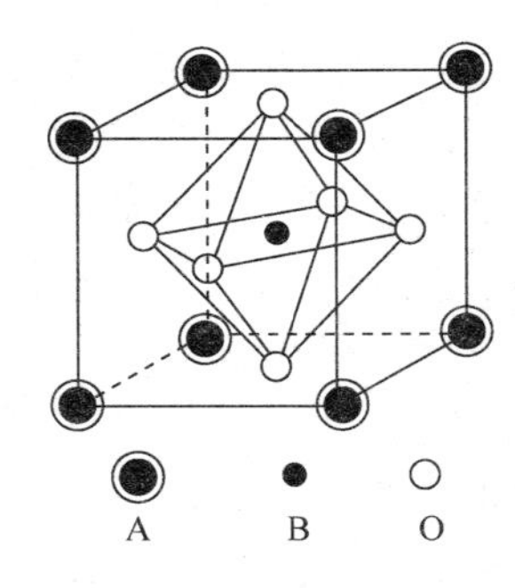

理想的钙钛矿结构中 B-O 之间的距离为 $a/2$(a 为晶胞参数)，A-O 之间的距离为 $a/\sqrt{2}$，各离子半径之间满足下列关系式：

$$r_A+r_O=\sqrt{2}(r_B+r_O)$$

其中，r_A、r_B、r_0 分别为粒子 A、B、O 的半径。

稳定的钙钛矿结构除了要求有合适的离子半径外，还要求体系保持电中性，即 A 与 B 所带的正电荷总数必须等于氧所带的负电荷总数，也就是电价平衡。

钙钛矿型催化剂的光催化过程，实际上就是 HO · 的氧化并矿化的过程。HO · 由光激发产生，它无论是在吸附相还是在溶液相，都能引起物质的化学反应，对光催化氧化起决定性作用。因此如何保证 HO · 的活性对光催化剂活性的影响颇大。

光激发产生电子和空穴经历多种变化途径，其中最主要的是捕获和复合两个相互竞争的过程。对于光催化反应来说，最重要的是空穴的捕获，并与反应物发生催化反应。但电子和空穴的复合使空穴失去氧化功能，阻碍了反应的进行。因此，电子和空穴的复合率从本质上影响了光催化剂的活性。如果没有适当的电子或空穴捕获剂，分离的电子和空穴可在体内部或表面复合并放出热能。优化光催化反应的反应条件可以促进电子和空穴的分离，因而对光催化剂活性的高低起到一定的影响。

（1）外加空穴或电子捕获剂

通过外加空穴或电子捕获剂直接分离电子和空穴，可以显著提高光催化剂的活性。Gerishcer 对受光照半导体中载流子输运的理论分析发现，可以通过外加电子捕获剂如 O_2、H_2O_2、过硫酸氢钾制剂等氧化剂实现光生载流子的有效分离，从而提高光催化剂的催化活性。

（2）pH

pH 值的改变可以促使光催化剂表面带电状态的变化。当 $pH<3.5$ 时，TiO_2 颗粒表面带正电荷，有利于光生电子向颗粒表面移动，从而抑制电子与空穴的复合；而当 $pH>6.4$ 时，TiO_2 颗粒表面带负电荷，有利于光生空穴向催化剂表面移动，使得光催化反应易于进行。因此，在 pH 较低或较高的情况下，光催化剂的活性都会比较高。

3.4 吸附型光催化材料

随着全球经济的高速发展，环境污染和能源枯竭已经引起了许多潜在的全球性问题，生态兴则文明兴，生态衰则文明衰，人们对生态环境的改善有着越来越强烈的诉求。2018 年，我国《宪法修正案》中历史性写入生态文明，2019 年 12 月，我国首部流域性法律《中华人民共和国长江保护法(草案)》提请审议，“污染防治”被列为未来几年三大攻坚战之一。城市黑臭水体治理，水源地保护专项行动陆续打响，而要从根本上进行水环境污染的治理，就必须从其治理技术入手。其中物理吸附法和光催化技术因具有高效、操作简便、低能耗等优点被广泛应用于环境治理领域。物理吸附应用范围十分广泛，从气体净化、溶剂回收到废水处理都有涉及，然而现有的吸附材料(如炉渣、硅藻土、蒙脱土、焦炭、活性炭等)，主要依靠孔道内和层间吸附位进行吸附，存在吸附容量小，吸附速率慢，容易饱和，对低浓度的污染物吸附能力有限，废水中有机染料分子稳定性强、抗氧化性好、容易造成二次污染等问题，从而制约了该方法在水处理中的实际应用。另外，对于实际应用中一些染料废水中染料稳定性强、抗氧化性好、二次污染严重等使得废水处理依然是一个巨大挑战。光催化技术则克服了传统吸附法不能使污染物彻底分解或者无害化的缺点。光催化剂在光的作用下，能够产生活性极强的自由基，通过自由基的强氧化还原性可将污染物全部降解为无毒无害的二氧化碳和水。对光催化剂而言，表面吸附位点影响光催化降解性能，然而光催化反应过程本质上是接触反应的过程，目前开发的传统光催化剂(如 TiO_2)表面吸附性能往往不太理想，导致在催化过程中催化剂表面活性点利用率不高。此外，光的吸收利用率以及载流子分离转移效率也会制约其催化性能的发挥。因此，为了结合上述两种方法的优点，同时改进二者的缺点，开发具有吸附/原位催化双功能一体的光催化材料自然成为当前水处理研究的热点之一。尤其对于较低浓度的有机污染分子实现集中富集，原位催化协同一体的催化分解过程已经成为一种新兴手段来处理环境污染问题。

近年来，具有不同形貌结构的吸附剂与半导体光催化剂组成的复合材料被成功应用于环境治理或者光催化氧化还原中，并达到了良好的环境治理效果和提高了光催化性能。清华大学朱永法教授等人提出将纳米二氧化钛与吸附材料石墨烯进行复合，组装成三维宏观网状结构的二氧化钛-石墨烯复合水凝胶(TiO_2-rGH)，应用于Cr(Ⅵ)的去除，利用 TiO_2 的高效光催化还原能力，可将吸附富集在二氧化钛-石墨烯表面的Cr(Ⅵ)快速还原，在紫外光作用下实现吸附富集与光催化还原的快速净化作用。将具有高比表面积 g-C_3N_4 与 TiO_2 组装成具有3D结构的复合凝胶用于有机污染分子的去除，并揭示了3D g-C_3N_4/TiO_2 的吸附催化协同增效机制，提出这种吸附催化材料具有广阔的实际应用前景。中国台湾清华大学Hsu等人报道了活性炭负载锐钛矿 TiO_2 可以大幅度提高对有机分子的吸附和催化活性。但是，依赖紫外光才能发挥催化作用仍然限制了其在实际应用中的可能性。

为了提高可见光利用率，研究人员将新型可见光催化材料与大容量吸附性材料复合来拓宽其光响应范围，从而实现可见光下的高效吸附/催化协同降解。美国密苏里大学Chen和中国科学院黄富强教授等人提出将黑色二氧化钛和三维石墨烯管进行复合，利用“物理吸附+光催化降解”双功能原理，通过三维石墨烯管负责牢牢“抓住”有毒有机物，黑色二氧化钛作为光催化剂，从而实现95%的全太阳光谱吸收，将有毒有机物降解为二氧化碳和水。福州大学徐艺军教授团队提出具有高吸附性和高比表面积的3D石墨烯与光催化材料的复合材料增强了对有机污染分子的吸附能力以及多维度电荷分离能力从而有效提高了其光催化性能。但是对吸附催化表面特性、光吸收稳定性的深入研究仍然具有深远的科学价值。

对于上述复合材料光催化体系而言，显然将两种功能材料有机地结合起来，吸附剂错位吸附有机污染分子，催化剂协同降解有机污染物，显示出优异的错位吸附/催化协同增效作用，但我们应该清楚地看到，这种集吸附/催化双功能复合材料集合了单组分吸附剂和催化剂的优点，克服了较低的吸附效率、载流子快速复合等缺点，但其制备工艺相对苛刻和制备成本相对较高，同时错位吸附/催化可能导致有机污染分子不完全分解，从而限制其实际应用。针对上述复合光催化材料在应用中的局限性，更进一步开发原位吸附富集与催化并重的低成本可见光响应的光催化材料对于提高有机污染分子扩散、吸附速率并精准发挥原位高效催化反应具有极其重要的研究价值。迄今为止，目前国内外已有相关报道得到了同时具有吸附富集与催化分解于一体的可见光响应催化材料。其中，从1989年到2018年，光催化剂技术用于废水处理的报道中，对于协同性原位吸附光催化材料的相关文献报道仅仅占约13.7%。充分反映出对于如何构筑具有精准吸附与原位催化性能一体的吸附光催化材料及其协同增效机制的深入研究依然是设计结构/性能优异催化材料并进行实际应用所亟须解决的关键问题。

在提高光催化材料的催化性能方面，由于光催化剂的界面电子结构对于异质结界面电荷分离过程具有重要作用，作为氧化物半导体最为常见的并显著影响表面吸附或反应自由基的形成所涉及的这些界面因素中最重要的是氧空位结构缺陷，对催化剂的表面吸附特性、反应活性自由基的生成以及界面电荷转移路径等具有重要影响。在材料中引入缺陷，通过缺陷工程来构筑表面不饱和位点，被认为是调控光吸收、促进电荷分离效率以及构建活性位点的一种有效手段，其中氧空位是最常见和研究最多的一种阴离子缺陷。大量研究工作表明引入氧空位会大大地提高半导体有机污染物的降解、光催化固氮和光解水产氢的效率。2011年，陈晓波等人通过氢化处理得到了黑色氧缺陷TiO_2，氧缺陷的构筑改变了TiO_2纳米粒子的结构、化学、电子以及光学性质，可以吸收长波段可见光，从而提高TiO_2单组分金属氧化物的催化活性。中科院长春光机所和北京工业大学的孙再成教授研究发现金红石TiO_2纳米棒表面缺陷和本体缺陷均可以促进电荷分离，从而提升光催化剂的催化性能。近期，北京航空航天大学郝维昌教授课题组通过水热合成方法制备出含有不同浓度缺陷态的纳米BiOCl，并通过理论和实验证明其缺陷态的引入对于其在可见光的吸收和光生载流子的转移具有重要的影响，价带中的电子更容易被激发到新的缺陷能级上，使得光吸收范围得到扩展并加速了光生载流子的分离，从而有效提高了材料的光催化性能。华东理工大学化学学院张金龙教授研究团队与邢明阳副教授研究团队总结了近年来TiO_{2-x}基光催化剂的合成及其在光催化降解有机污染物、光解水产氢及光还等领域的应用研究进展。认为目前半导体光催化研究面临的最大挑战仍然是微观结构改性与表面吸附性能、光生电荷传输机制的构效关系研究。深入研究半导体缺陷对界面吸附及催化反应的作用机理，仍然是未来半导体光催化的研究重点。

从催化反应过程出发，反应物在催化剂表面吸附活化，随后化学键在催化剂作用下断裂重构，最后反应物在催化剂表面脱附解离。传统缺陷理论已经证明了缺陷态的存在可以调控氧化物材料的电子结构和能带结构，大幅度拓宽光催化剂的吸光范围，这就实现了太阳能的有效俘获及能量转化传递，解决了氧化物催化剂在光催化应用中的瓶颈问题之一。另一方面，缺陷态的存在使金属原子呈现出不饱和配位的状态，从而使金属原子体现出很高的活性，有利于对反应分子的吸附。然而，研究人员将缺陷型金属氧化物催化活性增强归结于大的比表面积、高导电率、特殊的晶面结构甚至模糊的协同效应，往往忽视了缺陷结构对金属氧化物表面吸附性能所起的关键性作用。事实上，缺陷态对金属氧化物表面吸附性能的作用规律以及吸附模型尚不明确，氧缺陷结构是如何影响金属氧化物表面吸附性质从而助力提高其光催化效果的？因此，揭示氧缺陷结构、表面吸附、催化反应三者之间的依赖关系对构筑原位吸附/催化一体化的新型光催化材料至关重要。

吸附现象的研究是一个古老而又崭新的课题。由于吸附机理甚为复杂，所以吸附原理的研究虽历史悠久，但其广泛应用于生产还是近几十年的事。近年来，由于科学技术的发展，尽管吸附机理的研究还不完善，但很多吸附过程在工业和科学试验中已获得广泛的应用，不仅在化学工业中已发展成一种必不可少的单元操作过程，在其他工程领域也有很强的实用性，尤其在环境治理过程中已成为一门独特的技术，在废水、废气的治理中已有广泛的应用。

3.4.1 吸附原理

吸附是由于吸附剂和吸附质分子间的作用力引起的，根据作用力的不同，可分为物理吸附和化学吸附。物理吸附主要靠分子间的范德华力，把吸附质吸附在吸附剂表面，是可逆过程，只能暂时阻挡污染而不能消除污染。当吸附条件改变，如降低气相中吸附质的分压力或提高被吸附气体的温度，吸附质会迅速解吸。因此，低温对物理吸附是有利的。化学吸附是依靠固体表面与吸附气体分子间的化学键力，是化学作用的结果，其作用力大大超过物理吸附的范德华力，往往是不可逆的过程，而且，化学吸附速度会随着温度的升高而增加。通常情况下，挥发性物质的分子与吸附剂起化学反应而生成非挥发性的物质，这种机理可使得低沸点的物质如甲醛被吸附掉。值得注意的是，同一物质在较低温度下可能发生物理吸附，而在较高温度下往往发生化学吸附，也可能两种吸附方式同时发生。

3.4.2 常见吸附剂

3.4.2.1 活性炭

活性炭是利用木炭、木屑、椰子壳一类的坚实果壳、果核及优质煤等做原料，经过高温碳化，并通过物理和化学方法，采用活化、酸性、漂洗等一系列工艺而制成的黑色、无毒、无味的物质。其比表面积一般在 $500 \sim 1700m^2/g$ 之间，高度发达的孔隙结构-毛细管构成一个强大吸附力场。当气体污染物碰到毛细管时，活性炭孔周围强大的吸附力场会立即将气体分子吸入孔内，达到净化空气的作用。

3.4.2.2 活性氧化铝

活性氧化铝为 γ 型氧化铝，一种多孔性物质，每克的内表面积高达数百平方米，在石油炼制和石油化工中是常用的吸附剂、催化剂和催化剂载体；在工业上是变压器油、透平油的脱酸剂，还用于色层分析；在实验室是中性强干燥剂。

3.4.2.3 硅胶

硅胶的主要成分是二氧化硅，根据其孔径的大小分为：大孔硅胶、粗孔硅胶、B 型硅胶、细孔硅胶。由于孔隙结构的不同，其吸附性能各有特点。粗孔硅胶在相对湿度高的情况下有较高的吸附量，细孔硅胶则在相对湿度较低的情况下吸附量高于粗孔硅胶，而 B 型硅胶由于孔结构介于粗、细孔之间，其吸附量也介于粗、细孔之间。大孔硅胶一般用作催化剂载体、消光剂、牙膏磨料等。

3.4.2.4 分子筛

分子筛是一种硅铝酸盐，主要由硅铝通过氧桥连接组成空旷的骨架结构，在结构中有很多孔径均匀的孔道和排列整齐、内表面积很大的空穴。此外，还含有电价较低而离子半径较大的金属离子和化合态的水。由于水分子在加热后连续地失去，但晶体骨架结构不变，形成了许多大小相同的空腔，空腔又有许多直径相同的微孔相连，比孔道直径小的物质分子吸附在空腔内部，而把比孔道大的分子排斥在外，从而使不同大小形状的分子分开，达到筛选分子的作用，因而称作分子筛。沸石和分子筛都是一富含水的 K、Na、Ca、Ba 的硅铝酸盐。从化学成分上说是一样的，结构上也差不多，他们的主要区别是在用途上，沸石一般是天然的，孔径大小不一，只要有空泡就可以防止爆沸；而分子筛的功能要高级得多，比如筛选分子、作催化剂、缓释催化剂等，因而对孔径有一定的要求，经常是人工合成的。

3.4.2.5 活性炭纤维

活性炭主要被加工成颗粒状或粉末状，只有当活性炭的孔隙结构略大于有害气体分子的直径，能够让有害气体分子完全进入的情况下(过大或过小都不行)，才能达到最佳的吸附效果。目前粉末状活性炭逐渐被活性炭纤维取代。活性炭纤维一般是用天然纤维或人造有机化学纤维经过碳化制成，其主要成分由碳原子组成。碳原子主要以类似石墨微晶片、乳层堆叠的形式存在。活性炭纤维有较发达的比表面积($2000m^2/g$)和较窄的孔径分布，与活性炭相比，有较快的吸附脱附速度和较大的吸附容量。

3.4.3 以活性炭为代表的吸附剂在环境中的应用

3.4.3.1 活性炭对水的净化作用

由于活性炭具有极高的吸附能力，因此活性炭不仅可以把水中的那些异味、异色去除掉，还可以把水中所含的杂质(诸如泥沙、氯、铁锈等)和病菌有效地去除掉，从而大大改善水的质量。例如在利用活性炭吸附性能改善自来水水质时，具体可以这样操作：①取一根长为1m左右、10cm孔径的塑料管(或者竹筒、钢化玻璃管)；②在这根塑料管中先装一些水再把活性炭填充进去；③用有孔的圆板挡住这根塑料管上口和下口，让自来水比较缓慢通过。每分钟具体通过多少自来水量由这根塑料管容积决定；一般来说，这根塑料管里的活性炭所能净化的自来水量约为这根塑料管体积的500倍，假设这根塑料管体积为6L，则这些活性炭至少可以净化自来水3000L。用这种方式来净化自来水，可以把其中的有害物质通过过滤大大降低下来，从而促使自来水，不仅干净卫生，而且又不会损失掉其中所含的对人体有利的、必需的物质，诸如盐类、矿物质等；此外，以这种方式来净化自来水，不仅具有操作上安全可靠、实用简单，而且在价格上还具有低廉、在使用上具有周期长等优点。当然用活性炭净化自来水也有一些不足之处，例如随着使用时间的增长，附着在活性炭表面的有机物会不断增多，随之出现了不断接近于饱和状态的吸附量，而使得能够净化的水量不断减少。这时就要使用乙醇浸泡→纯水冲洗→烘干进行活化处理来保证所净化水的质量。

3.4.3.2 活性炭对空气的净化作用

活性炭不仅具有物理吸附，同时还具有化学吸附，因此把活性炭作为吸附剂是极其合适、具有广阔市场前景的。具有巨大的表面积，这是活性炭的一大特征，因此它能充分接触空气中的各种杂质，只要活性炭的巨大表面积被空气中那些有毒气体一接触，这些有毒气体分子将马上被活性炭孔周围那强大的吸附力场吸入孔内，从而对空气起到显著的净化作用，起到保护人体健康的效果。由此可见，活性炭之所以能把有害气体从空气中有效去除掉，就是因为它具有极其强大的吸附能力。例如把活性炭这种强大的吸附能力用于净化刚刚装修完毕的房间室内空气，能有效地把那些污染室内空气的有害气体清除掉，诸如甲醛、二甲苯以及甲苯等，从而起到净化空气、保护人体健康的作用。

3.4.3.3 活性炭在卫生保健方面的应用

在国际上受到公认的众多的高效吸附材料之一，就是活性炭。利用活性炭这个高效吸附性能，以活性炭特别是以果壳类活性炭作为原料来制取活性炭口罩，其过滤效果极其优越，已经被广泛所使用。例如工人在装修房子进行喷刷油漆时，如果戴上这种活性炭口罩，就可以很好地避免因吸收那些有毒气体而危及到自身健康的事件出现。当前，这种以高效吸附性能的活性炭纤维来制作活性炭口罩已经在批量生产，它不仅具有低廉价格、方便使用的优点，同时还是一种不会对中微环境产生污染、副作用的产品，因此在卫生保健方面，活性炭具有极其广阔的市场前景。

3.4.4 活性炭纤维(ACF)的性能与发展

活性炭纤维是20世纪60年代发展起来的新型吸附材料，也称第三种形态的活性炭，活性炭纤维的性能优于颗粒活性炭和粉末活性炭。活性炭纤维表面分布着大量的微孔，微孔分布狭窄均匀，只含有少量的过度孔，没有大孔，微孔体积占总孔体积的90%以上，因此活性炭纤维比表面积很大，大多在1000~2500m/g。与传统活性炭相比，活性炭纤维具有吸附速度和脱附速度更快，低浓度下吸附量大，可以做成丝状、毡状、织物状等多种形态等优点。ACF有一定量的表面官能团，对各种无机和有机气体、水溶液中的有机物及重金属离子等具有较大的吸附量和较快的吸附速率，容易再生。作为新型功能吸附材料，具有成型性好，耐酸耐碱，导电性和化学稳定性好等特点，已广泛应用于化工、环保、催化、医药、电子工业、食品卫生等领域。它在回收强腐蚀性溶剂、反应活性溶剂、低浓度污染和其他难以处理物质方面有特别的功效。由于活性炭纤维在废气治理、空气净化、废水治理、水质处理、资源再生利用等环境和资源保护领域有良好的应用前景，被人们誉为21世纪最先进的环境保护材料之一。

3.4.5 活性炭光催化复合材料

当纳米TiO_2用作光催化反应时，其存在方式主要有悬浮式和固定式，而悬浮体系粉末型TiO_2光催化剂在目标污染物浓度较低时降解速度较慢，且使用后回收困难，易失活、易凝聚难以分离，这些限制了它的应用和发展，因此，以某种具有吸附性的物质为载体制备固定式的纳米TiO_2光催化剂提高其催化效果已受到广泛关注。

近年来，人们对以活性炭材料为载体负载纳米TiO_2制备光催化材料进行了大量研究，主要负载方法有粉体烧结法、浸渍提拉法、溶胶-凝胶法、化学气相沉积法等。由于活性炭材料吸附性能和纳米TiO_2光催化性能结合发挥的协同作用，使负载型纳米TiO_2在国内外广泛应用。

纳米 TiO_2 在活性炭(AC)材料表面负载的方法较多，包括粉体烧结法、浸渍提拉法、溶胶-凝胶法、化学气相沉积法等。

3.4.5.1 粉体烧结法

将纳米 TiO_2 粒子放入水或醇液中形成悬浮液，进一步用超声波处理后或直接使用，待活性炭纤维浸入其中一段时间负载上一定量的 TiO_2 粉体后取出，在常温下风干后于600℃以下烧结。需注意，烧结过程中要严格控制温度，若温度过高，易造成活性炭纤维的失重率过高，质量减少，纳米 TiO_2 的晶型也会由光催化活性高的锐钛矿晶型向活性低的金红石晶型转化；若温度过低，烧结不完全，负载的纳米 TiO_2 易掉落，使负载率降低。粉体烧结法负载载体简单易行，光催化活性较高，但存在牢固性欠佳、分布不均匀、光透过性较差等问题。

3.4.5.2 浸渍提拉法

浸渍提拉法是将载体放到含有活性物质、助剂成分的液体或气体中浸渍，依靠毛细管压力使组分进入载体内部，同时组分还会在载体表面上吸附，使活性组分在载体表面吸附直到平衡，除去剩余液体，进行干燥、焙烧等后处理。此后将预处理的活性炭纤维浸入制备好的纳米 TiO_2 溶液中，然后以一定的速度提拉活性炭纤维，经干燥、热处理得到 TiO_2 薄膜，浸渍包括渗透、扩散、吸附、沉积、离子交换及发生反应等过程。

该法制备的负载型纳米 TiO_2 仅仅分布在活性炭纤维载体的表面，另外还可通过改变浸渍液的 pH 值、浸渍液浓度、浸渍时间、浸涂次数等因素得到负载不同厚度的纳米 TiO_2。该法具备利用率高、用量少、成本低等优点，节省了原材料，是一种简单易行而且经济的方法，但存在焙烧热分解工序时产生废气污染等缺点。

3.4.5.3 化学气相沉积法

化学气相沉积法是通过化学反应的方式，利用加热、等离子激励或光辐射等各种能源，在反应器内使气态或蒸气状态的化学物质在气相或气固界面上经化学反应形成固态沉积物的技术，简单地说就是两种或两种以上的气态原材料导入一个反应室内，然后它们之间发生化学反应，形成一种新的材料，沉积到基片表面上。用此法制备负载型纳米 TiO_2 材料就是将前驱物(钛醇盐)水蒸发，用氮气作载体将蒸汽带到预热的基片上，然后在基片上充分水解，Ti 以 TiO_2 的形式沉积在基片上，其基本原理是利用气态物质在固体表面上进行化学反应生成固态沉积物。

此法制备的 TiO_2 粒度小且均匀，光催化活性高，但工艺复杂，技术难度大，费用高，而且通过沉积反应虽然易于生成所需要的材料沉积物，也会产生其他的副产物留在气相内难以排出。

3.4.5.4 活性炭材料负载纳米 TiO_2 光催化材料的应用

纳米 TiO_2 作为光催化剂使用在国外很早就已受到重视，Fujishima 等发现在光电池中光辐射 TiO_2，可使水发生光催化氧化还原反应并产生氢，自此以后纳米半导体在光催化方面的应用得到了广泛的传播。1976 年，Frank 等将半导体材料用于催化光解污染物，取得了突破性的进展。Li 等报道了 TiO_2 悬浮液在紫外光的照射下可降解腐殖酸，从而开辟了纳米 TiO_2 光催化氧化技术在环保领域的应用前景。

(1) 废水处理方面

活性炭负载纳米 TiO_2 可用于对水中苯酚的去除。负载型纳米 TiO_2 是通过钛酸盐水解沉淀，之后在温度为 650~900℃、同时通氮气的情况下热处理 1h 制得。在紫外光照射下测定活性炭负载纳米 TiO_2 对水中苯酚的去除率，虽然负载纳米 TiO_2 后活性炭的表面积比原始的表面积小，但是在紫外光照射下去除苯酚的效率并没有下降。

活性炭负载纳米 TiO_2 光催化降解水中的微囊藻毒素-LR。由活性炭对毒素进行吸附，不断迁移到负载在活性炭大孔附近的 TiO_2 颗粒表面，最终迅速地将其降解为无毒的产品和 CO_2，二者完美的结合使用表明了优越的协同作用，实验得出在活性炭表面负载量为 0.6%的 TiO_2 对毒素的降解是最有效的。

颗粒活性炭负载纳米 TiO_2 催化剂对水中腐殖酸的光催化降解性能。利用 TiO_2/AC 复合光催化剂可有效去除饮用水中的腐殖酸，光催化复合材料还可用于环境中诸多领域有机污染物的去除，如微污染水源水的净化、室内空气污染物的去除等。

纳米 TiO_2/竹活性炭复合光催化剂对水溶液中甲醛的去除效果，在预吸附时间、催化剂投加量、初始反应浓度等最佳工艺条件下，复合光催化剂对甲醛的去除率可达 95.96%。纳米 TiO_2/颗粒活性炭光催化臭氧处理废水时，对废水的色度和化学耗氧量(COD_{Cr})去除率可达到 96.9%和 54.4%。

(2) 空气净化方面

以四氯化钛、氨水、吐温 80(聚山梨酯-80)为主要原料，利用分步水解法制备锐钛矿型和金红石型共存的复合纳米二氧化钛分散乳液，再选用活性炭纤维为载体，浸渍提拉法制备混晶型 TiO_2/ACF 光催化剂用于同时脱除烟气中的 SO_2 和 NO。活性炭纤维负载纳米 TiO_2 光催化氧化用于处理室内污染物，如悬浮固体污染物(灰尘、可吸入颗粒物、微生物细胞、植物花粉等)、气态污染物(SO_2、NO_x、O_3、NH_3、甲醛、挥发性有机物、氡气等)。结果表明，在常温常压和 254nm 紫外灯的照射下，室内常见气态污染物的处理效率都能达到 90%左右。

使用溶胶凝胶法制备纳米 TiO_2 溶胶，以浸渍和微波辐照的方法实现与活性炭纤维的负载制备光催化剂降解甲苯，发现降解效率最高可达到 80%，其去除量先随负荷增加而上升，以后随负荷的进一步增加，甲苯的光催化去除量反而下降。

(3) 杀菌方面

美国得克萨斯大学研究人员利用纳米 TiO_2 和太阳光进行灭菌，他们将大肠杆菌和 TiO_2 混合液在大于 380nm 的光线下照射，发现大肠杆菌以一级反应动力方程被迅速杀死。

王彦等研究了颗粒活性炭负载纳米 TiO_2 光催化材料的杀菌作用，得出光催化杀菌效果明显好于单独紫外光的杀菌效果，在 450℃煅烧 2h，光照 20min 后杀菌率可达 88%，在溶胶中掺杂 Fe^{3+} 后杀菌率可达到 95%，提高了活性炭负载 TiO_2 的光催化活性。李佑稷等研究了负载型纳米 TiO_2/椰子壳活性炭光催化材料对大肠杆菌的灭菌性能，结果得出，吸附在 TiO_2/AC 上的大肠杆菌数比吸附在活性炭和 TiO_2 都多，TiO_2/AC 对大肠杆菌的光催化灭活率比纯 TiO_2 粉末高，当热处理温度为 500℃、反应中光强为 40W 时 TiO_2/AC 的光催化活性最大，对大肠杆菌具有很强的灭活效率。

Li 等研究了活性炭负载纳米 TiO_2 粒子后灭菌性能的影响因素，主要有：紫外灯功率、温度和 pH 值，结果表明，负载型纳米 TiO_2 与纯 TiO_2 粉末相比，对大肠杆菌具有较高的消灭能力，负载材料消灭大肠杆菌的动力学遵循准一级反应速率定律，动力学行为可描述为一种改进的 L-H 模型，负载的 TiO_2 量决定了吸附平衡数值及对大肠杆菌的杀菌率，且得出当负载率为 47%时杀菌率是最高的。

综上所述，活性炭纤维负载纳米 TiO_2 光催化降解不仅能用于治理有机污染，使之对环境的毒性变小，而且能起到杀菌作用。对于复杂的污染体系，如含有无机重金属离子和有机污染物的污水体系，光催化降解也能将二者同时催化去除，并且对细菌也具有很好的去除效果。从目前国内外将活性炭材料负载纳米 TiO_2 光催化材料应用在有机物的降解(净化废水、苯酚、亚甲基蓝、甲醛、室内空气污染物等)、催化处理复杂的污染体系、消毒杀菌等领域来看，它是具有广泛作用的光催化剂，有良好的发展前景。然而从制备负载型纳米 TiO_2 方面来看，负载工艺还存在着一定缺陷，如纳米 TiO_2 负载的牢固度不够，负载在载体表面易聚集成堆、分散不均匀等，所以随着研究的深入，应寻找合适的固定方法完成纳米 TiO_2 在载体表面的固定并使其分散均匀，以保证较高的光催化活性。同时，由于纳米 TiO_2 的光催化反应条件比较苛刻(需在紫外光下进行)，为解决这一缺陷，可通过使用过渡金属掺杂纳米 TiO_2 作为光催化剂简化其光催化过程，具有一定的研究意义。

3.5 TiO_2 基可见光响应型光催化材料

环境污染和能源短缺是当前人类面临和有待解决的重大问题，亦是我国实施可持续发展战略必须优先考虑的重大课题。以 TiO_2 为代表的光催化技术基于反应条件温和工艺简单以及环境友好等特点，被认为是一种理想的环境污染治理技术。而 TiO_2 带隙能高(3.2eV)，只能在紫外光区(<387nm，占太阳光3%~5%)响应，太阳能利用率低，限制了其应用。目前的研究主要集中在通过对 TiO_2 进行掺杂改性，使其光吸收范围拓展至可见光区域(占太阳光总能量的45%)。常用的掺杂改性方法主要有非金属掺杂、金属掺杂、半导体复合。

3.5.1 非金属掺杂

非金属掺杂是最为常用的 TiO_2 的掺杂改性方式，目前的研究主要以C、N、S、P、F等几种非金属掺杂为主。

3.5.1.1 C掺杂

Khan等首次开展了C掺杂 TiO_2 光催化材料的研究，在天然气、氧气以及二氧化碳的混合气氛中，通过高温处理钛矿制备C掺杂金红石型的 TiO_2，并发现晶格中C取代了O，使其吸收区域拓展至可见光区(535nm)。Ohno等以硫脲和 TiO_2 为原料，合成了S/C共掺杂金红石相的 TiO_2，其在400~650nm具有较好的吸收，在可见光下对2-甲基吡啶和MB有较高的光催化活性。相比而言，大部分研究集中在不同C源对锐钛矿型 TiO_2 进行掺杂改性。也有相关学者通过理论计算探讨C掺杂机理。Kamisaka等指出C取代Ti，会形成碳酸盐阴离子，不会使 TiO_2 吸收可见光，而取代O则能产生杂质能级，拓展其吸收光范围。Wang等通过理论计算表明掺杂的C主要以C的2p轨道组成，与O的2p轨道杂化后，禁带宽度降低，拓展了吸收光范围。

碳点因其具有优秀的光电性质，而得到广泛应用。Zhang等和Liu等分别将碳点与 TiO_2 混合，制备了C-Dots/TiO_2，C-Dots能与 TiO_2 起到协同作用，使 TiO_2 吸收光范围达到可见光区，带隙宽度分别降低为2.9eV和2.12eV。另外，C-Dots掺杂能增强电子空穴分离，有利于提高光催化活性。

3.5.1.2 N掺杂

N原子与O原子半径大小相当，更易取代O原子，从而有利于实现N的掺杂，在N/TiO_2 中，N一般以间隙型(Ti-N-O)、置换型(Ti-N)存在。间隙型N掺杂 TiO_2 的研究相对较少。唐玉朝等以尿素为氮源，制备了间隙型N/TiO_2，发现N原子吸收Ti和O的电子，导致电荷密度降低，产生杂质能级，从而导致吸收光范围红移，其光吸收阈值达到490nm，3h能在太阳光下完全降解甲基橙。Yang等通过理论计算得出间隙 N_2p 存在于 O_2p 轨道与导带中间，使 TiO_2 带隙能下降，激发电子跃迁到导带，从而导致吸收边带红移至可见光区域。而薛琴等和Mi等通过实验和理论计算证明，置换型N比间隙型N掺杂 TiO_2 的带隙能小0.21eV，光响应范围更宽，光催化活性更高。为此，众多学者重点开展置换型

N/TiO_2 的光催化性能研究。Valentin 等通过密度泛函理论计算表明，N_2p 与 O_2p 轨道杂化，使带隙能降低，可见光区域吸收增加。

3.5.1.3 S 掺杂 TiO_2

采用 S 对 TiO_2 掺杂主要是通过不同价态的 S 取代 Ti^{4+} 或 O^{2-}，产生杂质能级，从而拓宽光响应范围。硫取代 Ti^{4+}，硫以 S^{4+} 或 S^{6+} 形式存在。张海明等以硫脲为硫源，采用溶胶-凝胶法制备了 $Ti_{1-x}S_xO_2$，S 均以 S^{4+} 存在，引起晶格畸变，导致吸收光谱红移至可见光区域，在可见光下能将 97% 的 RhB 光催化降解。赵宗彦等采用平面波超软赝势计算得出，S 以 S^{4+} 进入 TiO_2 晶格，S_{2p} 轨道几乎不参与轨道杂化，S^{4+} 使晶格对称性改变，产生杂质能级，带隙能降低 2.54eV，从而导致吸收光谱红移。Zhou 等利用硫源，采用水解法制备了 $Ti_{1-x}S_xO_2$，实验表明，S 以 S^{4+} 和 S^{6+} 存在，S_{3p} 态有助于形成一个由 O_{2p} 和 Ti_{3d} 态构成的导带，窄化了 TiO_2 的价带和导带之间的带隙，从而拓展了其可见光响应范围，其吸收光阈值分别红移至 650nm，能在可见光下将 85%的 MB 光催化降解。

Yu 等认为 S^{2-} 半径较 O^{2-} 大，S^{2-} 不容易取代氧晶格。而部分学者在实验中制备了 $TiO_{2-x}S_x$，发现硫取代 O^{2-}，以 S^{2-} 形式存在。Umebayashi 等在空气中高温煅烧 TiS_2 制备了 $TiO_{2-x}S_x$，发现 S_2p 轨道与价带杂化，使禁带宽度降低，从而使吸收光阈值红移至 550nm，在可见光下能将 95%的 MB 光催化降解。时百成等通过第一性定理计算表明，在 $TiO_{2-x}S_x$ 中 S 的 3 条 3p 轨道在禁带中形成浅能级掺杂，一条与价带顶 O_2p 轨道杂化导致带隙能减小为 2.0eV，使 TiO_2 吸收光范围向可见光区移动。

3.5.2 金属掺杂

金属掺杂也是一种常见的改性方法，主要包括过渡金属、稀土金属、贵金属。

3.5.2.1 过渡族金属掺杂 TiO_2

Choi 等将 20 多种过渡金属掺杂到 TiO_2 中，Fe^{3+}、V^{4+}、Rh^{3+} 和 Mn^{3+} 离子中的 d 电子与 TiO_2 的导带或价带发生电子转移，导致掺杂 TiO_2 的吸收边带红移至可见光区，其对苯酚的光催化活性依次为 $Fe^{3+}>V^{4+}>Rh^{3+}>Mn^{3+}$。研究表明 Fe^{3+} 具有全充满或半充满电子构型，且 Fe^{3+} 与 Ti^{4+} 半径相当，更容易取代 Ti^{4+}，其光催化活性最优。张勇等通过赝势计算表明，Fe 的 t2g 价态靠近的 TiO_2 价带区域，形成新的杂质能级，使 TiO_2 带隙能降低为 2.19eV，从而使吸收光范围红移至可见光区域。Moradi 等制备了不同掺杂量 Fe 的 TiO_2，当掺杂量为 1%时，光催化性能最好，带隙能降低到 2.5eV，在可见光下能将 45%的酸性红 198 降解。

3.5.2.2 稀土金属掺杂 TiO_2

刘月等采用密度泛函理论计算可知，部分稀土金属中 d 和 f 轨道电子进入 TiO_2，产生杂质能级，带隙能降低到 2.13eV 左右，从而使吸收光范围红移至可见光区域。Xu 等和 Shi 等通过溶胶-凝胶法，分别制备了可见光响应型 Gd/TiO_2 和 Ce/TiO_2，并讨论了不同掺杂量对光催化活性的影响。研究表明稀土离子掺杂过多，会引入过多的电子空穴复合中心，导致光催化活性降低；其最佳掺杂比分别为 0.5%(质量分数)和 0.5%(摩尔分数)，在可见光下能分别将 50%的 X-3B 和 30%的 MB 光催化降解。晏太红等的研究指出稀土离子进入 TiO_2，会引起晶格膨胀，稀土离子半径越大，需要掺杂的量越小。李改兰等通过溶胶法制备了可见光响应掺杂 Nd、La、Ce 的 TiO_2，其带隙能分别为 2.0eV、2.6eV、2.8eV，最佳掺杂量分别为 0.25%、1.0%、1.25%，在可见光下分别能将 87.12%、86.61%、79.78%的甲基橙光催化降解。

3.5.2.3 半导体复合

不同半导体复合能克服单一半导体具有的缺陷，增大比表面积，拓展吸收光范围。

(1) TiO_2-SiO_2 复合

目前 TiO_2-SiO_2 的研究以其在紫外光下的应用为主，但依然有学者通过改变其形态，制备了可见光下响应的 TiO_2-SiO_2。Pal 等和 Chang 等采用溶胶-凝胶法，分别制备了{001}、{110}面暴露和双孔型的 TiO_2-SiO_2，在可见光下分别能将 94%和 100%的 MB 光催化降解，研究表明形貌的改变会导致吸收光范围达到可见光区域。

掺杂改性是 TiO_2-SiO_2 光响应范围拓展至可见光区的主要方法。王韵芳等和 Li 等采用溶胶-凝胶法分别制备了 Fe/TiO_2-SiO_2 和 Nd/TiO_2-SiO_2，过渡金属和稀土金属离子中的 d、f 电子进入 TiO_2-SiO_2，引发杂质能级使带隙能下降，在可见光区域(>420nm)吸收增加，能将 100%的 HA 和 95%的 RhB 光催化降解。Liu 等通过还原 $AgNO_3$，将 Ag 沉积在 TiO_2-SiO_2，制备了 Ag/TiO_2-SiO_2，Ag 粒子的表面等离子共振诱导电荷分离，使其在可见光区域响应，在可见光下能将 100%的 RhB 光催化降解。洪洋和胡会静采用溶胶-凝胶法，分别制备了 N 和 C 掺杂的 TiO_2-SiO_2，N、C 进入晶格后与 O_2p 轨道杂化，使带隙能降低，吸收阈值分别红移至 450nm 和 500nm，在氙灯照射下能分别将 85%和 90%的 MB 和铀酰离子降解。

(2) 上转换材料复合

以氟化物为基质的上转换材料的转换效率高。王君等和许凤秀等分别制备了 $40CdF_2 \cdot 60BaF_2 \cdot 1.6ErO_3$ 和 $Er^{3+} \cdot NaYF_4$ 上转换材料，在可见光照射下分别能产生 5 个小于 387nm 和 3 个小于 380nm 的紫外光发射峰并与 TiO_2 复合，能在可见光下分别将 87.28%和 90%MB 光催化降解。以氧化物为基质的上转换材料转换效率相对较低。高鹏等制备了 Pr^{3+}：Y_2SiO_5上转化材料，在可见光(488nm)照射下能产生 270~360nm 的紫外光，与 TiO_2 复合，在可见光下能将 36%的 RhB 光催化降解(未复合的 TiO_2 光催化降解率只有 16%)。

以 TiO_2 为代表的光催化技术，基于高效、彻底及不产生二次污染等特点，有望成为解决环境和能源危机的最有希望的方法之一。为拓宽 TiO_2 光响应范围，提高太阳能利用率，普遍采用非金属掺杂、金属掺杂及半导体复合等方式优化光催化反应体系，并取得不错的效果。目前已构建的 TiO_2 基半导体光催化体系依然难以满足实际应用的需求，需要继续开展深入的研究工作，并尝试从以下几个方面寻求突破：①TiO_2 的改性往往需要多步完成，工艺烦琐、反应时间较长，寻求成本低廉、工艺简单的制备方法是日后的重点研究方向；②TiO_2 的改性有效窄化带隙，但降低了其氧化和还原能力，在深入分析 TiO_2 电子结构的基础上，还需寻求氧化还原能力和光学吸收性能平衡的策略；③深入研究光生电子在光催化材料体系中的分离与转移规律，揭示其光催化机理，并提出新的电子分离与转移机制是构建高活性 TiO_2 基光催化材料的必然途径；④TiO_2 基光催化材料具有氧化和还原能力，目前的研究多利用其氧化性能降解有机污染物，而其还原性能及机理研究相对较少，需要更多学者深入研究；⑤改性的 TiO_2 多为粉末状，难以回收利用，采用负载或与磁性半导体复合等方式提高回收利用性能，对推动 TiO_2 基光催化材料的实用化进程具有重要意义。

3.6 可见光响应型 Z 型 Ag_3PO_4 异质光催化材料

磷酸银(Ag_3PO_4)是性能优异的可见光响应光催化剂，具有 2.36eV 的间接带隙和 2.43eV 的直接带隙及独特的能带分布特征，有助于光生电荷分离和较好的可见光催化性能，可以在几分钟内将甲基橙等染料溶液完全降解。在标准太阳光辐照下，不需要任何助催化剂改性，Ag_3PO_4 的光催化产氧初始速率可高达 6mmol/(g·h)，对应的可见光波段量子效率峰值高达 90%，远高于普通半导体光催化剂(如 TiO_2 仅为 20%)。通过与 Ag_3PO_4 形成 Z 型机制异质结，还原石墨烯(RGO)的可见光分解水产氢速率更是提高了 6 倍以上。尽管拥有这些优势，Ag_3PO_4 自身的一些不足(如光腐蚀、微溶于水、颗粒尺寸较大等)制约了它的规模应用，如 Ag_3PO_4 容易发生“光腐蚀”导致光生电子滞留于 Ag_3PO_4 表面，进而形成 Ag 颗粒，阻碍光的入射，使得光催化活性衰减较快。

对 Ag_3PO_4 而言，形成纳米异质结构是增强其光催化活性和稳定性的有效手段，既可以增强光生电子空穴对的分离，还可以提高 Ag_3PO_4 的分散性。近年来，一种新颖的 Z 型异质结构引起了科研人员的广泛关注，其特点是界面附近的载流子显示出 Z 型机制，借助双光子激发过程，在不同光催化剂上分别完成氧化反应和还原反应，有效促进了光生电荷的分离和迁移；在延长空穴、电子寿命的同时，不会导致其各自原有的氧化、还原能力下降。总之，Z 型光催化剂较之单独的组元显示出更宽的光谱响应范围、更有效的光生电荷分离能力以及更高的稳定性。

3.6.1 Z 型机制及优势

3.6.1.1 基本原理、特点及在可见光催化领域优势

入射光同时激发构成异质结的两种半导体组元，使之分别产生电子和空穴，一侧组元导带位置上的电子进入另一侧组元的价带位置并被再次激发，其电荷转移路径形如“Z”，被称为“Z-scheme”。Z 型机制不仅提高了异质结两侧的电子、空穴的寿命(使之更少有机会与其内部同时产生的空穴、电子相复合)，而且保留了半导体组元原有的氧化或还原能力。

Z 型异质结构的优势在于拓宽了可见光催化的材料选择范围。这是因为对于单一材料构成的光催化剂而言，若想实现更高的可见光利用率，就希望其带隙越窄越好，最好是 1.5eV 左右。但窄的带隙不仅会导致严重的载流子复合以及“光腐蚀”，光激发产生的电子或空穴没有足够的能量克服势垒将水分解，或形成氧化还原能力更强的活性基团以降解污染物。而 Z 型光催化剂通常为两种窄带隙光催化剂构成的异质结构，不仅可以有效利用可见光，还可以把两种组元各自的氧化、还原优势结合起来。如 Ag_3PO_4 和 g-C_3N_4 均属于窄带隙半导体，前者有着较好的氧化能力，后者则在还原能力上有优势，于是两者构成的 Z 型异质结复合材料便可以实现水的可见光全分解。

3.6.1.2 光催化活性基团理论

当光催化剂颗粒受到光辐照时，可被光子能量高于其带隙的光激发产生电子-空穴对，它们均可能扩散至颗粒表面并与水、氧气发生反应形成氧化还原能力更强的羟基(· OH)、超氧基团(· O^{2-})等活性基团。对 Ag_3PO_4 而言，由于其导带边位置低于水的还原能级(即 0V 相对于标准氢电极 NHE)，即电子没有足够的能力去还原 O_2；同时在 Ag_3PO_4 半导体内部主要的活性基团为空穴、羟基和电子。大量电子滞留于导带，这是造成 Ag_3PO_4 光腐蚀的重要原因。

3.6.1.3 判断是否遵循 Z 型机制的依据

构建 Z 型机制异质结能够有效消耗掉 Ag_3PO_4 内部滞留的光生电子，使其光催化活性和稳定性同时得以增强。

(1) 形成超氧活性基团

由于纯 Ag_3PO_4 在可见光辐照激发下不可能产生超氧活性基团。该基团的存在与否可通过加入牺牲剂——苯醌(BQ)观察光催化性能是否显著下降来判断。

(2) 可见光波段内荧光发射得到增强

Z 型机制意味着 Ag_3PO_4 内部的电子与另一个半导体中空穴的复合得以增强，会在可见光或近红外光波段范围出现一个较强的复合发光，可通过荧光谱测试进行评价。

3.6.2 Ag_3PO_4 基 Z 型光催化剂的常见类型与应用

Ag_3PO_4 可以和多种材料形成 Z 型机制异质结，这些材料包括石墨相氮化碳($g-C_3N_4$)、还原氧化石墨烯(RGO)、二硫化钼(MoS_2)、碳化硅(SiC)和三氧化钨(WO_3)等。这些材料通常都有两个显著特征：一是有可见光响应，即能够在可见光激发下产生大量电子、空穴；二是导带边位置要高于水的还原电势，这使得电子与 O_2 结合形成超氧基团成为可能，从而弥补 Ag_3PO_4 在这方面的不足。值得一提的是，Ag_3PO_4 在构建 Z 型机制光催化剂方面有天然优势，即容易在界面处析出 Ag 纳米颗粒，它们作为桥梁可增强电荷的 Z 型转移。

3.6.2.1 复合 $g-C_3N_4$

$g-C_3N_4$ 是近年来十分热门的类石墨结构的聚合物半导体材料，其带隙约 2.7eV，不仅存在一定可见光响应、还原活性，还有良好的稳定性(耐酸、耐碱)。它还能够较容易地通过加热尿素或三聚氰胺等使其分解的方法得到。Chen 等采取一种无模板、原位化学沉淀法制备出 $g-C_3N_4/Ag_3PO_4$ 异质结可见光光催化剂，其中 Ag_3PO_4 纳米颗粒均匀分散于 $g-C_3N_4$ 片状结构的表面，实现了光降解甲基橙染料速率以及稳定性的显著提高。原因为形成异质结增强了光生电荷的分离，Ag_3PO_4 粒径的减少、分散性的提高以及比表面积的显著增大；然而他们并没有发现任何证据证实该光催化剂内部的光生电荷转移遵循着 Z 型机制。Meng 等较全面研究了 $g-C_3N_4/Ag_3PO_4$ 复合纳米结构在不同组分下的可见光催化活性(即降解亚甲基蓝的速率)。当 $g-C_3N_4$ 为主要成分时，Ag_3PO_4 细颗粒均匀分布于其上，电荷转移遵循着 Z 型机制，在 Ag_3PO_4 的含量为 1%(摩尔分数)时，光催化活性达到最佳值。反之，当 Ag_3PO_4 在复合物中为主要成分时，电荷转移只遵从着普通的带-带转移机制。除光降解应用外，Z 型 $g-C_3N_4/Ag_3PO_4$ 异质结还在光催化还原 CO_2(产生 CO 等燃料)、氧化水(产生 O_2)以及光降解乙烯等方面显示了出色性能。

3.6.2.2 复合 RGO

还原石墨烯(RGO)，带隙可以在 2.6~4.4eV 范围内调节，是一种半导体，某些情况下还能显示出较石墨烯(GR)更优异的性能(如光催化活性)，因而受到广泛关注。Samal 等制备出一种基于 Z 型机制的 Ag_3PO_4/RGO 异质结光催化剂，不仅实现了水的光催化全分解(以 2∶1 的摩尔比例同时析出、释放氢气和氧气)和产氧速率的显著提升，而且可见光产氢速率可达 3690μmol/(g·h)，是单独 RGO 光催化剂的 6.15 倍。

3.6.2.3 与其他可见光响应材料复合

氧化铋钼(Bi_2MoO_6)是一种可见光催化剂，曾在光解水、降解有机污染物领域显示出优异的性能。Lin 等通过沉淀法成功制得 Ag_3PO_4/Ag/Bi_2MoO_6复合物，它是由 Bi_2MoO_6纳米片及沉积于其表面上的 Ag_3PO_4、Ag 纳米颗粒构成，显示出优于单独 Ag_3PO_4 乃至 Ag_3PO_4/Bi_2MoO_6复合物的光催化性能。增强的性能归结于载流子转移遵循着 Z 型机制，同时原位形成的 Ag 纳米颗粒起着桥梁的作用。此外，他们还通过不同类型牺牲剂的猝灭效应证实了超氧基团和空穴在降解罗丹明 B(RhB)的过程中起着决定性作用。与 g-C_3N_4、Bi_2MoO_6一样，MoS_2 也是一种层状二维片状纳米材料，适合用于原位生长 Ag_3PO_4 纳米颗粒。Wang 等合成出三维分级结构的 Ag_3PO_4/MoS_2 异质结光催化材料，它在光降解有机染料(Mo、RhB)、4-氯苯酚(4-CP)等废水体系方面明显优于单独的 Ag_3PO_4。当 MoS_2 的含量为 15%(wt，质量分数)时，复合物显示出最佳的光催化性能。相比纯 Ag_3PO_4 形成异质结以后性能增强的原因，不仅因 Z 型机制，还与 MoS_2 基体带来的表面积、导电性显著提升有关。

羟基磷灰石(HAp)是生物硬组织(如骨头、牙齿)的主要成分，也是一种天然的宽带隙半导体具有光催化活性。Chai 等采用水热法制得三维结构 HAp 微米花状晶体颗粒，并且成功地将 Ag_3PO_4 超细颗粒(粒径 10~15nm)均匀分散并负载于花瓣(纳米薄片)上，进而制得 Ag_3PO_4/HAp 复合光催化剂，实现了比表面积、电荷分离速率的极大提升。相比于单纯 Ag_3PO_4 微粒，这种结构的复合材料降解 RhB、4-CP 的速率提高了 10 倍左右。他们还通过研究牺牲剂对光催化活性的影响以及核磁共振谱等手段证实了 Ag_3PO_4/HAp 界面处的电荷转移遵循 Z 型机制。此外，Ag_3PO_4 还可以与 SiC、WO_{3-x}等形成异质结纳米复合材料，实现了在可见光或太阳光辐照下，光催化活性及稳定性的显著提升。这些异质结要么在界面电荷转移上呈现出 Z 型机制，要么另一种半导体作为基体提供较大比表面积负载 Ag_3PO_4 颗粒，并且抑制后者团聚，达到降低粒径、提高活性的目的。此外，光电化学也已经成为评价光催化性能是否得以增强的重要技术手段，它是通过将相同质量的 Ag_3PO_4 等光催化剂粉体通过一定工艺涂覆于导电衬底上(如导电玻璃、铜箔、不锈钢薄片等)，然后通过测试其光电流或阻抗谱进而达到评价光催化活性的目的。

制约 Ag_3PO_4 基光催化剂商业化应用的主要瓶颈是其相对高的成本、相对低的光催化活性和稳定性。提高 Ag_3PO_4 光催化性能主要可以从以下两方面着手：选择合适的基体负载 Ag_3PO_4 超细颗粒，达到抑制颗粒团聚，优化催化活性的目的；开发出合适的半导体材料，使其能带结构、晶格常数与 Ag_3PO_4 相匹配，达到增强光生电荷分离的目的，将 Ag_3PO_4 内部产生的电子快速转移走以避免其发生光腐蚀。近年来，科研人员已开发出 Ag_3PO_4/MoS_2、Ag_3PO_4/RGO 等 Z 型机制异质结，达到同时降低成本、增强催化活性和稳定性的多重目的。这些异质结型光催化剂不仅在利用可见光（甚至太阳光）降解有机染料方面有优势，还在分解水制取氢气（含氧气）、还原 CO_2（产生 CO 等化学燃料）等方面显示出巨大潜力。当然，已见报道的研究成果距商业化还有很长的一段路要走，问题是需要 2 种组元均具有可见光响应，且要求两者的能带不仅要有重叠部分，还要尽可能错开。未来该领域的发展将依赖于开发出新型材料在可见光利用、载流子分离和 Z 型机制等方面达到平衡，以更大程度地提升光催化效率和稳定性。

3.7 铋基可见光催化材料

3.7.1 $BiFeO_3$

铁酸铋（$BiFeO_3$）具有典型的钙钛矿结构，在室温下具有良好的铁电性和磁性。禁带宽度很小，只有 2.2eV，能够吸收可见光，对太阳光利用率高，化学稳定性良好，同时又易回收，这些优点使其成为一种极有前景的可见光催化剂。合成 $BiFeO_3$ 的方法很多，常见的有模板法、溶胶凝胶法、水热法以及微波合成法等，制备出的形貌、粒径、禁带宽度随制备方法的不同而不同，具体情况见表 3-1。由表可以看出，$BiFeO_3$ 的禁带宽度实验值与理论值偏差较小，形貌、尺寸等均影响可见光的吸收，进而影响催化剂的催化活性。Mohan 等人采用电镀法成功制备了纳米纤维状铁酸铋和纳米管状铁酸铋，所制备的两种形貌的 $BiFeO_3$ 直径约为 100nm，在可见光下光催化降解亚甲基蓝，结果表明纳米管状铁酸铋的光催化性能优于纳米纤维状铁酸铋，主要是因为纳米管状 $BiFeO_3$ 具有更多催化活性位点。刘亚子等采用柠檬酸-硝酸盐燃烧法成功制备了多孔 $BiFeO_3$，在可见光下光催化降解甲基紫，去除率可达 99%，实验还得出通过鼓气及加入 H_2O_2 可以有效提高 $BiFeO_3$ 的光催化活性。丁柳柳等采用水热法制备了平均粒径为 300nm 左右的 $BiFeO_3$ 纳米颗粒，并以甲基橙为目标降解物，光催化实验结果表明所制备的纳米 $BiFeO_3$ 颗粒在可见光下具有良好的光催化活性，同时得出水热条件对 $BiFeO_3$ 颗粒形貌至关重要。

表 3-1 不同制备方法下的 $BiFeO_3$ 带隙

制备方法	形貌	带隙/eV	尺寸
模板法	纳米线	2.5	~50nm
溶胶凝胶法	圆片	2.05	0.5~1μm
	圆棒	2.05	1~2μm
水热法	亚微米方块	2.27	1.5μm
	微米方块	2.12	5μm
	立方块	2.1	10μm
	微米球	1.82	20μm
微波合成法	纳米方块	2.1	50~200nm

$BiFeO_3$ 良好的可见光吸收性能、铁电性和铁磁性等特点使其成为光催化领域内有发展前景的一种半导体材料。但是对于纯相 $BiFeO_3$ 而言，它的吸附能力较差，污染物质与活性物种不能得到有效接触，再加上其体内的电子空穴复合率较高，导致其可见光催化性能还有待于提高。此外，$BiFeO_3$ 只能在很窄的温度范围内稳定存在，制备过程中 Bi^{3+} 极易挥发，导致催化剂内部形成氧空位，使 Fe^{3+} 还原为 Fe^{2+}，产生一定的电导。针对这些缺点，研究者将目光集中于对 $BiFeO_3$ 进行改性，主要包括掺杂、微观结构调控以及半导体复合。掺杂可以分为金属掺杂、非金属掺杂以及多组分混合掺杂。其中，金属掺杂主要原理在于可以同时捕获电子和空穴，并能将其释放并成功迁入反应的界面。非金属掺杂的原理是通过向晶体内引入非金属离子而使其禁带宽度缩小，进而增加吸光性能。邸丽景等采用化学还原法成功将 Ag 纳米颗粒沉积在 $BiFeO_3$ 样品表面。在模拟太阳光的照射下以罗丹明 B 为目标降解物，考察产物的光催化活性。实验结果表明，Ag 修饰的 $BiFeO_3$ 样品较 $BiFeO_3$ 颗粒具有更高的光催化活性。这主要是由于 $BiFeO_3$ 导带上的光生电子可以有效地迁移到 Ag 纳米颗粒上，因此使更多的光生空穴参与到光催化反应中。另外，研究者还以对苯二甲酸为探测剂，检测了光照下 $BiFeO_3$ 和 Ag@ $BiFeO_3$ 颗粒羟基自由基的产量，结果显示 Ag@ $BiFeO_3$ 较纯相 $BiFeO_3$ 而言，产生更多的羟基自由基。Gong 等采用溶胶凝胶法制备了 $Ce-TiO_2/BiFeO_3$ 核壳结构的复合催化剂，紫外可见吸收光谱分析得出，$Ce-TiO_2/BiFeO_3$ 复合催化剂发生了明显的红移现象，在可见光下光催化降解甲基橙，性能也得到明显的提高，这主要归功于 Ce 和 $BiFeO_3$，Ce 的掺杂有利于降低光生电子空穴的复合率，$BiFeO_3$ 有利于提高复合催化剂的可见光吸收能力。

半导体复合就是将两种或两种以上半导体材料结合在一起，利用它们各自性质上的差异，来促进光生载流子的迁移，降低光生电子和空穴的复合率，进而提高光催化效率。与离子掺杂方法相比较，半导体材料之间的复合更加有利于促进光生电子-空穴迁移和分离。常见的复合方法有两种：宽带隙半导体修饰宽带半导体和窄带隙半导体修饰宽带隙半导体。在复合的过程中两种半导体材料的导带和价带位置要相互匹配，即价带和导带的位置存在差异，只有这样电子和空穴才能在复合物之间分配和迁移。选择合适的半导体组合，不仅可以提高材料的光催化活性，而且能使原本无法利用可见光的材料具备可见光催化活性。Fan 等采用水热法和固相热分解法成功制备出 g-C_3N_4/$BiFeO_3$ 复合催化剂。与单独 $BiFeO_3$ 相比，光生电子-空穴复合率明显降低，催化性能也得到了提升。Li 等人利用水热法和水解沉淀法制备了 $BiFeO_3$/TiO_2 核壳结构复合催化剂，其紫外可见吸光光谱与 $BiFeO_3$/TiO_2 复合物相比有明显的红移现象，并且可见光催化降解刚果红的性能也有提高，这主要归功于异质结构对于光生电子-空穴分离效率的促进作用。

3.7.2 BiOX

自从 Huang 等首次提出卤氧化铋这一新型光催化剂，其优异的光催化性能便引起了广大研究者的注意。卤氧化铋的晶体结构为 PbFCl 型，为四方晶系，是一种具有高度各向异性的层状半导体，它的[Bi_2O_2]$^{2+}$层与[X]$^-$交错排列，结构示意图如图 3-1 所示。

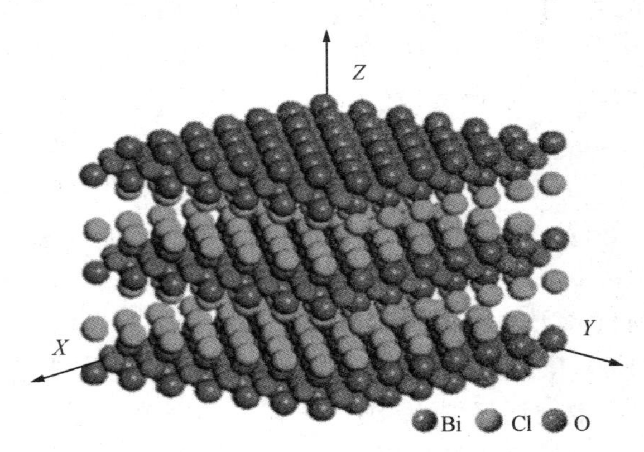

图 3-1　卤氧化铋的晶体结构

研究者采用 DFT 法和 TB-LMTO 法计算了系列催化剂的电子结构和能带结构，得出除了 BiOF 为直接带隙半导体外，其余的 BiOCl、BiOBr 和 BiOI 均属于间接跃迁带隙半导体。卤氧化铋体系的带隙随氟、氯、溴、碘逐渐降低，具体为 BiOF 为 3.98eV、BiOCl 为 3.46eV、BiOBr 为 2.8eV 左右、BiOI 为 1.8eV 左右。BiOBr 半导体作为最有前景的可见光响应的 p 型光催化半导体被研究得最为广泛。层状结构的 BiOBr 由[Bi_2O_2]$^{2+}$层和双层 Br^-层交叉组成，这一独特结构使其相关的原子和轨道拥有足够的空间来极化，使光生电子-空穴对能够有效地分离，从而增加它的光催化活性。到目前为止，BiOBr 的制备方法已有很多种，包括水热法、溶剂热法、微波法、离子液法以及水解法。通过不同的方法已制备得到了不同形貌的 BiOBr，如纳米颗粒、纳米纤维、空心微球等。

BiOBr 作为一种新型的半导体光催化剂，由于其独特的层状结构，较大的比表面积，合适的价带位置，表现出一定的光催化降解污染物能力，具有一定的可见光响应范围。但是单一相的 BiOBr，光生电子空穴易复合，可见光的吸收性能低，重复利用性能差，应用于实际应用中，仍然是一个难题。为了进一步的提高 BiOBr 的光催化活性，许多策略被提出并加以研究，例如特殊形貌的 BiOBr 材料的制备、离子掺杂、半导体复合等。Li 等采用水热法制备了 N-石墨烯/BiOBr 复合催化剂，在可见光下光催化降解甲基橙溶液，降解速率与 P25、BiOBr 和石墨烯/BiOBr 相比，分别增加了 50 倍、4.6 倍和 3.8 倍，复合催化剂的可见光吸收性能增加以及电子空穴复合率降低是光催化性能增加的主要原因。Lv 等采用一步燃烧法制备了磁性 $NiFe_2O_4$/BiOBr 复合催化剂，在可见光下光催化降解罗丹明 B，降解 120min 后，降解率达 96%，高的光催化活性与复合催化剂光生电子-空穴复合率明显降低有关。此外，磁性催化剂也有利于它的回收。Liu 等将金属 Al 掺杂 BiOBr 微球上，获得了催化性能良好的 Al-BiOBr 催化剂，在可见光下降解甲基橙溶液与纯相 BiOBr 相比，降解效率显著增加，这主要是因为 Al 掺杂使复合催化剂的光生电子-空穴复合率明显降低。此外，增大的比表面积也为光反应提供更多的活性位点。

3.7.3 其他铋系光催化材料研究进展

铋(Bi)系光催化剂由于特殊的结构和合适的带隙值等特点，受到了广大学者的关注。研究较多的除了卤氧化铋、铁酸铋外，还包含 $BiVO_4$、Bi_2WO_6等其他可见光催化活性高的 Bi 系光催化材料。将它们应用在光催化降解有机物领域取得了很大的进展。Sun 等发现 $BiVO_4$ 中空球在可见光下对 RhB 和异丙醇都有着很高的催化活性。多孔橄榄形的 $BiVO_4$ 在光催化降解苯酚水溶液时也表现出了较好的效果。Bi 系化合物一般分为：①简单的单元 Bi 系材料，如 Bi_2O_3、Bi_2S_3；②多元氧化物 Bi 系光催化剂，如卤氧化铋、钼酸铋、钛酸铋、磷酸铋、碳酸氧铋等。研究发现 Bi_2O_3 具有四种晶相，为 α、β、γ 和 ε。邹文等采用化学沉淀法制备了 α、β、γ 三种晶体结构的 Bi_2O_3，研究了这三种不同晶型的 Bi_2O_3 在可见光对 RhB 的降解情况，结果表明 $\gamma\text{-}Bi_2O_3>\beta\text{-}Bi_2O_3>\alpha\text{-}Bi_2O_3$，并且 $\gamma\text{-}Bi_2O_3$ 对 RhB 光降解 60min 后的脱色率可达 97% 以上。1964 年，Roht 和 Waring 首次制备出 $BiVO_4$，后续关于 $BiVO_4$ 的研究层出不穷。IbrahimKhan 等采用超声辅助水热法，成功制备出类花状 S-$BiVO_4$，在光解水的应用中效果显著。RuiHuo 等采用化学沉淀法成功制备了 $BiVO_4$，在可见光下光催化降解草甘膦农药废水，其降解率可达 50%。

Bi 系半导体光催化材料因其独特的结构，合适的禁带宽度而具有良好的光催化活性。然而对于纯相 Bi 系光催化材料而言，其易发生光腐蚀现象、电子空穴复合率高、难以回收等缺点制约了其在实际工业中的应用和发展。随着合成纳米材料的技术不断发展，结合半导体材料的优缺点，将其发展成为光催化活性更加优异、适用范围更加广泛的具有实际利用价值的复合催化剂材料，成为当今研究者的热点之一。

目前，有关 Bi 系半导体催化剂的研究主要集中于以下几个方面：①通过改变实验条件来控制它的形貌；②通过掺杂置换增强其光催化活性；③通过半导体复合降低催化剂的电子空穴复合率；④利用载体的表面修饰作用进一步提高它的催化活性；⑤深入研究其机理。

4 发泡剂辅助静电纺丝模板制备介孔TiO_2纳米管及光催化性能

4.1 引　言

本章使用发泡剂辅助静电纺丝模板法，以静电纺丝水溶性聚乙烯醇纳米纤维为模板，制备出形貌完整的介孔长二氧化钛纳米管。从引入的发泡剂中释放的大量气态分解产物的过程使得 TiO_2 管壁上产生均匀分布的介孔，并且这些介孔结构可防止在纳米纤维模板去除过程中对二氧化钛纳米管形态的产生破坏。本项研究工作提出了采用先进的静电纺丝技术制备介孔纳米管的新方法。

与常规的固体材料相比，介孔材料由于其高比表面积而引起了人们越来越多的关注。它们不仅可以在表面与原子、离子、分子和纳米粒子相互作用，还可以在整个材料中相互作用。介孔 TiO_2 纳米管近年来引起了人们的广泛关注，研究结果正前所未有地增长，与具有其他形态(例如纳米粒子和纳米纤维)的 TiO_2 相比，纳米管结构可增强其应用于 Gratzel 型太阳能电池和光催化材料的性能。具有均匀空间分布的介孔二氧化钛纳米管的设计和合成，无论从基础还是技术角度来看，都是非常重要的。迄今为止，已经开发了多种制备介孔 TiO_2 纳米管的方法，如水热法、模板辅助法和静电纺丝技术等。然而，在这些方法中，对于以简单快速的方式设计制备具有完整几何形状的介孔纳米管仍然是一个巨大的挑战。

静电纺丝是一种常用的、简单且具有低成本的操作方法，可用于生产直径和形貌可控的多种聚合物的一维纳米结构。这些均匀的纳米纤维可用作制备管状材料的理想模板。但是，静电纺丝模板法仅适用于相对较短的纳米管结构，因为长而柔韧的纳米纤维模板之间的重叠或缠绕不可避免地导致所得复合纳米纤维材料之间相互连接。这些相互连接的结点处通常性能发生变化，形貌易受损，导致在后处理(例如模板去除)中产生的管状结构被破坏。因此，从大多数研究者的工作中得到的纳米管仍然无法克服以下问题，例如无孔结构的固体表面，模板后处理过程中管状形态的损坏以及相对复杂的制备步骤。结合简单便捷的静电纺丝法，设计制备形貌完整的介孔纳米管是一个具有挑战性的方法。我们提出引入发泡剂辅助静电纺丝模板法制备长尺寸的介孔 TiO_2 纳米管。与常规的固体纳米管和市售 P25 光催化材料相比，所得到的介孔纳米管在不破坏管状结构的情况下表现出更好的形貌和更好的催化性能，这表明它们的应用前景非常广阔。本章内容将为探索具有高效光电化学性质的介孔纳米管材料的制备和应用研究打开新的大门。

4.2 TiO_2 纳米管的制备及结构表征

4.2.1 实验材料

实验使用的材料有：PVA(分子量：1500)、异丙醇钛(TTIP)、偶氮二甲酸二异丙酯(DIPA)、乙醇、去离子水、P25。

4.2.2 介孔 TiO_2 纳米管的制备

介孔 TiO_2 纳米管通过以下步骤制备：首先将 PVA 溶解在去离子水中，将水溶性 PVA 纳米纤维静电纺成模板。纺丝速度 1.02mL/h，纺丝电压为 15kV，接收距离为 15cm。将静电纺丝得到的 PVA 纳米纤维浸入含有异丙醇钛(TTIP)和发泡剂偶氮二甲酸二异丙酯(DIPA)的乙醇溶液中浸渍 30min，然后将复合纳米纤维取出，并在室温下干燥 20min。最后，将复合纳米纤维在 500℃ 下煅烧 2h，得到介孔 TiO_2 纳米管。为了比较发泡剂对纳米管形貌的影响规律，在不添加 DIPA 的情况下，与上述方法相同的操作制备固体 TiO_2 纳米管。所得介孔 TiO_2 和固体 TiO_2 纳米管分别标记为样品 NT1 和样品 NT2，如图 4-1 所示。

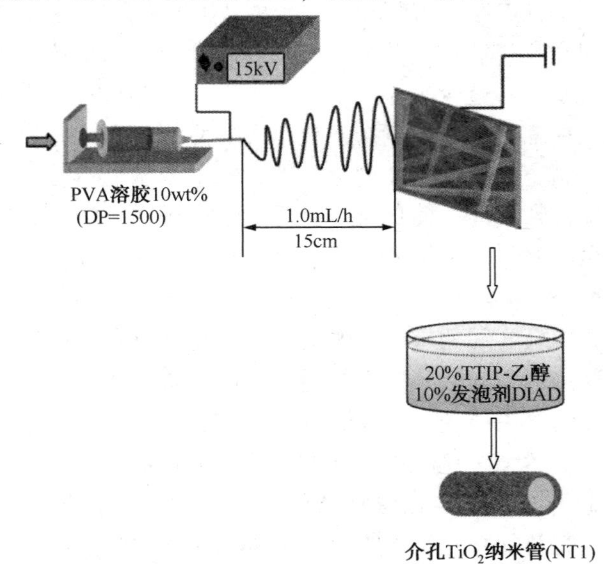

图 4-1 TiO_2 纳米管的制备

4.2.3 TiO_2 纳米管的表征

用场发射扫描电子显微镜(FE-SEM，Zeiss Ultra55，Germany)主要用来观察和检测纳米材料的外部形貌特征。在本实验中使用场发射扫描电镜对所制备的 TiO_2 纳米管的形貌进行测试，并作对比分析。

X 射线粉末衍射对样品的晶体结构进行分析。实验采用 Cu-Ka 为射线源，Ni 过滤(30kV，15mA，Rigaku Miniflex Ⅱ，Japan)，透射电子显微镜(HRTEM，JEM-2010F，JEOL，Japan)对制备的样品进行了形貌结构表征。

采用比表面积和孔隙度分析仪，在-196℃下，采用 N_2 吸附对制备的介孔纳米纤维的比表面积和孔径分布进行了表征。通过 TG-DTA 热分析仪在 30℃ 至 600℃下，在空气中以 10℃/min 的加热速率分析了静电纺丝模板的热分解行为。

采用 X 射线能谱分析(EDS)研究所制备样品表面组成。

采用固体紫外-可见漫反射光谱(UV-vis)测定制备样品的光学特性。

4.2.4 TiO_2 纳米管光催化测试

采用光催化实验装置，通过降解有机污染物来评价所合成的催化剂的光催化性能。光催化反应器装置由光源、石英试管(长 22.0cm，直径为 2.0cm，距离光源 10cm)、光源冷却器装置、气泵等构成。反应时，将通气管插入石英管底部，以保证催化剂悬浮在降解液中。实验时，在石英反应管中加入 50mL10mg/L 的 MB 溶液和 0.5g/L 的光催化剂，在无光照下通气暗吸附 30min 后，开启光源，开始计时，每隔一定时间取样，高速离心后取其上层清液，用 UV-2102PC 型紫外-可见分光光度计在 665nm 处测定溶液吸光度，根据吸光度与待降解液浓度的关系，计算降解率 D(计算方法见式 4-1)，并以降解率的大小进行光催化活性评价。

$$D=\frac{c_0-c_t}{c_0}\times 100\%=\frac{A_0-A_t}{A_0}\times 100\% \tag{4-1}$$

式中，c_0(mg/L)是光催化实验时，暗吸附 30min 后染料的初始浓度；c_t(mg/L)是反应时间为 t 时染料的浓度；A_0为与 c_0相对应的初始吸光度值；A_t 为与 c_t 相对应的 t 时刻的吸光度值。

4.3 介孔 TiO_2 纳米管的物理化学结构表征

4.3.1 形貌表征

为观察静电纺丝制备的 PVA 纳米纤维模板的形貌，采用扫描电子显微镜(SEM)对纤维进行了表征，静电纺丝得到的 PVA 纳米纤维如图 4-2(a)所示，不难看出，PVA 纤维均匀分布，直径约 300nm，长度可以达到数微米。经过 TTIP-乙醇溶液浸渍后，其有机无机复合纤维直径增大到 400~600nm，这是由于 PVA 纳米纤维表面沉积了一定厚度的 TiO_2 前驱体，如图 4-2(b)所示。经过发泡剂 DIPA-TTIP-乙醇溶液浸渍后，其有机无机复合纤维直径增大规律与前者相似，且表面光滑，如图 4-2(c)所示。

(a)

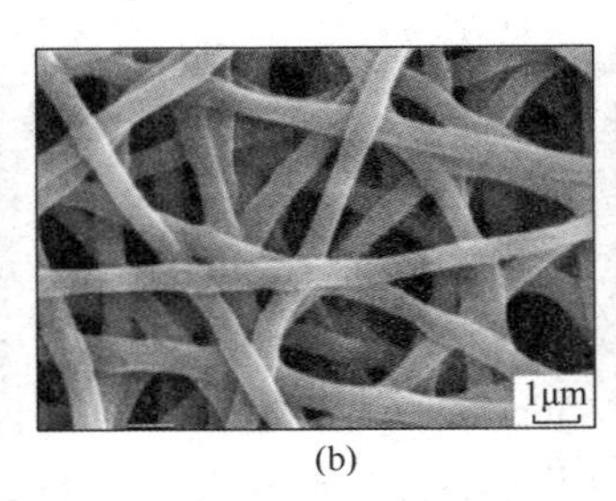

(b)

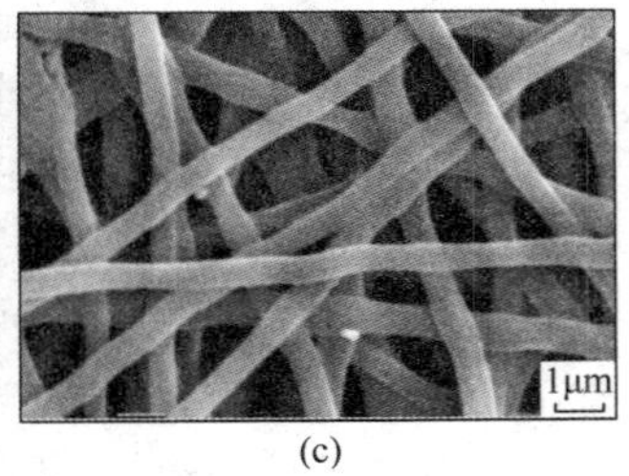

(c)

图 4-2 (a)静电纺丝得到的 PVA 纳米纤维；(b)TTIP 乙醇溶液浸渍后的 PVA 纳米纤维；(c)TTIP-DIPA 乙醇溶液浸渍后的 PVA 纳米纤维

扫描电子显微镜(SEM)表征煅烧后得到的纳米管。在除去 PVA 模板后，纳米管仍保持完整，几乎不破坏管状形态。通过放大倍数的观察，我们发现，在 TTIP 前驱体溶液中加入发泡剂 DIPA 制备得到的 TiO_2 纳米管管壁均匀分布细孔，如图 4-3(a)所示，图 4-3(b)显示了介孔 TiO_2 纳米管的代表性横截面扫描电镜图像，表明管壁具有彻底且均匀的多孔结构。TTIP 前驱体溶液中无发泡剂时，得到管壁无孔的固体 TiO_2 纳米管，并且管壁也有拉链式裂纹(c)和(d)。这些裂缝与用 10wt%发泡剂合成的介孔纳米 TiO_2 结构完全不同。这表明所添加的发泡剂在管壁介孔结构的形成和管状的成行过程中起着关键作用。

采用 EDS 元素分析对得到的样品进行元素成分分析，结果显示煅烧处理之前，Ti、O 和 N 元素均匀分布在整个纳米纤维中，表明 DIPA 分子均匀分布在整个管壁上，如图 4-4 所示。在煅烧之后，只有 Ti、O 元素存在，说明煅烧之后，发泡剂 DIPA 已经彻底分解，如图 4-5 所示。

(a)

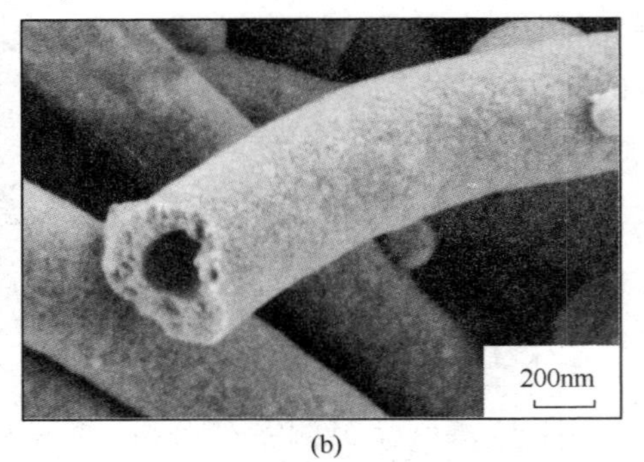

(b)

图 4-3 (a)和(b)为介孔 TiO_2 纳米管(NT1)的 SEM；(c)和(d)为固体 TiO_2 纳米管(NT2)的 SEM

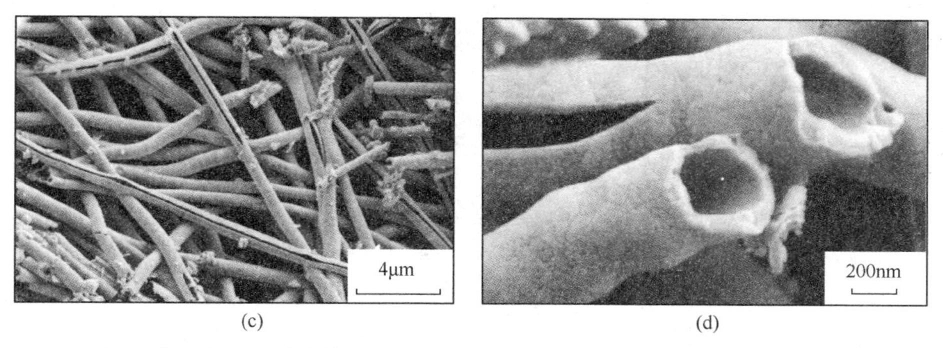

(c) (d)

图 4-3 (a)和(b)为介孔 TiO_2 纳米管(NT1)的 SEM；(c)和(d)为固体 TiO_2 纳米管(NT2)的 SEM(续)

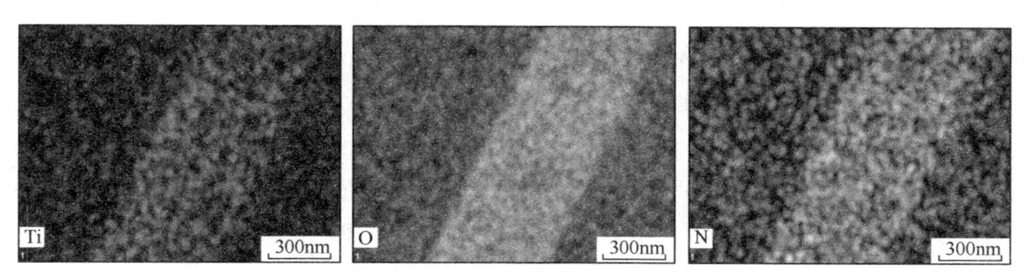

图 4-4 DIPA-TTIP-乙醇溶液浸渍后纳米纤维的元素分析图

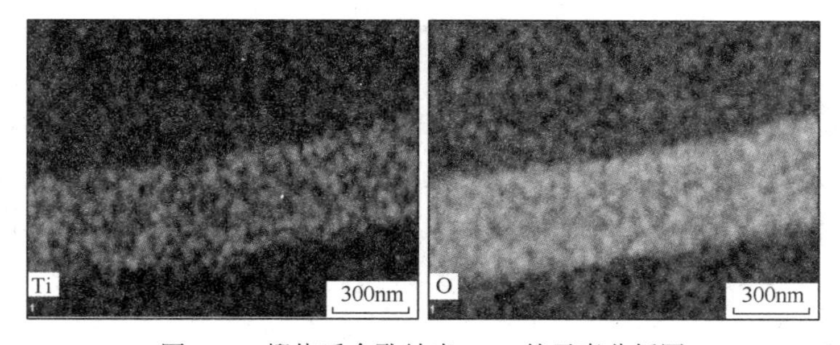

图 4-5 煅烧后介孔纳米 TiO_2 的元素分析图

4.3.2 XRD 分析

通过 X 射线衍射(XRD)得到介孔 TiO_2 纳米管样品 NT1 和固体 TiO_2 纳米管 NT2 样品的 XRD 图。与标准的图谱 JCPDS21-1272 相对应，由此可知我们制得的两种纳米管的衍射峰，也意味着发泡剂对所得产物的晶体和组成的变化没有影响。尖锐的衍射峰表明两个样品都是高度结晶的锐钛矿相，无其他晶形存在。从图 4-6 中可以看到两个样品的衍射峰与锐钛矿相 TiO_2 对应，在 θ 为 25.3°、37.9°、48.1°、54.5°、63.2°、69.8°和 75.4°处均出现明显的特征峰，这些峰分别对应的是 TiO_2 锐钛矿相的(101)、(004)、(200)、(105)、(204)、(116)和(215)晶面。

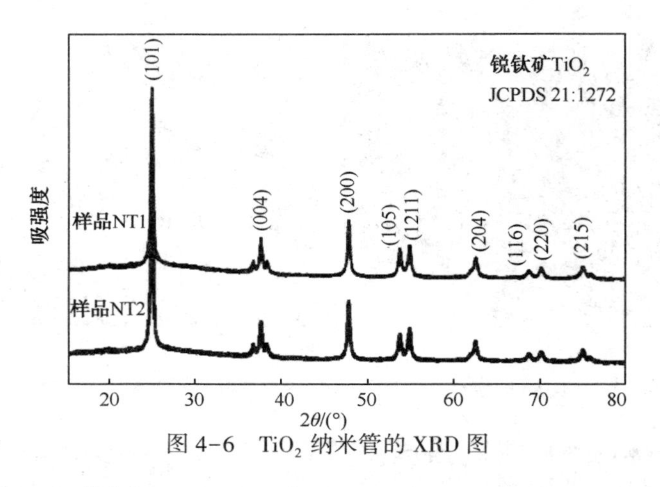

图 4-6 TiO_2 纳米管的 XRD 图

4.3.3 BET 分析

基于 DIPA 发泡剂对所得样品的管状骨架和介孔结构的影响，利用氮气吸附等温线来计算这两种不同纳米管的比表面积和孔径分布，这是影响材料化学和物理性能的关键因素。未添加 DIPA 的固体 TiO_2 样品 NT2 的 BET 表面积仅 $17m^2/g$［图 4-7(a)］，介孔纳米管样品 NT1 表现出具有 H3 滞后的 IV 型等温线行为，这意味着所得纳米管是具有介孔结构的，其比表面积 $89m^2/g$。从 Barrett-Joyner-Halenda(BJH)孔径分布中发现，其平均孔径为 16nm。然而，比样品 NT2 高 5 倍。此外，样品 NT1($0.23cm^3/g$)具有比 NT2($0.064cm^3/g$)大得多的孔体积，这意味着 DIPA 发泡剂在纳米管壁内形成介孔结构，而没有发泡剂材料参与的固体 TiO_2 在煅烧过程中会产生形貌崩塌。因此，SEM 结果表明发泡剂在中孔纳米管的形成中起着至关重要的作用，有助于在整个管壁上形成具有均匀空间分布的孔，提高纳米管的 BET 表面积。同时，由发泡剂 DIPA 诱导的介孔为纳米管壁提供了更多的反应活性位点，从而防止所得产品的形态在后处理过程中损坏或塌陷［图 4-8(a)］。

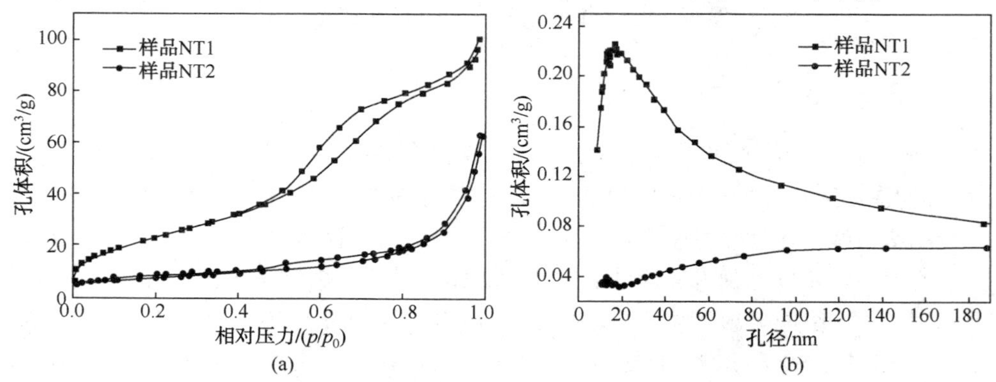

图 4-7 (a)样品 NT1 和样品 NT2 的氮吸附-解吸等温线(-196℃)；(b)相应的孔径分布

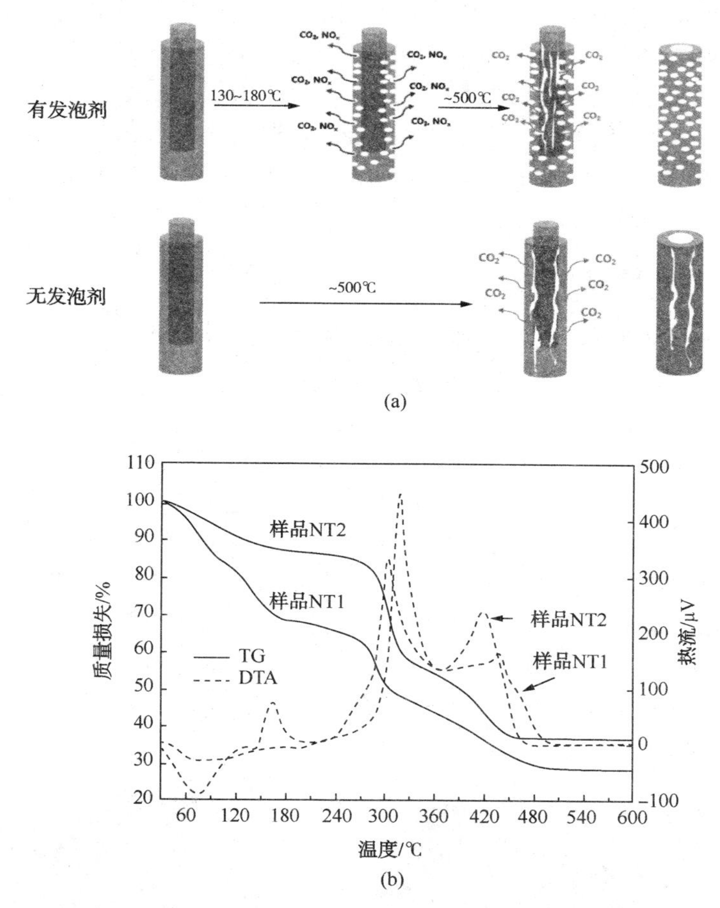

图 4-8　(a)样品 NT1 和样品 NT2 形成的示意图;
(b)样品 NT1 和 NT2 聚合物前体纳米纤维的热重/差热分析光谱

4.3.4　TG-DTA 分析

使用热重差热分析(TG-DTA)测量了浸渍后 PVA/TTIP/DIPA 复合纳米纤维的热分解行为[图 4-8(b)]。结果表明,在低温范围(30 ~130℃)内的初始重量损失归因于残留溶剂分解和挥发。在 130~200℃之间的 10%质量损失是由 DIPA 分解(160℃下的差热分析放热峰)引起的,这导致中孔纳米管壁的形成。较高温度(240~480℃)下 30%的质量损失应归因于 PVA 的分解(420℃下的差热分析吸热峰)。最后,在 500℃的差热分析放热峰归因于 TiO_2 结晶过程放热。相比之下,样品 NT2 只有两个放热峰,与 PVA 分解有关。我们还注意到,样品 NT1 中 PVA 模板的主要差热分析吸热值略低于样品 NT2。我们解释了管壁中空结构促进了从外到内的热传导,导致 PVA 的分解比固体更早、更完全。

在不添加 DIPA 的情况下，PVA/TTIP 纳米纤维之间发生交错，最薄弱的部分首先受到 PVA 去除过程中大量释放气体产物的影响。随着煅烧时间的增加，这些交错结点处开始破裂；随着时间延长，热应力引起的裂缝向纳米管两端呈拉链式撕裂。在此过程中，裂纹也随着整个管壁的增加而增加，最终引起了纳米管结构的坍塌，比表面积显著减小。这些数据表明，DIPA 发泡剂的引入显著影响纳米管结构的形成。

4.3.5 TEM 分析

为了进一步表征具有不同表面结构的纳米管，我们对 TiO_2 纳米管进行了透射电镜表征，结果表明分别具有 300nm 和 70nm 的平均内径和壁厚的管状结构，这与扫描电镜观察的结果一致。与此同时，TEM 结果进一步证实了在管壁中存在着密集分布的孔结构。SAED 图(图 4-9 中的内插图)表明所制备的 TiO_2 纳米管是高度结晶的锐钛矿型 TiO_2(JCPDS21-1272)，与 XRD 结果一致。而固体 TiO_2 纳米管样品 NT2 的 TME 图像显示了管壁表面的固体结构和纳米管状结构，这与扫描电镜结果非常一致。此外，能谱显示样品 NT1 的管壁主要含有 Ti 和 O。在煅烧后的样品中未检测到属于 DIPA 发泡剂的元素 N，这表明所有前驱体纳米纤维已经完全转化为高纯度的介孔 TiO_2 纳米管。需要注意的是，在透射电镜样品制备过程中，介孔纳米管经过超声处理后依然保持其管状结构，表明它们的介孔纳米管结构的高度稳定性。

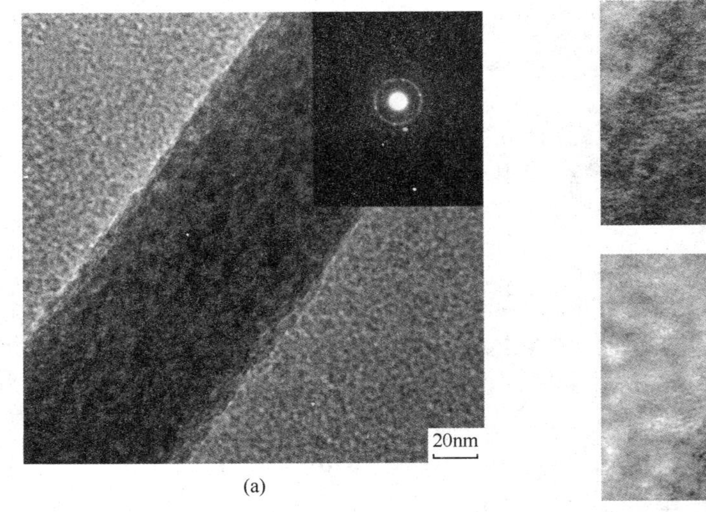

(a)

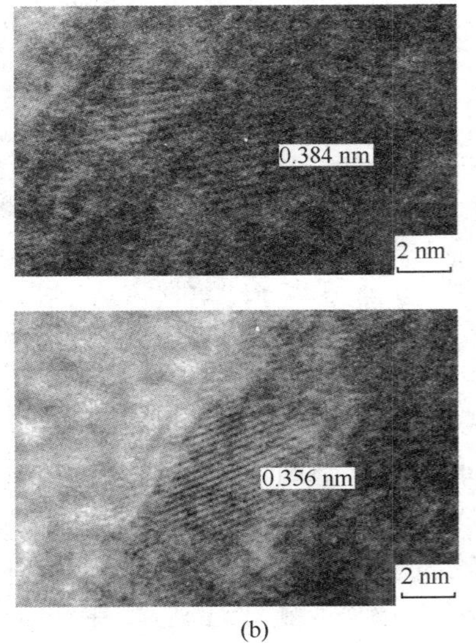

(b)

图 4-9 介孔纳米管(NT1)的 TEM 图

4.4 介孔 TiO_2 纳米管的形成机制

图 4-10 解释了发泡剂材料 DIPA 地添加对介孔结构的影响机制，表明了添加或不添加 DIPA 对具有不同形态的纳米管形成的影响规律。首先，当 DIPA 溶解在 TiO_2 前体溶液中时，发泡剂 DIPA 被均匀分散到 TiO_2 前驱体溶液中。DIPA 均匀分布在 TiO_2 前驱体的沉积过程中，在 500℃ 空气下的煅烧过程中，DIPA($C_8H_{14}N_2O_4$) 发泡剂完全分解成气相(例如 CO_2、NO_2 和 H_2O)，分解气体的释放过程在整个管壁上形成孔隙。因此，在管壁上首先形成的介孔为随后的 PVA 模板分解产生的大量释放蒸气提供了分解气体释放通道，从而很大程度上避免了强烈集中的分解产物气体由于热应力挤压管壁，从而保护管壁结构免受损坏。值得注意的是，由于管壁上的介孔结构，在 PVA 模板分解的过程中，两个纳米管之间的结点处最薄弱部分仍然保持完整。此外，介孔结构使得纳米管之间通过介孔相互连接贯通成为一体，这不仅增加了光催化反应的活性位点，而且促进了反应物参与反应以及产物的扩散。

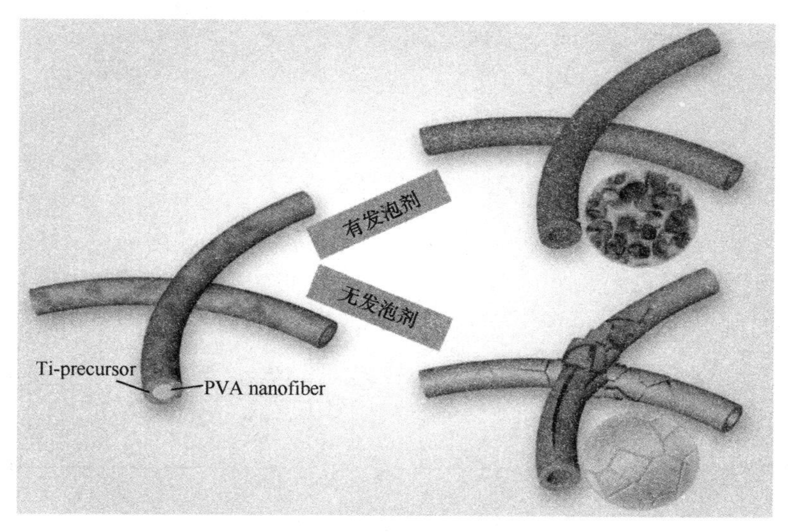

图 4-10　发泡剂对纳米管结构形成的影响规律

4.5 介孔 TiO_2 纳米管的光催化活性评价

为了获得最佳光催化活性，需要具有较高结晶度的锐钛矿相 TiO_2。在管壁上具有中空的管状结构可以提高比表面积以及对光的吸收，吸收到介孔结构的光引起散射增加，从而改善光吸收，增强光催化作用。高表面积还可以增加与太阳能转换系统中表面催化中心的相互作用次数。因此，我们构建这种具有高表面积和锐钛矿相的介孔 TiO_2 纳米管。暗吸附过程中，样品 NT1、样品 NT2 和市售 P25 上亚甲基蓝的吸附曲线如图 4-11(a)所示。样品 NT1 上亚甲基蓝溶液的浓度低于样品 NT2 和市售 P25 的浓度，经过 30min 的暗吸附后，表明完全介孔结构是增强样品 NT1 暗物理吸附能力的理想载体。吸附能力的提高有利于目标反应物从本体溶液富集到光催化剂表面。然后，这些反应物与 TiO_2 纳米管表面上的光生活性物质(如电子、空穴、羟基自由基和超氧自由基)有效反应，从而有助于提高光氧化还原活性和整体光催化效率。

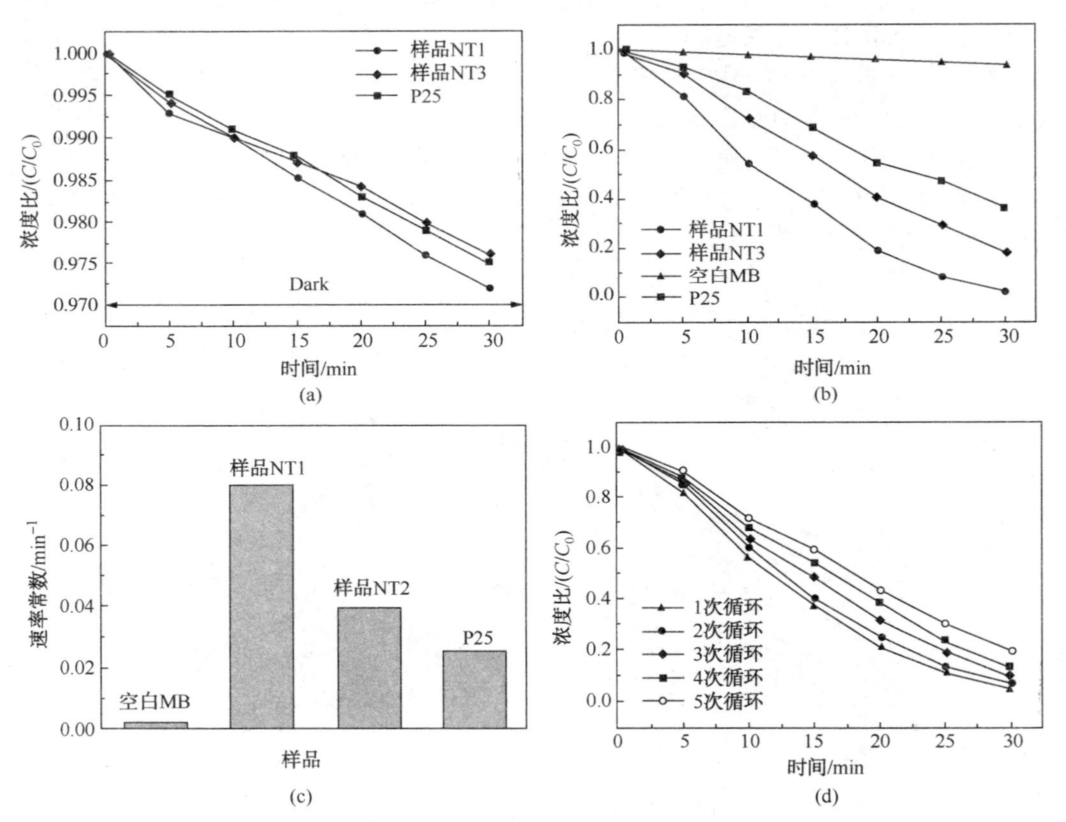

图 4-11 (a)亚甲基蓝的暗吸附行为比较；(b)亚甲基蓝的光催化降解速率比较；(c)亚甲基蓝光降解的平均反应速率常数(min^{-1})；(d)使用样品 NT1 进行光催化亚甲基蓝降解的可重复使用性实验的结果

亚甲基蓝在样品 NT1、样品 NT2 和商品 P25 上的光催化降解曲线如图 4-11(b)所示。结果表明，MB 溶液在紫外光下的光降解效率依次为样品 NT1(介孔 TiO_2 纳米管)>样品 NT2(固体 TiO_2 纳米管)>P25。从光催化反应的动力学研究中，光催化性能可以用方程 $\ln(C_0/C)=k$(其中 k 是平均速率常数，C 和 C_0 分别是实时和初始 MB 溶液的浓度)进一步说明。如图 4-11(c)所示，对于空白 MB、样品 NT1、样品 NT2 和 P25，相应的平均反应速率常数(k)分别为 0.0023/min、0.0806/min、0.0395/min、0.0257/min，这表明介孔 TiO_2 纳米管的光催化效率远高于固体 TiO_2 纳米管以及商用 P25。这可能是由于中空管状结构和介孔管壁之间相互协同的增强作用。介孔 TiO_2 纳米管上的光催化反应不仅发生在纳米管表面，而且还会通过发泡剂诱导形成的管壁介孔而随机进入整个纳米管，然后使 TiO_2 的光催化活性得到显著增强。由于纳米管独特的管状结构，光生电子和空穴可以比纳米粒子更快地到达表面，从而降低了光生载流子的复合率。

为了进一步研究其可重复使用性和稳定性，在类似条件下，回收了介孔 TiO_2 纳米管，并重复用于 MB 的光降解。如图 4-11(d)所示，结果显示尽管在五次循环的光催化实验中光催化活性有所降低，但制备得到的介孔 TiO_2 纳米管相对稳定。光催化活性随着使用次数增多而下降有两个原因，一个原因可能是回收过程中亚甲基蓝的残留吸附，另一个原因可能是离心分离过程中催化剂的损失量。图 4-12 显示了样品 NT1(介孔 TiO_2 纳米管)使用五次后的 SEM 图像。结果表明，随着亚甲基蓝的降解，具有介孔纳米管的光催化剂保持了其初始结构。实际上，纳米管的结构稳定性也可以通过透射电镜测量期间的超声处理样品来证明，经过样品超声处理后，其多孔纳米管结构依然保持完整。

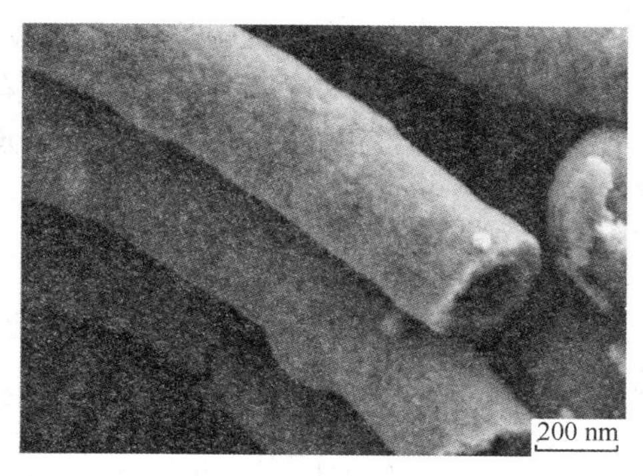

图 4-12　循环使用五次的多孔 TiO_2 纳米管

因此，介孔 TiO_2 纳米管较高的光催化活性可能与在管壁内发泡剂诱导形成的介孔有关。近年来，多孔催化剂因其较高的表面体积比和均匀的孔径分布等优点而受到广泛的关注。在本章中，在整个管壁中具有相互贯通的介孔 TiO_2 纳米管，不仅有效地增加了表面积，而且增加了光与表面催化中心之间的相互作用次数。管壁中的介孔结构和中空管结构提供了直接的电荷载流子传输路径，因此优化了电荷收集效率，其可以有效地吸附染料分子并使得气体分解产物有效传输。此外，介孔 TiO_2 纳米管显示出比固体纳米管有更好的光催化活性，可能是由于其更有效地吸收紫外光，表面上光生成电子-空穴对的产生速率增加。当光照射介孔 TiO_2 纳米管时，一些光子不会被纳米管直接吸收，但是它们可以被捕获在介孔中，然后重复反射直到被完全吸收。因此，如上所述的这些协同作用是介孔 TiO_2 纳米管具有高活性和稳定性的光催化性能显著改善的原因，其潜在地适用于废水处理和空气净化等应用领域。

5 WO_3可见光催化材料的制备与性能

5.1 引　　言

随着日益严重的环境问题和新能源的需求，光催化技术因其在环境污染净化、可再生能源方面的应用和前景受到了广泛关注。光催化技术由于具有可在室温下直接利用太阳光将各类有机污染物完全矿化，无二次污染等独特性能而成为一种理想的环境污染治理技术成为近年来国内外最活跃的研究领域之一。近年来，随着半导体光催化材料的快速发展，WO_3 作为光催化材料引人注目。与常用的光催化剂二氧化钛相比，WO_3 具有较小的禁带宽度和较大的光吸收范围，能更有效地利用占太阳辐射能量近一半的可见光，其体积效应、表面效应、量子尺寸效应和宏观量子隧道效应显著。虽然 WO_3 制备工艺简单，带隙能小(约为 2.5eV)，能吸收波长小于 500nm 的可见光，具有潜在的光催化能力，但是纯 WO_3 由于存在易光腐蚀，对可见光利用率低等缺陷而很难获得稳定的光催化性能，因此，如何提高光催化降解性能的研究具有重要意义，掺杂等技术有利于提高光催化活性。

5.2 提高 WO_3 的光催化性能的方法

5.2.1 金属离子掺杂

金属离子掺杂改性纳米粉体目前研究相对较多。从化学观点来看，金属离子的掺入可能在半导体晶格中引入缺陷位置或改变结晶度，成为电子或空穴的陷阱而延长寿命，影响了电子与空穴的复合或改变了半导体的激发波长，从而改变其光催化活性。

目前半导体中金属离子的掺杂研究主要集中在过渡金属离子、稀土元素离子等。掺杂不同的金属离子，引起的变化是不一样的。赵娟等采用固相烧结法制备低量稀土金属 Y^{3+} 掺杂的 WO_3 催化材料，结果表明 Y^{3+} 掺杂导致 WO_3 样品表面 W 的含量及氧空位增加；Y^{3+} 掺杂能够拓展 WO_3 样品对可见光的响应范围，提高其光催化活性。杜俊平等采用低温固相反应法制备低 Pr^{3+}(0.05%，质量分数)掺杂的 WO_3 催化材料，通过测试 Pr^{3+} 掺杂进入 WO_3 微晶隙间没有引起其晶型的变化，掺杂前后样品都为单斜晶型。但掺杂导致 WO_3 样品的晶格发生了一定程度的畸变，Pr^{3+} 可能是以氧化物小团簇的形态高度弥散于 WO_3 微晶隙间；Pr^{3+} 掺杂导致 WO_3 样品表面晶格氧的含量减少，即氧缺位增加；Pr^{3+} 掺杂能够拓展 WO_3 样品对可见光的响应范围，提高其光催化活性；在可见光辐射下，Pr^{3+} 掺杂 WO_3 样品光解水产氧速率高达 196.64μmol/(L·h)，是纯 WO_3 的 2 倍。罗莎等采用低温固相法在空气气氛下焙烧 4h 制得 La^{3+} 掺杂的 WO_3 光催化剂，其最佳焙烧温度为 400℃，最佳 La^{3+} 掺杂量为 0.05%。最优化条件下 La^{3+}/WO_3 样品在紫外光照射下，12h 内平均析氧速率可达 195.8umol/(L·h)，比未掺杂 WO_3 提高了 1.44 倍；通过对掺杂 WO_3 光催化剂的结构分析，发现 La^{3+} 的掺杂有效抑制了 WO_3 由单斜晶型向六方晶型的转变，并且在一定浓度范围内能减小 WO_3 的单晶粒度。XRD 结果检测结果表明，掺杂量较高时 La^{3+} 与 WO_3 在煅烧过程中生成 $La_{10}W_{22}O_{81}$，对样品光催化性能造成了不利的影响；焙烧温度影响样品的光催化性能。高温焙烧使样品的颗粒粒径增大，光催化性能降低，但焙烧温度过低会导致 La^{3+} 难以进入 WO_3 晶胞，不能达到改性的目的。

5.2.2 非金属掺杂

研究表明，除掺杂金属元素外，非金属元素掺杂也可以实现 WO_3 的光催化活性的提高，且正成为光催化研究的新热点。如王璇等以钨酸和四丁基氢氧化铵为原料，通过溶胶凝胶法制备 C 掺杂 WO_{3-x}，结果表明 C 掺杂在一定程度上改变了 WO_3 的晶体结构，在不产生晶体学切变的前提下，使得催化剂表面 W^{5+} 和氧空位含量增加，这些都提高了 WO_{3-x} 的光吸收性能和电子传输性能，从而有利于光催化活性的提高。在紫外和可见光照射下，C 掺杂 WO_3 光解水析氧速率分别比 WO_{3-x} 提高了 91%和 52%。

5.2.3 半导体复合

通过半导体的耦合，可以有效地提高电荷的分离效果，扩展光谱响应范围。其修饰方法有简单的组合、掺杂、多层结构、异相结合、离子注入等方法。

毕冬琴等采用简单的混合方法，制备了 WO_3 和 Fe_2O_3 的混合物，研究了该复合氧化物在 H_2O_2 存在下光催化降解有机染料的反应活性。实验表明，催化剂的光催化活性与其煅烧温度和 Fe_2O_3 含量有关。最佳煅烧温度和 Fe_2O_3 含量分别等于 400℃和 1%(质量)，根据自由基捕获电子顺磁共振(EPR)波谱分析，复合氧化物产生羟基自由基的量远高于 Fe_2O_3 和 WO_3。据推测，这种协同效应来源于 WO_3 和 Fe_2O_3 之间的电荷转移，从而加快半导体光生载流子的分离和染料分子的光催化降解。崔玉民等用复相光催化剂 WO_3/ZnO 对含酸性黑染料的废水处理进行了研究，探讨了光催化剂作用机理，讨论了光催化剂 WO_3/ZnO 的配比、试液的起始浓度、光催化剂用量等与酸性黑染料脱色率的关系。实验结果表明，复相光催化剂 WO_3/ZnO 对酸性黑染料溶液的脱色率效果比较明显，可达 99.6%。白蕊等采用溶胶-凝胶法制备 WO_3-TiO_2 纳米复合材料，结果表明用溶胶一凝胶法制备的 WO_3-TiO_2 纳米粉体光催化剂，粉体的平均粒径约为 9nm；煅烧温度是决定 WO_3-TiO_2 纳米粉体光催化剂催化活性的重要因素之一，当煅烧温度为 550℃时获得的样品的催化活性最好；适量掺杂 WO_3 的 WO_3-TiO_2 纳米复合光催化剂催化活性比纯 TiO_2 提高，当 $W(WO_3)=3\%$、经 550℃煅烧获得的 TiO_2 的光催化活性最高，甲基橙光催化 3h 后降解率达到 94.93%；与纯 TiO_2 相比，WO_3-TiO_2 纳米粉体为催化剂时对甲基橙的降解效率更高。

5.2.4 多元掺杂

为了提高进一步提高 WO_3 的光催化效率，张定国等采用溶胶凝胶和浸渍相结合的方法制备锰掺杂 WO_3-TiO_2 复合光催化剂，半导体 WO_3 与 TiO_2 的耦合和过渡金属离子 Mn^{2+} 掺杂的协同作用，既可使光生载流子在不同能级半导体之间输运并且得到分离，延长载流子寿命，调节半导体的能隙和光谱吸收范围，提高量子效率，又可形成空穴和电子的浅势捕获陷阱，抑制 TiO_2 电子与空穴的复合，提高催化效率。实验表明 500℃焙烧 2h，掺杂量 $n(Mn^{2+}):n(WO_3):n(TiO_2)=0.8:1:100$ 时，光催化活性最高，光催化浓度为 20mg/L 的甲基橙溶液，120min 后，降解率达 90%，比单纯 TiO_2 的光催化活性提高 81%。刘华俊等通过液相沉淀法制备了 WO_3 纳米粉体，用钛酸胶体溶液浸滞法制备了 TiO_2 掺杂的 WO_3 纳米粉体，再用 $Gd(NO_3)_3$ 溶液浸渍 TiO_2 掺杂的 WO_3 纳米粉体法制备了 Gd 和 TiO_2 共掺杂的 WO_3 纳米粉体。结果表明，稀土 Gd 和 TiO_2 共掺杂拓展了 WO_3 的光响应范围，提高了对可溶性染料罗丹明 RhB 的吸附作用，使 WO_3 对 RhB 的光催化降解活性和光稳定性得到了显著提高。郭莉等采用溶胶-凝胶法合成了 WO_3/TiO_2 复合光催化剂；采用光还原技术制备了 Ag 负载 WO_3/TiO_2 光催化剂。通过 XRD 分析表明，所得粉体均为锐钛矿型纳米 TiO_2，且与 WO_3 复合后，纳米 TiO_2 特征衍射峰宽化，强度降低；UV-Vis 光谱分析表明，载银使得催化剂在 400~700nm 的可见光区域对光响应，且在紫外光区吸收显著增强，对光具有更高的利用率；以罗丹明 B 为降解物的光催化实验表明，WO_3 复合对纳米 TiO_2 光催化活性有显著的影响，而载 Ag 后其光催化活性进一步提高，将该光催化剂用于炼油厂废水的处理，效果较好。

5.2.5 其他改性技术

除了掺杂技术可提高纳米 WO_3 的光催化性能外，在 WO_3 半导体表面沉积一层贵金属如银、铂、金、钯、钌等也是一种可以捕获激发电子的有效改性方法，从而抑制光生电子和光生空穴复合，提高催化剂的光催化性能；或通过将光活性化合物化学吸附或物理吸附于光催化剂的表面以扩大激发波长范围，从而有利于充分利用太阳光，提高光催化反应的效率。

近年来，WO_3 作为光催化材料引人注目。近年来，国内外研究者在提高 WO_3 的光催化性能方面进行了大量研究。经过不同方法的改性，使 WO_3 基材料在光催化性能上获得了良好的改善。但是，目前人们对 WO_3 的改性研究主要集中在掺杂如掺杂过渡金属离子、稀土元素离子及其化合物复合，而掺杂碱金属、碱土金属及有机物以及贵金属沉积和表面光敏化等方面的改性研究还比较少，在后续的工作中还需注重从拓展三氧化钨的光谱响应范围，提高光量子产率和光催化性能的稳定性以及深刻认识光催化反应机理等方面加强其对制备与性能优化的研究，提高光催化性能，从而为实现产业化铺平道路。

5.3 Pd-WO_3 可见光催化材料的制备及结构表征

本章中将 WCl_6和 $PdCl_2$ 在高压反应釜中与尿素乙醇溶液混合，然后在含 CO 还原气氛下进行热处理，通过溶剂热法简单制备 Pd-WO_3*MTs*。该方法使 Pd 粒子在 *MTs* 表面相对均匀分散。研究了可见光辐照下有机化合物在 Pd-WO_3 微管上的光催化转化，并与工业用 WO_3 粒子和负载 PdO 的 WO_3 微米管进行了比较。Pd-WO_3*MTs* 在可见光照射下表现出高效的光催化活性，并在污染物分解方面表现出广谱光响应的光催化性能。

5.3.1 实验材料

实验主要材料及试剂见表 5-1。

表 5-1 实验主要材料及试剂

试剂名称	等级	试剂名称	等级
氧化钨 WO_3	分析纯	乙醛 ACH	分析纯
氯化钯	分析纯	异丙醇	分析纯
尿素 $CO(NH_2)_2$	分析纯	无水乙醇	分析纯
亚甲基蓝	分析纯		

5.3.2 实验方法

5.3.2.1 溶剂热法制备 Pd-WO_3 纳米管

溶剂热法是在水热法的基础上发展起来的，是将反应物按一定比例加入溶剂，然后放到高压釜(图 5-1)中以相对较低的温度进行反应。在溶剂热反应中，通过把一种或几种前驱体溶解在非水溶剂中，在液相或超临界条件下，反应物分散在溶液中并且变得比较活泼，反应发生，产物缓慢生成。该过程相对简单且易于控制，并且在密封体系中可以有效地防止有毒物质的挥发和制备对空气敏感的前驱体。

首先，将 WCl_6(2mmol，0.794g)和所需的 $PdCl_2$(0.1wt%、0.5wt%和 1wt%，计算相对于光催化剂的量)溶于在烧杯中的 30mL 的无水乙醇中。将尿素(20mmol，1.2g)通过超声波加入上述溶液中 3min，待其完全溶解后，将混合物转移到聚四氟乙烯做内衬的高压釜中密封并在 180℃下保持 8h。反应后，在塑料离心管中收集灰色沉淀。再用无水乙醇和蒸馏水分别离心 3 次洗涤所得的灰色沉淀。然后，在 60℃下干燥 5h。随后，将制备好的干燥样品转移到 30mL 氧化铝坩埚中，再将 30mL 氧化铝坩埚和样品放入含有活性炭的 100mL 氧化铝坩埚中。然后将氧化铝盖放在 100mL 坩埚上，将反应容器转移到马弗炉中进行煅烧处理。将炉内温度在 4h 内升高到给定温度(450℃)，然后在接下来的 3h 中保持 450℃(图 5-2)。让样品自然冷却到室温，得到浅灰色产品即可使用。上述实验流程图如图 5-1 所示。

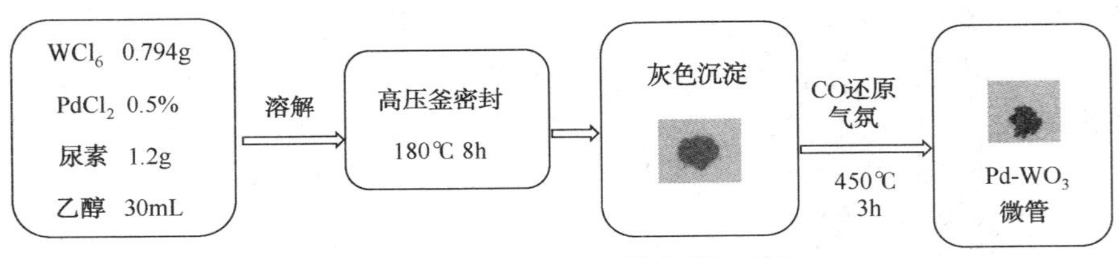

图 5-1 制备 Pd-WO_3 微米管流程图

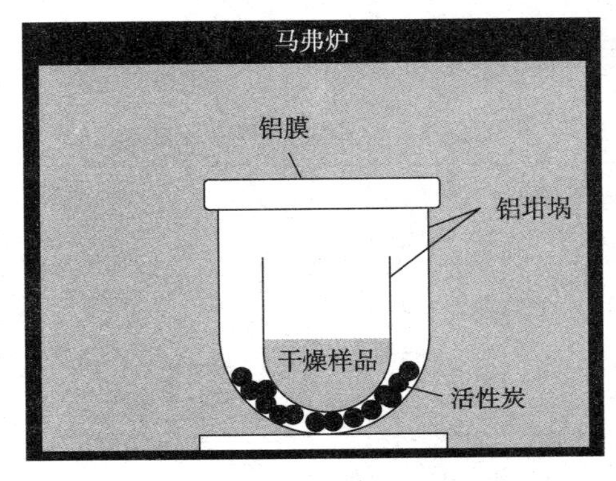

图 5-2 CO 还原气氛装置

5.3.2.2 分析方法

本章主要讨论 Pd 纳米颗粒修饰的 WO_3 催化剂在模拟太阳光照下对有机污染

分子的光催化活性。采用 XRD 对 Pd-WO_3 催化材料进行晶形结构表征；通过 SEM 对所制备催化剂的形貌进行表征；X 射线光电子能谱(XPS)测定催化剂表面的元素组成和化学键数量；拉曼光谱表征样品微观结构。

本章中采用光催化反应器(图 5-3)，氙灯(LX-300F，Cermax 300W，300<λ<500nm)位于反应堆中心沿轴线方向，并由水冷石英外壳保护。反应器底部采用磁力搅拌器实现了有效的分散搅拌。在 O 形恒温槽上插入一个圆形的试管架来支撑耐热玻璃试管。将氙灯与玻璃管之间装有截止滤光片(L42，Hoya)的可见光收集到玻璃管中，保证了光催化反应的均匀、完整。该反应器配备了一个磁性搅拌器，以 700r/min 搅拌，以保持催化剂悬浮。

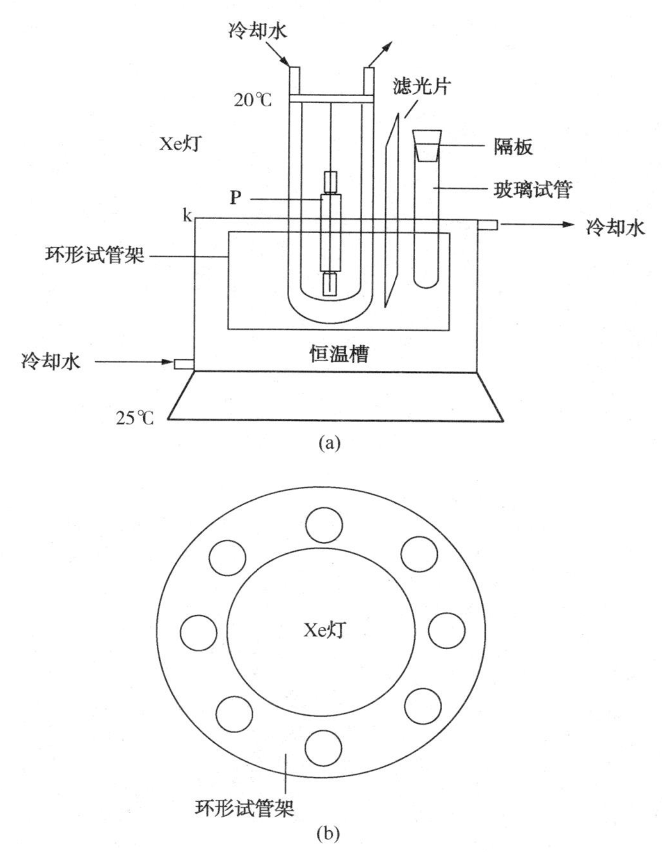

图 5-3　光催化反应设备示意图(a)和剖面图(b)

以亚甲蓝在水中的光降解为研究对象，对不同制备方法制备的亚甲蓝样品的光活性进行了评价。本实验将相同剂量的 50mg 样品分散到 50mL 的亚甲蓝溶液中，初始浓度为 5×10^{-5}mol/L。在可见光辐照下进行了光降解实验。从这个溶液中取了 4mL 测试液。在石英电池中离心并注入。在给定的辐照时间间隔内，采用 UV-Vis 分光光度计(Shimadzu，UV-1800)对溶液中亚甲蓝浓度进行了监测和分析。

5.3.3 实验结果与讨论

5.3.3.1 SEM 形貌分析

采用扫描电镜(SEM)和透射电镜(TEM)对制备的样品进行了结构表征。图5-4(a)为还原气氛下热处理后得到的大量 Pd-WO_3*MTs*，且分布良好，这些 *MTs* 的内部直径为 300~2000nm，长度为 5~25μm。通过对单个微米管的清晰观察[图5-4(b)和图 5-4(c)]，壁管由尺寸为 20~100nm 的纳米晶体组装而成，并表现出均匀而完全的多孔结构。煅烧前的前驱体 *MTs* 具有完全固定的管壁[图 5-5(a)和图 5-5(b)]。由此可以推断，不同尺寸的纳米粒子在前驱体煅烧过程中被重新排列组合在一起，从而形成贯穿整个管壁的多孔结构。值得注意的是，管状结构和长度在热处理过程中没有受到破坏，显示了 *MTs* 的稳定性。

图 5-4　CO 还原气氛下热处理后的 Pd-WO_3*MTs*(a)与煅烧后 *MTs* 具有的介孔管壁(b)(c)的 SEM 图

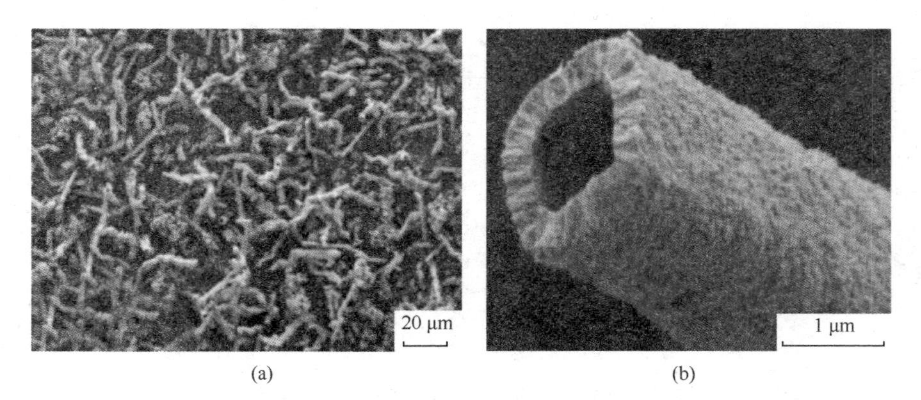

图 5-5　热处理前的 Pd-WO_3 微管(a)与煅烧前 *MTs* 的固体管壁(b)的 SEM 图

5.3.3.2 TEM 分析

TEM 观察结果进一步证实了管状和多孔结构[图 5-6(a)和图 5-6(b)]，图 5-6(c)为 Pd-WO_3 *MTs* 管壁的高倍透射电镜图像。在还原气氛热处理后，观察到粒径为 810nm 的 Pd 粒子均匀分布在 WO_3 纳米粒子表面。

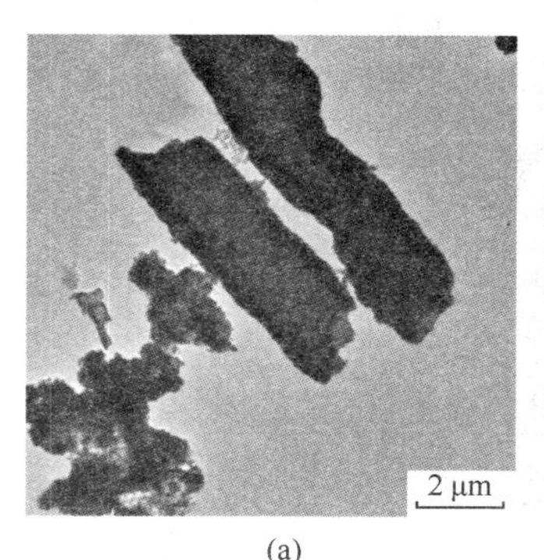

(a)

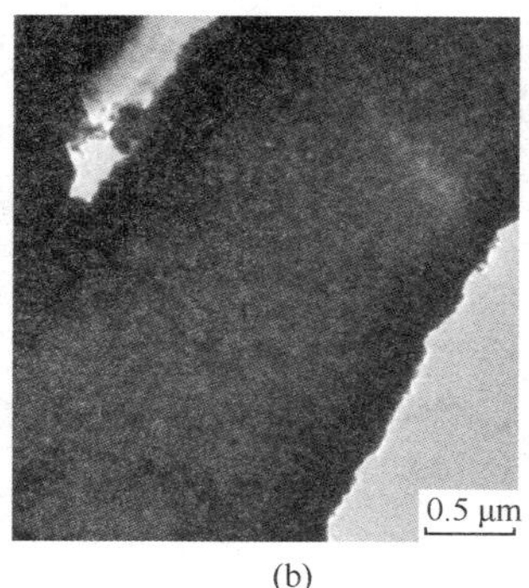

(b)

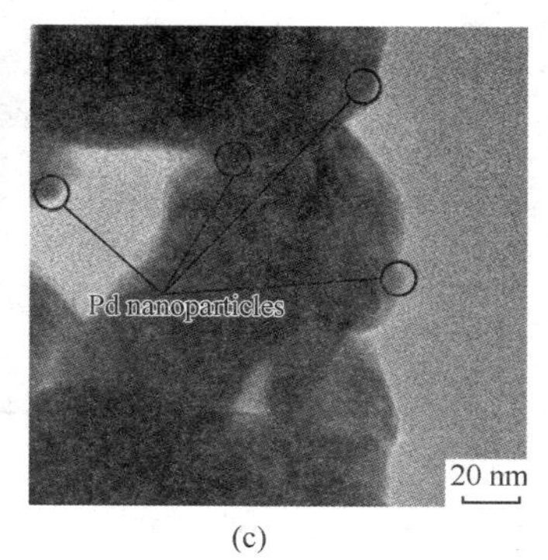

(c)

图 5-6　还原气氛热处理后 Pd-WO_3 MTs 的管状结构(a)，介孔管壁(b)，8~10nm 的 Pd 纳米粒子(c)的 TEM 图

5.3.3.3　XRD 分析

X 射线衍射谱(XRD)Pd-WO_3*MTs* 如图 5-7(a)所示，作为 Pd^0种类被索引的三斜晶系的 WO_3 和两个小峰范围内 $39°<2\theta<47°$。同时，对煅烧前和煅烧后的前驱体 XRD 图谱进行了分析，确定为钨酸水合物[图 5-7(b)]和单斜 WO_3[图 5-7(c)]。结果表明，钨酸水合物相前驱体经煅烧完全转化为纯 WO_3，没有任何杂质，还原煅烧不像空气煅烧那样影响 WO_3 相的形成。而由于与 WO_3 重叠，未检出 PdO 的主要特征峰。

5.3.3.4　XPS 元素分析

通过 XPS(图 5-8)测试，进一步确定了不同热处理条件下 *MTs* 表面 Pd 的状态。在含 CO 气氛下煅烧后，还原产物上的 Pd 物种为金属态 Pd^0，与标准单质 Pd 中峰值位置吻合较好。与空气煅烧得到的产物相比，参照 PdO 标准谱图推测为 Pd 氧化物。因此，与光沉积法相比，还原热处理被认为是 WO_3 体系中 Pd 组分完全还原的有效方法，光沉积法中由于光子不足，通常会导致 Pd^{II} 和 Pd^0两种组分的 Pd 都不完全还原。

5.3.3.5　BET 比表面积分析

采用 BET 方法对 77k 时氮气吸附脱附等温曲线进行了分析，进一步研究了其表面积和多孔结构。图 5-9(a)Pd-WO_3*MTs* 的 N_2 吸脱附回滞环表现出具有 H3 滞后的等温线行为，说明所获得的微管为介孔结构，其表面积约为 $23m^2/g$ 的 BET。作为对比，商用 WO_3 粒子的比表面积被计算为 $4.1m^2/g$ 的低 S_{BET}。Pd-WO_3*MTs* 的高比表面积是由于其管状结构和管壁内的介孔由不同尺寸的退火纳米粒子组装而成；另一个原因可能是退火后形成的纳米颗粒。相应的孔径分布进一步证实了这一结果。从 BJH 的孔径分布可以看出，Pd-WO_3*MTs* 的主要孔径为 37nm[图 5-9(b)]。

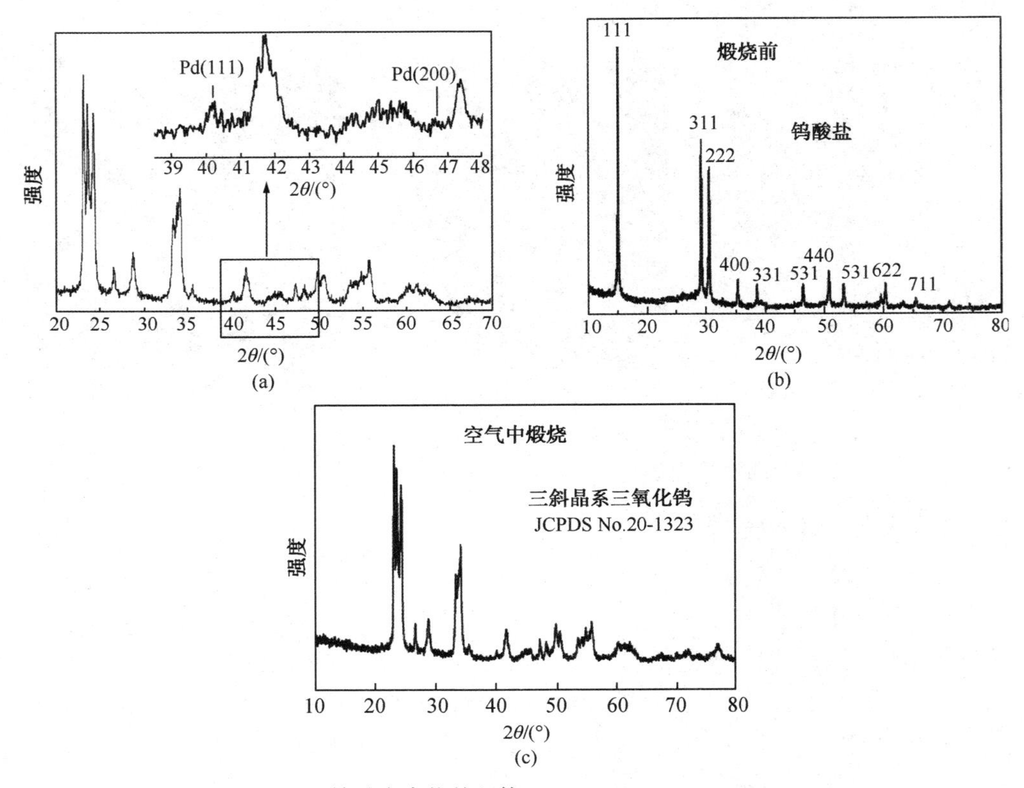

图 5-7 (a)钨酸水合物前驱体；(b)$PdO-WO_3$；(c)$Pd-WO_3$

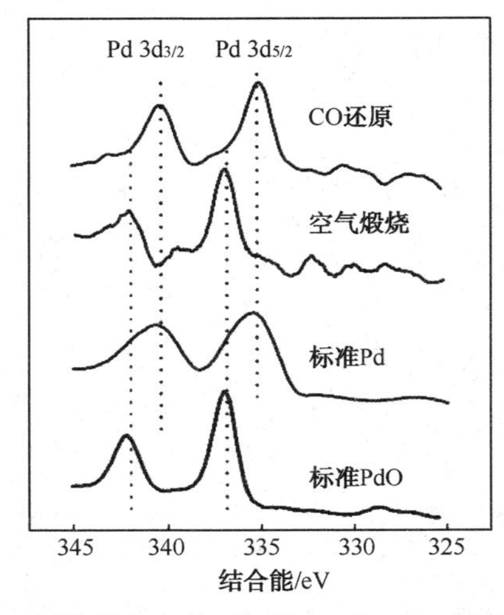

图 5-8 不同热处理条件下担载 Pd 的 WO_3 样品的 XPS 谱

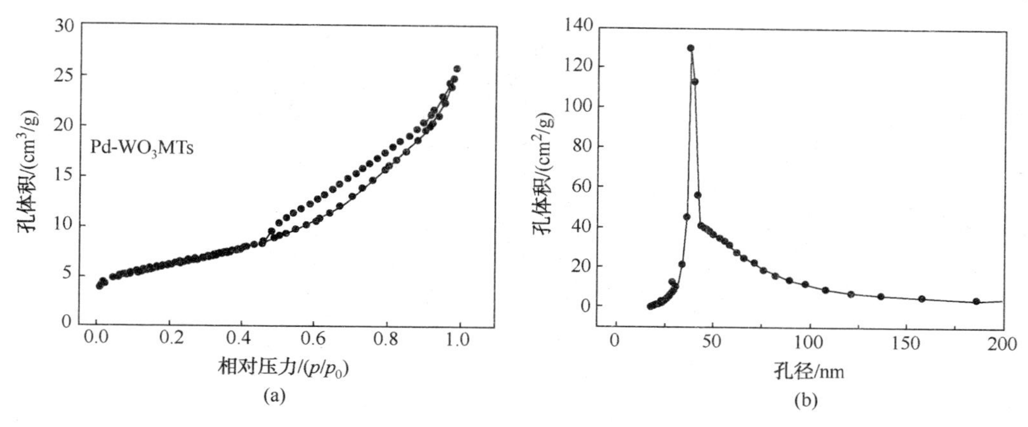

图 5-9 (a)氮气吸附脱附等温线；(b)Pd-WO_3*MTs* 相应的孔径分布曲线

5.3.3.6 UV-Vis 分析

光的吸收范围在光催化中起着重要作用，特别是在有机化合物的光转化中。图 5-10 催化剂的 UV-Vis 漫反射吸收光谱。由于 Pd 粒子的光散射作用，Pd-WO_3MTs 在 400nm 以上的吸光度比普通 WO_3 粒子高。计算得到 Pd-WO_3*MTs* 的带隙能为 2.5eV，表明该 *MTs* 能有效吸收波长在 400nm 以上的可见光。

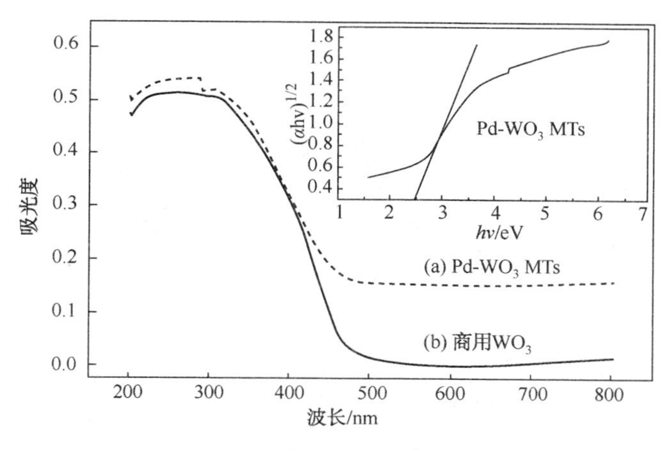

图 5-10 紫外可见漫反射光谱

5.3.3.7 管状结构成型机理

Ostwald 熟化现象是在固体溶液或液体溶液中观察到的一种现象，它描述了非均匀结构随时间的变化，小晶体或溶胶颗粒溶解，并重新沉积到较大的晶体或溶胶颗粒。而位于球形团聚体中心部分的微晶比位于外部部分的微晶更小或密度更小，因此它们会溶解并重新沉积在外部部分，从而形成空心球结构，如图 5-11 所示。

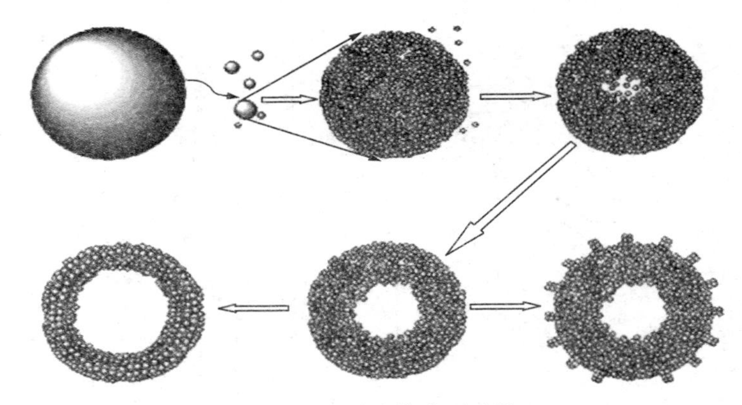

图 5-11　纳米管成型过程

5.3.3.8　光催化降解实验研究结果

本实验中比较了 Pd-WO_3MTs 在可见光照射下对亚基甲蓝的光降解活性，及 PdO-WO_3MTs 和商用 WO_3 粒子的光催化活性。如图 5-12 所示，商用 WO_3 粒子对亚甲基蓝无光降解活性。而 Pd-WO_3MTs 在 1h 内几乎完全分解了亚甲基蓝染料分子，比 PdO-WO_3MTs 快 2 倍。随着光照时间的增加，MB 染料分子被 Pd-WO_3MTs 完全降解。在乙醛分解进行光催化实验的过程中，经过 3h 光照之后，乙醛在溶液中被 Pd-WO_3MTs 完全分解转化为 CO_2。相反，PdO-WO_3MTs 并未能将亚甲基蓝和乙醛完全分解。

Pd-WO_3MTs 表现出比商用 WO_3 和 PdO-WO_3MTs 更高的光催化活性，归因于两个重要因素：①多孔的管壁结构为光催化反应提供了多个反应活性位点；②Pd 的负载提高了光生电子利用率，降低了电子空穴复合效率，从而有效提高了光催化活性。光催化活性取决于催化材料的比表面积、尺寸分布、形貌结构等，由纳米 WO_3 组成的独特多孔管壁结构增大了催化剂的比表面积，为有机反应分子和催化剂提供了更多反应活性位点进行微反应。另外，多孔管结构也为反应产物提供了传输通道。无论是中空微米管结构还是管壁介孔结构，都能高效捕获光子。当 Pd-WO_3MTs 受到光照之后，一部分光子直接被微米管吸收，另一部分光子在孔结构中进行反射直到被完全吸收。另一方面，管壁的介孔结构为金属 Pd 的负载提供了位点，有利于金属 Pd 在管壁的沉积负载。由于 WO_3 较低的导带位置(+0.5Vvs. NHE)高于氧气的还原势能(O_2/O_2^-=-0.56Vvs. NHE；O_2/HO_2=-0.13Vvs. NHE)，增加了光生电子空穴的复合概率，导致了比较低的光催化活性。而在金属 Pd 的存在下，它可以像金属 Pt 一样促进多电子氧还原(O_2/H_2O_2=+0.68Vvs. NHE；O_2/H_2O=+1.23Vvs. NHE)，进一步提高 WO_3MTs 的光催化活性。因此，Pd 的负载和独一无二的介孔管结构促使其发挥较高的光催化活性，将亚甲基蓝和乙醛完全降解转化。

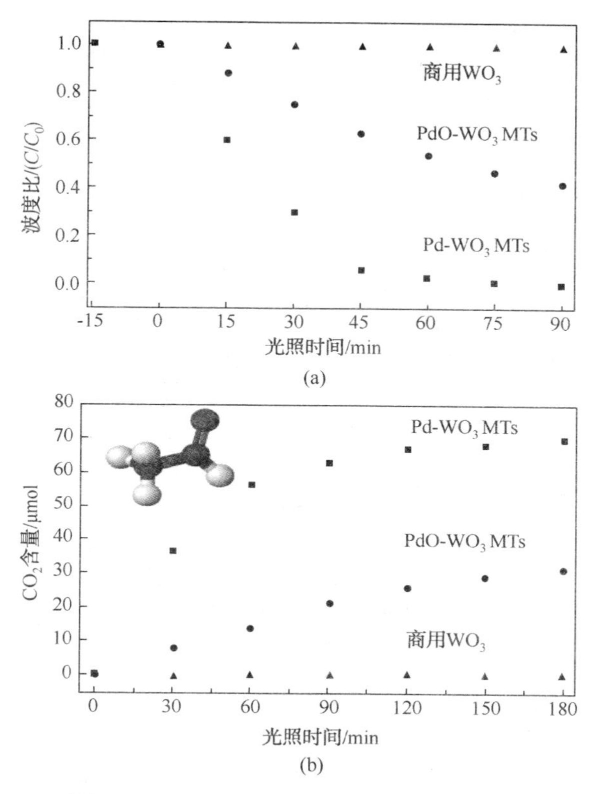

图 5-12　亚甲基蓝(MB)光催化分解效率图

研究报道，在可见光照射下，Pt/WO_3 体系中特定有机化合物的光催化转化可作为有机中间体转化中绿色合成方法的催化材料之一。但是，$Pd-WO_3$ 在高浓度有机化合物的光催化转化中的选择性催化的报道还相对较少。在这里，我们研究了可见光下异丙醇在制备的 $Pd-WO_3$ 微米管上的催化氧化过程。图 5-13 显示了在可见光照射($\lambda>420nm$)下，WO_3 基光催化剂上异丙醇(在含氧水中为 150μm)氧化的时间过程。随着光辐照的开始，$Pd-WO_3$ 微米管中异丙醇的减少比 $PdO-WO_3$ 微米管中快得多，而商用 WO_3 对异丙醇的氧化却没有活性[图 5-13(a)]。在 $Pd-WO_3$ 微米管中，相应的丙酮[图 5-13(b)]以相当稳定的速率进行，并在照射 3.5h 后达到饱和，并且丙酮的量甚至在更长的照射时间(长达 6h)下几乎没有变化。而二氧化碳的产生可以忽略不计[图 5-13(c)]。这些结果与 Pt/WO_3、Pt/TiO_2 和 Pd/TiO_2 系统中产生的丙酮被过氧化物转化为 CO_2 气体的结果不同。在 $PdO-WO_3$ 微米管中异丙醇的转化率和丙酮的生成率要低得多。在 $PdO-WO_3$ 微米管和商用 WO_3 中，CO_2 的产生也可以忽略不计[图 5-13(c)]。根据异丙醇的消耗量计算，丙酮的选择性在初始阶段(2h)对 $Pd-WO_3$ 光催化剂为 87%，异丙醇的转化率较低(57%)。即使在较长的照射时间(6h)后以高转化率

(97%)进行反应，对丙酮的选择性仍高达约83%。在PdO-WO_3 *MT*的情况下，经2h辐照后，其在2h内的63%异丙醇转化率下的丙酮选择性约为30%，在30%的异丙醇转化率下的丙酮选择性为约64%。

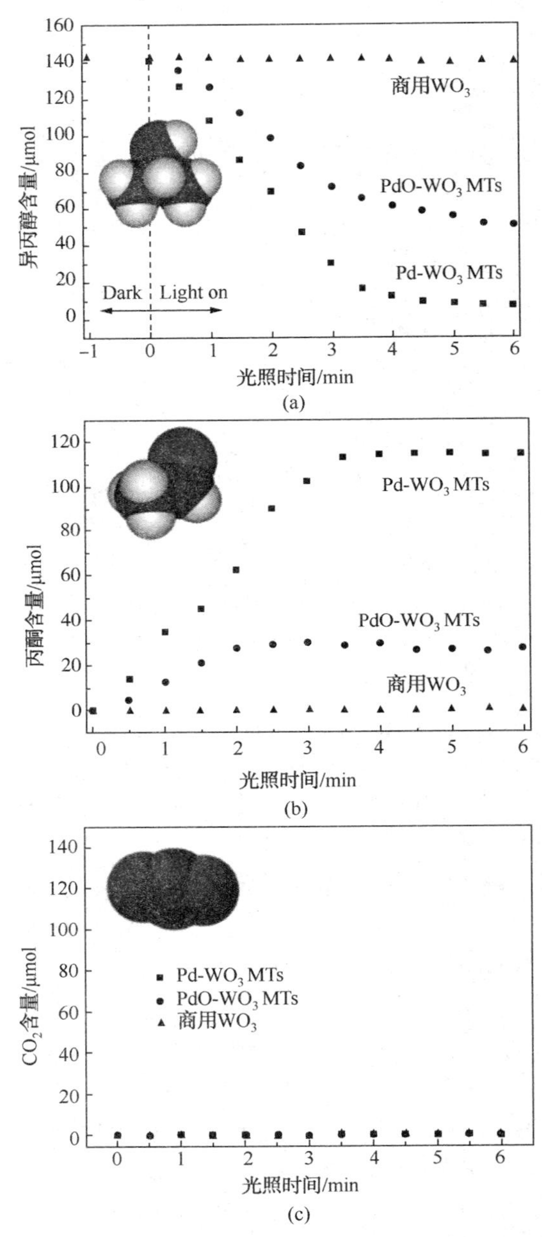

图5-13　在可见光照射下，(a)异丙醇在含氧水溶液中通过不同的光催化剂进行光催化转化的过程及其相应的(b)丙酮生成量和(c)CO_2生成量

5.3.4 小结

本研究通过溶剂热法的实验方法制备 $Pd-WO_3$ 纳米材料。通过对 WCl_6 和 $PdCl_2$ 进行尿素辅助醇解，并在还原气氛下进行热处理，成功制备了高纯度的中孔壁 $Pd-WO_3$*MTs*。得到了金属掺杂改性半导体光催化剂可提高光催化能力的结论。通过 SEM 分析得到了金属 Pd 担载的 WO_3 微管结构为均匀而完全的多孔结构，热处理过程中结构也未被破坏，稳定性较高；通过 TEM 分析进一步证实了管状和多孔结构，且 Pd 粒子在 WO_3 纳米粒子表面分布良好；通过 BET 比表面积的分析，发现管状结构有利于反应的发生。最终通过 $Pd-WO_3$ 光催化剂分解亚甲基蓝材料进行光催化活性评价，对比了三种负载不同的 WO_3 材料，得到了 $Pd-WO_3$ 的降解速率最快带的结论，即 $Pd-WO_3$ 的光催化活性较高。本研究对光催化技术领域的材料设计与应用研究提供理论基础。

5.4 $Pd-WO_3-TiO_2$ 复合光催化材料的制备及性能

目前，已有一些关于纳米复合 TiO_2/WO_3 多孔材料制备的研究。然而，在许多研究报告中，对纳米级掺杂 TiO_2/WO_3 复合材料的制备研究较少，尽管它们在许多应用中都具有更高的效率。此外，获得多层次多孔杂化纳米材料仍然是一个重大挑战。与纯 WO_3 和 TiO_2 材料相比，复合 TiO_2/WO_3 纳米结构具有更高的离子存储容量、更好的稳定性、增强电致色对比度和更长的记忆时间。此外，由于孔隙率高，力学性能差，研究报告中的材料往往太脆，无法制成自支撑膜。本书采用先进的静电纺丝工艺，在前驱体溶液中引入的偶氮二甲酸二异丙酯（DIAD）发泡剂，通过偶氮二甲酸二异丙酯和聚合物骨架的逐步分解促进了 WO_3/TiO_2 纳米纤维中介孔结构的形成，形成的介孔结构更加完整、均匀。本节主要讲述了静电纺丝法制备多孔 TiO_2-WO_3 复合纳米纤维，首先制定实验路线，其次准备实验材料，然后进行复合纳米纤维制备，最后通过各种实验仪器对材料形貌、成分、结构等进行了分析。

5.4.1 实验部分

5.4.1.1 实验材料

本文使用的实验材料有聚乙烯吡咯烷酮（PVP，聚合度：MW≈1300000）、WCl_6（99%）、钛酸四丁基（TBOT）、氯化钯（$PdCl_2$）。偶氮二甲酸二异丙酯（DIAD）、乙醛（AcH）、异丙醇（IPA）、对苯醌（BQ）、三乙醇胺（TEOA）均可直接使用，无须进一步纯化。本研究使用的溶剂分别为无水乙醇和 N，N-N-二甲基甲酰胺。

5.4.1.2 实验过程

采用静电纺丝法制备高介孔 WO_3/TiO_2 纳米纤维，并进行了后续的煅烧过程（图 5-14）。在典型工艺中，通过剧烈搅拌 3h，将 0.35g 的 PVP 溶解在混合溶剂（3.65g 无水乙醇和 1g DMF）中，然后在上述聚合物溶液中加入 1g TBOT 和 0.04g WCl_6，室温下剧烈搅拌 30min。然后将发泡剂 DIAD 加入上述前驱体溶液中，混合均匀。DIAD 的添加量分别为 0g、0.2g、0.4g、0.6g 和 1.0g。将得到的溶液转移到塑料注射器中，喷嘴顶部和收集器之间的典型固定距离为 15cm。通过高压电源在两个电极之间施加 20kV 电压。静电纺丝是在这样的环境条件下进行的。预纺聚合物样品称为 DIAD/PVP/WCl_6/TBOT 前驱纤维，然后以 4℃/min 的升温速度加热到 500℃，在空气中保持 500℃ 2h，并在炉中冷却到环境温度。在不添加 WCl_6 和 DIAD 的情况下，利用上述制备工艺制备了纯 TiO_2 纳米纤维。这六种初始溶液的详情见表 5-2，所得煅烧样品分别参考样品 A-F。

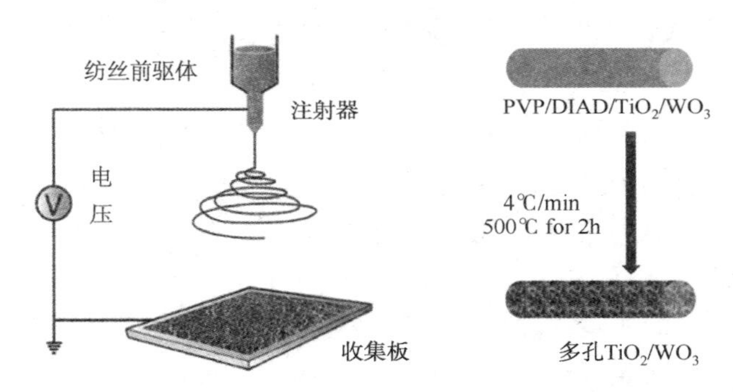

图 5-14　介孔 WO_3/TiO_2 纳米纤维的制备过程

表 5-2　六种用于静电纺丝聚合物前驱体纳米纤维的前驱体溶液

样品	PVP/g	WCl_6/g	TBOT/g	DIAD/g	Ethanol/g	DMF/g
A	0.35	0	1	0	3.65	1
B	0.35	0.04	1	0	3.65	1
C	0.35	0.04	1	0.2	3.65	1
D	0.35	0.04	1	0.4	3.65	1
E	0.35	0.04	1	0.6	3.65	1
F	0.35	0.04	1	1	3.665	1

5.4.1.3 表征方法

用场发射扫描电子显微镜，X 射线粉末衍射使用 CuKa 和 Ni 过滤器（30kV，15mA），透射电子显微镜对制备的样品进行了表征。在比表面积和孔隙度分析仪上，在-196℃下，采用 N_2 吸附对制备的介孔纳米纤维的多孔性能进行了表征。通过 TG-DTA 热分析仪在 30~600℃下，在空气中以 10℃/min 的加热速率分析了初纺前体的热行为。用 X 射线光电子能谱研究了其表面组成。用紫外-可见漫反射光谱法测定制备样品的光学信息(对制备的样品进行光学信息测量)。

(1) 扫描电子显微镜(SEM)

1965 年发明的较现代的细胞生物学研究工具，主要是利用二次电子信号成像来观察样品的表面形态，即用极狭窄的电子束去扫描样品，通过电子束与样品的相互作用产生各种效应，其中主要是样品的二次电子发射。二次电子能够产生样品表面放大的形貌像，这个像是在样品被扫描时按时序建立起来的，即使用逐点成像的方法获得放大像。

(2) 透射电子显微镜(TEM)

简称透射电镜，是把经加速和聚集的电子束投射到非常薄的样品上，电子与样品中的原子碰撞而改变方向，从而产生立体角散射。散射角的大小与样品的密度、厚度相关，因此可以形成明暗不同的影像。通常，透射电子显微镜的分辨率为 0.1~0.2nm，放大倍数为几万~百万倍，用于观察超微结构，即小于 0.2μm、光学显微镜下无法看清的结构，又称“亚显微结构”。

(3) X 射线衍射(XRD)

目前，电子显微镜虽然具有较高的分辨能力，但在一些特殊制备的样品中只能看到原子和原子的晶面，因此通常采用电子衍射法和 X 射线衍射(XRD)来测量晶体结构，需要基于衍射数据。

X 射线分为两类：一类是连续 X 射线，另一类是特征 X 射线。X 射线的散射强度增强或减弱的原因是由于，将晶体用作 X 光的光栅，通过粒子(原子，离子或分子)产生相干散射从而发生光的干涉。我们把互相干涉产生的最大强度光束称为 X 射线衍射。衍射现象发生的条件即布拉格式：

$$2d\sin\theta=n\lambda \tag{5-1}$$

式中，λ 是入射的 X 射线的波长；d 是相应晶体学面的面间距，θ 是入射 X 射线与相应晶面的夹角；n 为任意自然数。式(5-1)说明：当晶面与 X 射线之间满足上面几何关系时，将相互加强 X 射线的衍射强度，因此收集入射和衍射 X 射线的信息及强度分布的方法，可以获得晶体点阵类型、点阵常数、缺陷和应力等一系列有关的材料结构信息。

(4) 比表面积分析(BET)

测试法的一种，名称源于著名的 BET 理论，是三位科学家(Brunauer、Emmett 和 Teller)的首字母缩写，三位科学家从经典统计理论基础上推导出的多分子层吸附公式，即著名的 BET 方程，成为颗粒表面吸附科学的理论基础，并被广泛应用于颗粒表面吸附性能研究及相关检测仪器的数据处理中。指每克物质中所有颗粒总外表面积之和，比表面积是衡量物质特性的重要参量，其大小与颗粒的粒径、形状、表面缺陷及结构密切相关；同时，比表面积大小对物质其他的许多物理及化学性能会产生很大影响，特别是随着颗粒粒径的变小，比表面积成为衡量物质性能的一项非常重要的参量，如目前广泛应用的纳米材料。

（5）热重分析-差热分析法（TG-DTA）

主要用来研究材料的组分和热稳定性。TG 是热重分析（Thermogravimetric Analysis，TG 或 TGA），是指在程序控制温度下测量待测样品的质量与温度变化关系的一种热分析技术，用来研究材料的热稳定性和组分。DTA 是差热分析法（Differential Thermal Analysis）的简称，是以某种在一定实验温度下不发生任何化学反应和物理变化的稳定物质（参比物）与等量的未知物在相同环境中等速变温的情况下相比较，未知物的任何化学和物理上的变化，与和它处于同一环境中的标准物的温度相比较，都要出现暂时的增高或降低。降低表现为吸热反应，增高表现为放热反应。

（6）X 射线光电子能谱分析（XPS）

XPS 可以用来：①元素的定性分析，根据能谱中出现的特征线的位置来识别除 H 和 He 之外的其他元素；②元素的定量分析；③固体表面分析；④化合物的结构、内层结合能的化学位移以及化学键和电荷分布的信息。

5.4.2　光催化性能评价

对于光催化反应器，高压 Hg 灯（500W，$300<\lambda<600$nm，光强 600μW/cm^2）沿轴放置在反应器中心，并由水冷石英护套保护。可见光（Hg 灯与 Pyrex 试管之间装有截止滤光片）被收集到密封的 Pyrex 试管（55mL）中，确保光催化反应均匀、完整。在反应器上安装磁力搅拌器，以 400r/min 的速度搅拌，使催化剂保持悬浮状态。

25℃时，在可见光（$420\text{nm}<\lambda<600\text{nm}$）照射下，以含有光催化剂粉末（40mg）悬浮液的乙醛水溶液（1vol%，约 350mol，pH＝6.2）氧化分解产生的 CO_2 气体量测试总光催化活性。乙醛的反应化学计量确定如下：$CH_3CHO+5/2O_2 \longrightarrow 2CO_2+2H_2O$

气相色谱（GC7890Ⅱ，Techcomp）配备火焰离子化检测器（FID）测定溶液中乙醛的浓度。使用气相色谱法测量二氧化碳浓度，气相色谱法配备 2mol Porapak-Q 柱、甲烷化器和火焰离子化检测器，使用氮气作为载体气体。

5.4.3　结果与讨论

5.4.3.1　XRD 分析

图 5-15 为纯 TiO_2 纳米纤维、未添加 DIAD 和添加 DIAD 的 WO_3/TiO_2 的

XRD 图谱。在所有样品中，只有 TiO_2 锐钛矿相特征峰（JCPDS、CardNo. 21-1272）没有观察到 WO_3 的衍射峰，这可能是由于 WO_3 的负载量较低，超出了可用的检测范围[图 5-15(b)和图 5-15(c)]。加入钨后，锐钛矿相的强度降低。属于(105)和(211)的峰变得不尖锐和不清晰，这也可能是由于钨的引入。由于 WO_3 前驱体的含量较低，可能没有检测到峰值。此外，该发泡剂对产物样品的晶型和组分的变化没有影响。

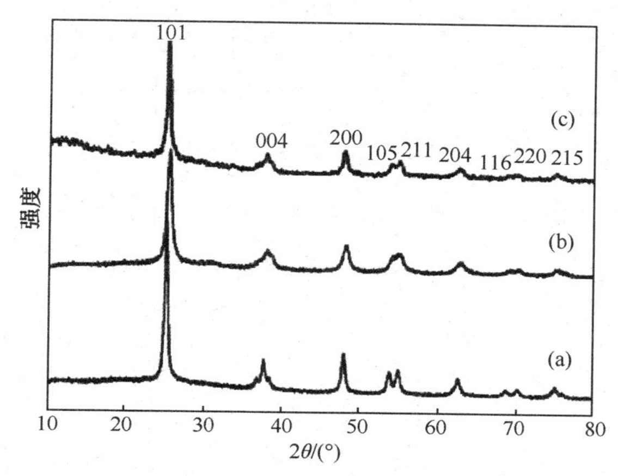

图 5-15　(a)纯 TiO_2 纳米纤维(样品 A)、WO_3/TiO_2 的 X 射线衍射图，通过添加不同量的 DIAD 获得的纳米纤维：(b)0g(样品 B)和(c)0.6g(样品 E)

5.4.3.2　BET 分析

进一步研究了发泡剂添加量对合成样品比表面积和孔径分布的影响。图 5-16 为纯 TiO_2 纳米纤维(A 试样)和 WO_3/TiO_2 纳米纤维(B-F 试样)的氮吸附-脱附等温线及相应的孔径分布曲线。所有氮吸附-脱附等温线均呈 H3 滞后的 IV 型曲线，表明存在介孔结构[图 5-16(a)]。比表面积和孔径分布见表 5-3，样品 *C-F* 的比表面积随着 DIAD 含量的增加而增加，从 73.2m^2/g 到 92.3m^2/g，这比未添加 DIAD(55.4m^2/g)获得的样品 B 的比表面积大，这表明即使少量的 DIAD 也可以大大增加制备样品的比表面积。最高表面积(样品 E 为 92.3m^2/g)约为未添加 DIAD 的纯 TiO_2 纳米纤维的 5 倍。通过相应的孔径分布进一步证实了结果[图 5-16(b)]。样品 B-F 的峰孔直径随 DIAD 含量的增加而逐渐减小，样品 E 的最小孔径为 3.84nm，平均孔径为 3.84nm。然而，对于样品 F 来说，过量的 DIAD 添加量可能反过来破坏纤维结构，导致比表面积减小。显然，我们的合成策略是具有独特性的，只需通过调节发泡剂的量在相对较大的范围内对介孔直径进行微调。基于上述结果，选择 BET 最高的样品 E，在下一节中表征介孔 WO_3/TiO_2 纳米纤维的演变。

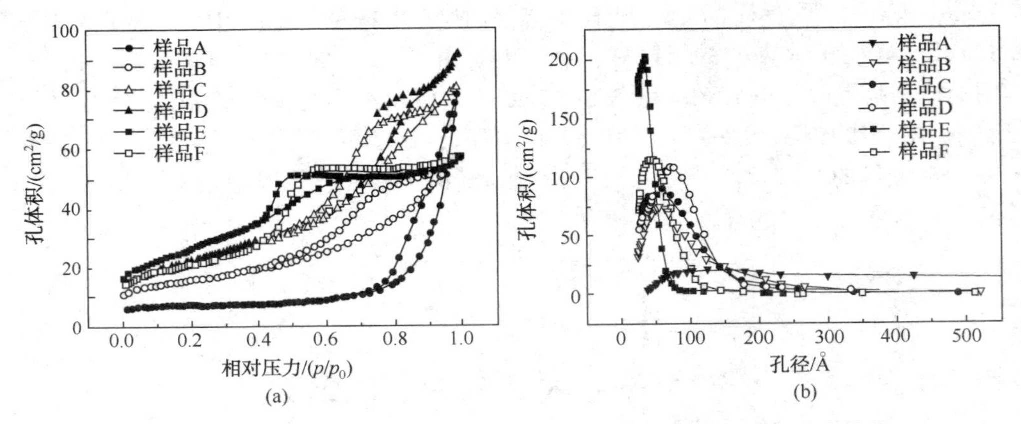

图 5-16 (a)氮气吸附-脱附等温线和(b)样品 A-F 的相应孔径分布曲线

表 5-3 纯 TiO_2 纳米纤维(样品 A)和 WO_3/TiO_2 纳米纤维(样品 B-F)的比表面积和相应的平均孔径

样品	平均孔隙分布/nm	比表面积/(m^2/g)
A	24.2	19.6
B	8.5	55.4
C	6.9	73.2
D	7.6	76.1
E	3.8	92.3
F	4.9	72.8

5.4.3.3 SEM 分析

图 5-17(a)和(b)显示了具有不同放大率的样品 E 的前体纳米纤维的扫描电镜图像。初纺前驱体纤维具有明确的 1D 纤维结构，表面光滑坚实，平均直径约为 261nm，与未添加 DIAD 的样品 B 的纳米纤维几乎没有区别(图 5-17)，表明 DIAD 的添加不会影响在电泳过程中纤维结构的形成。相应的元素映射揭示了 Ti、W、O 和 N 的均匀空间分布，如图 5-18(c-f)所示。N 在纤维体中的均匀分布表明，DIAD 分子在前体纳米纤维的整个体中均匀分布。

煅烧前体纳米纤维(样品 E)在 500℃下的扫描电镜图像，如图 5-19(a-c)所示。在平均直径约为 198nm 的煅烧 WO_3/TiO_2 样品中也观察到一个完整的一维纳米纤维结构[图 5-19(a)]，在低放大率下，与没有添加 DIAD 的样品 B 相比也没有显著变化[图 5-19(d)]。但是，与 B 试样不规则、扭曲的表面相比[图 5-19(e)]，通过对截面 SEM 图像的观察，添加 DIAD 后得到的试样 E 表面具有较为致密、均匀的孔隙结构[图 5-19(b)和图 5-19(c)]。与此同时，由孔隙组成的颗粒也变得更小、更规则，呈球形，大小相对均匀。根据之前的研究，我们利用

DIAD 制备了具有完整管状形态的高介孔 TiO_2 纳米管，其中 DIAD 作为第一阶段发泡剂使管壁具有多孔性，为随后模板(PVA)分解释放的大量蒸汽提供了通风通道，保护管壁不受损坏。在此，我们认为，上述形态变化的差异是由于 DIAD 的分解引起的，DIAD 也是整个纤维体中的第一阶段发泡剂，并降低了在随后的 PVP 分解过程中纤维受损的可能性，从而形成均匀的介孔结构。

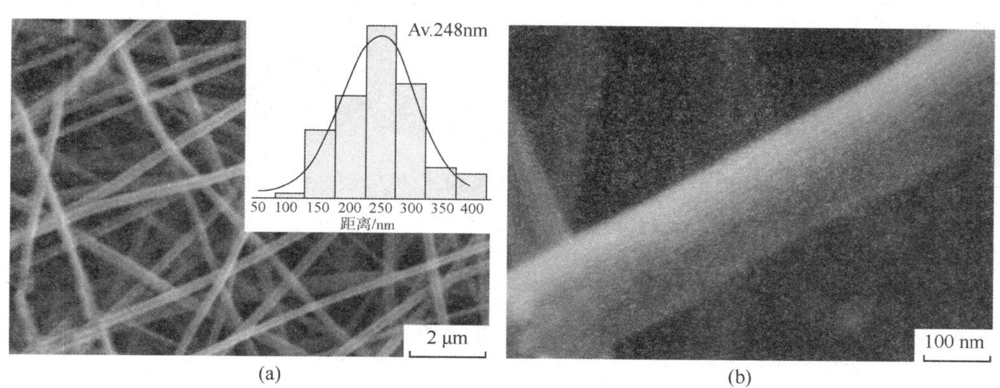

图 5-17　样品 B 的 PVP/WCl_6/TBOT 前体纳米纤维的典型扫描电镜图像

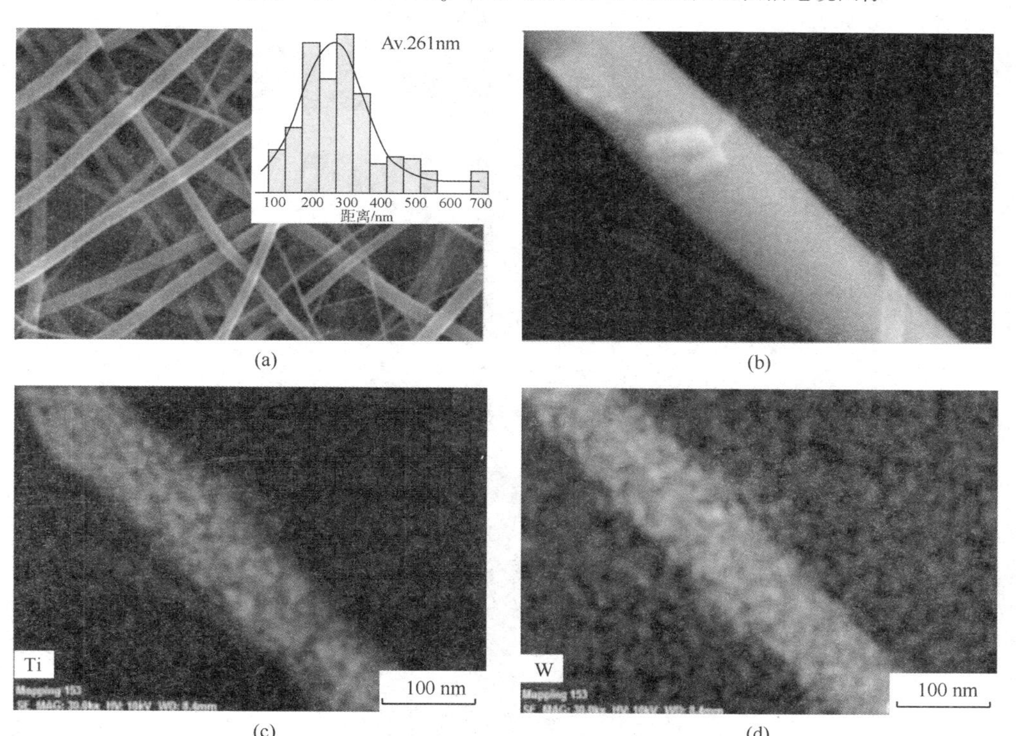

图 5-18　样品 E 的 DIAD/PVP/WCl_6/TBOT 前体纳米纤维在不同放大倍数的典型 SEM 图像(a)(b)和相应的元素映射图像(c-f)

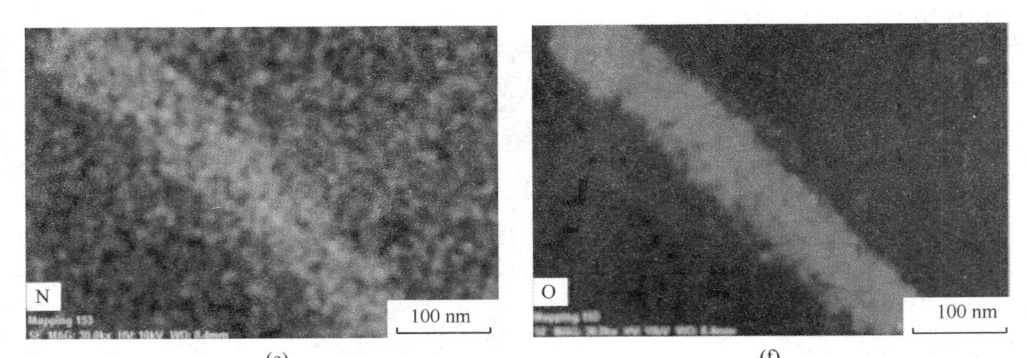

(e) (f)

图 5-18　样品 E 的 DIAD/PVP/WCl_6/TBOT 前体纳米纤维在

不同放大倍数的典型 SEM 图像(a)(b)和相应的元素映射图像(c-f)(续)

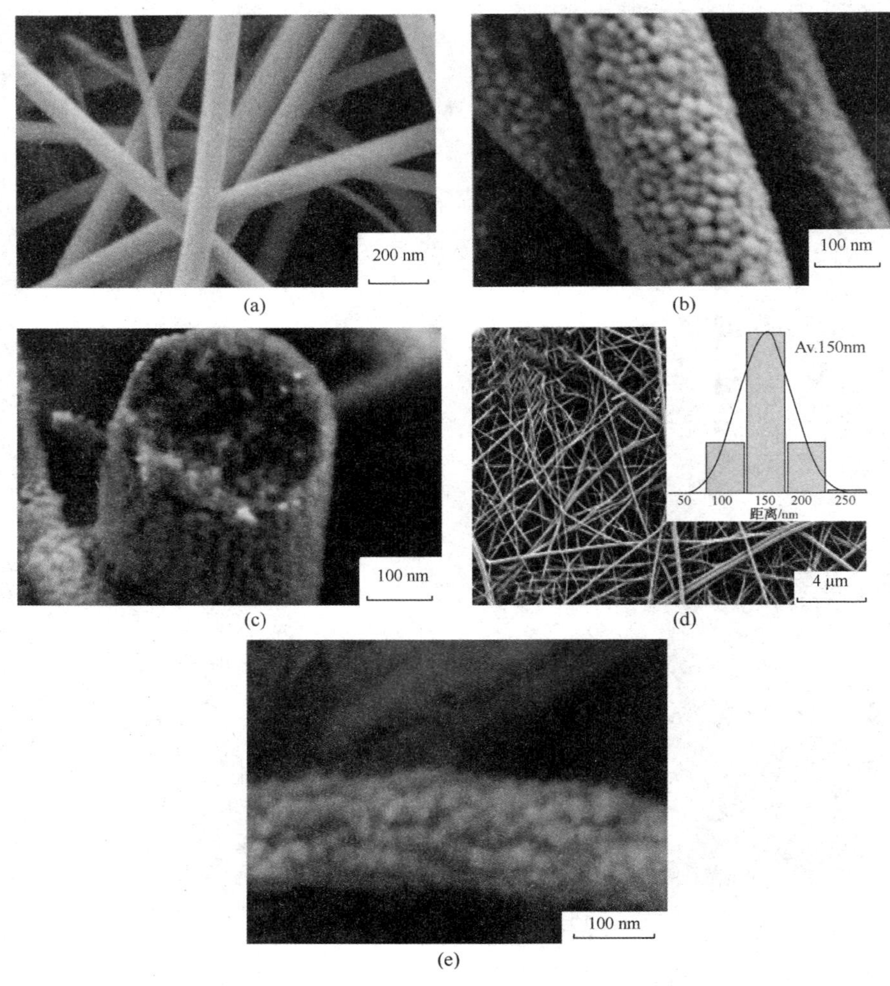

(a) (b) (c) (d) (e)

图 5-19　试样 E(a-c)和试样 B(d-e)不同放大倍数的典型 SEM 图像

通过 EDS 和相应的元素映射测量进一步研究样品 E 的组成[图 5-20(a-d)]。结果表明，在未检测到元素 N 的情况下，只观察到 Ti、W 和 O，这表明纳米纤维中的 DIAD 发泡剂通过热处理完全分解，也意味着良好混合的异质结可能由 TiO_2 和 WO_3 组成。此外，计算得到的原子 W/Ti 比为 0.039，与添加 W/Ti 比(0.034)的结果吻合较好。

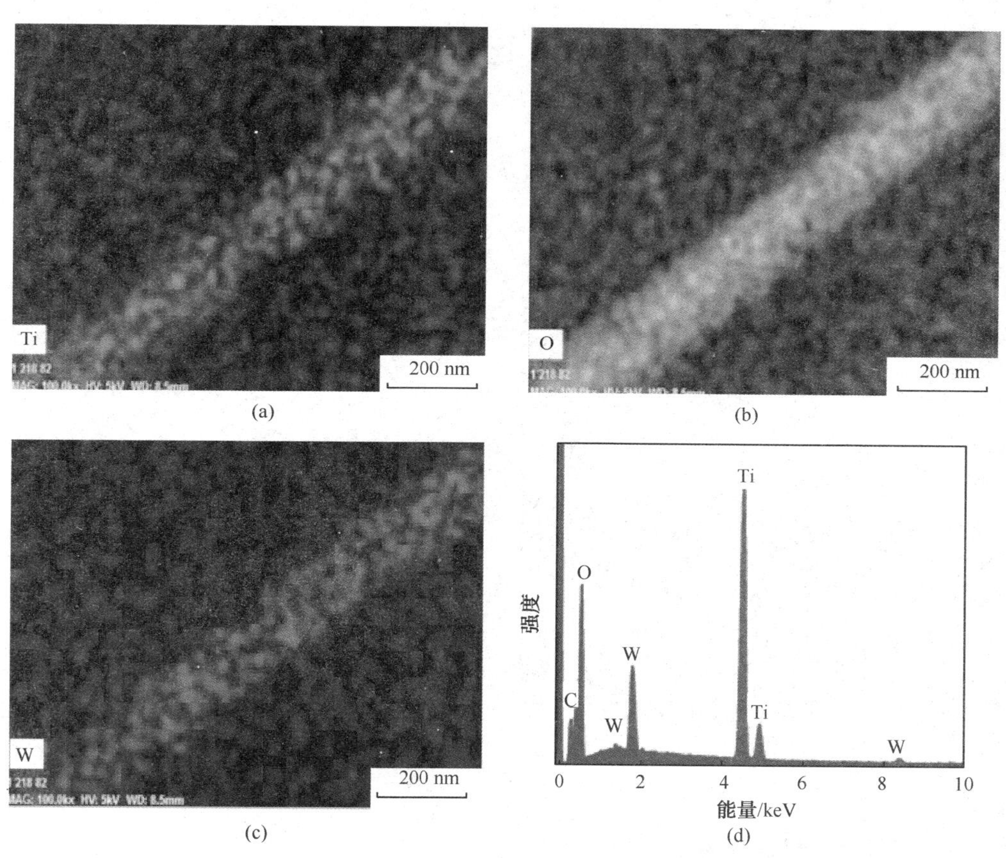

图 5-20 EDS 图谱及对应的 E 试样元素映射图像

5.4.3.4 TEM 分析

进一步使用透射电镜测定样品 E 的多孔结构，如图 5-21(a)所示。它清楚地证实了在整个纤维中形成了分布良好的孔。纤维边缘的 SAED 图[图 5-21(a)]表明，煅烧后的样品也是锐钛矿 TiO_2，这与 XRD 图[图 5-21(a)]的结果非常一致。图 5-21(a-d)显示了样品的高倍率 TEM 图像。观察到两组不同的晶格条纹，这两组不同的条纹之间 0.356nm[图 5-21(c)]和 0.384nm[图 5-21(d)]的测量 d-空间分别对应于锐钛矿 TiO_2 的(100)平面和六边形 WO_3 的(002)平面。

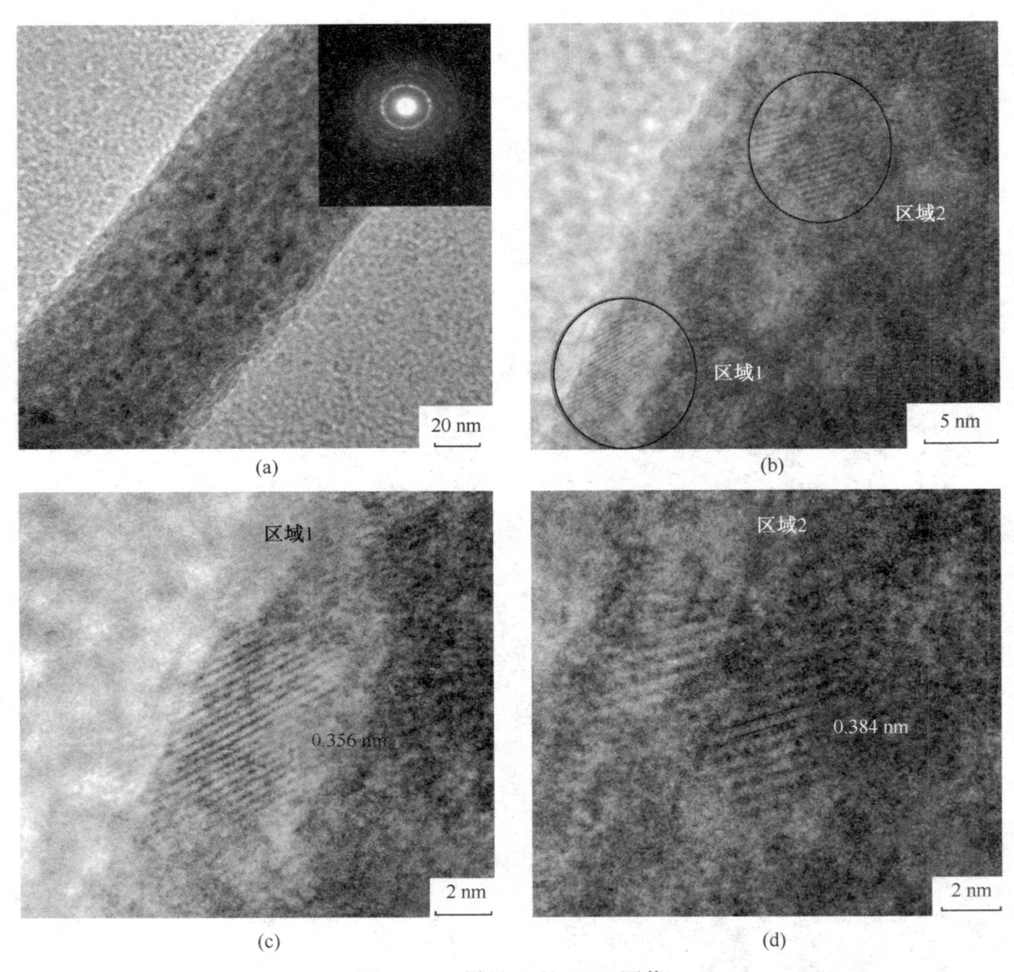

图 5-21　样品 E 的 TEM 图像

5.4.3.5　XPS 分析

采用 X 射线光电子发射(XPS)测量方法，分析了煅烧样品的化学状态。如图 5-22(a)所示，全扫描光谱清晰地显示出样品 E 中存在 Ti、O、W、C 信号元素，与 EDS 结果一致。最终样品中碳元素的存在可能与碳带的使用有关。图 5-22(b-d)进一步显示了 Ti2p、O1s 和 W4f 区域的高分辨率光谱。反褶积后的 Ti_2p 核能级谱可以很好地拟合成两组自旋轨道偶极子。在 WO_3/TiO_2 纳米纤维(样品 E)中，TiO_2 组分($Ti_2p1/2$ 和 $Ti_2p3/2$)的自旋轨道分裂导致峰位分别为 463.5eV 和 457.9eV。纯 TiO_2 纳米纤维(样品 A)中 Ti2p1/2 和 $Ti_2p3/2$ 的结合能分别位于 463.3eV 和 457.7eV。这种轻微的正位移归因于在作为 W—O—Ti 键的二氧化钛晶格中存在钨。由此推断，由于 W^{6+} 和 Ti^{4+} 的近离子半径(0.065nm 对 0.062nm)，

W 离子被纳入 TiO_2 晶格中并取代一些 Ti^{4+} 离子。在 O1s 反褶积后，纯 TiO_2 和介孔 WO_3/TiO_2 纳米纤维呈现出两个拟合峰。分别位于 528.9~529.2eV 处的主要峰对 Ti-O 和 W-O 起作用，而 531.2eV 处的宽峰对应于样品 E 的-OH 组，后者比样品 A 中的宽[图 5-22(c)]。这清楚地表明，WO_3/TiO_2 比纯 TiO_2 具有更多的羟基和表面吸附水。已有研究表明，纯 WO_3 在 35.3eV 和 37.4eV 处具有典型的 W4f7/2 和 4f5/2 峰。在我们的例子样品 E 中，W4f7/2 和 W4f5/2 的位置在 38.1eV 和 36eV 处略高[图 5-22(d)]。与上述文献中 WO_3 六价氧化态的结果吻合较好。结合能的峰移可能是由上述 W—O—Ti 键的形成引起的。因此，所含钨的氧化态为 W^{6+}。此外，在 XPS 光谱中未检测到氮，这表明在热处理过程中，DIAD(氮源)完全分解，这与 EDS 测量结果很好地一致。

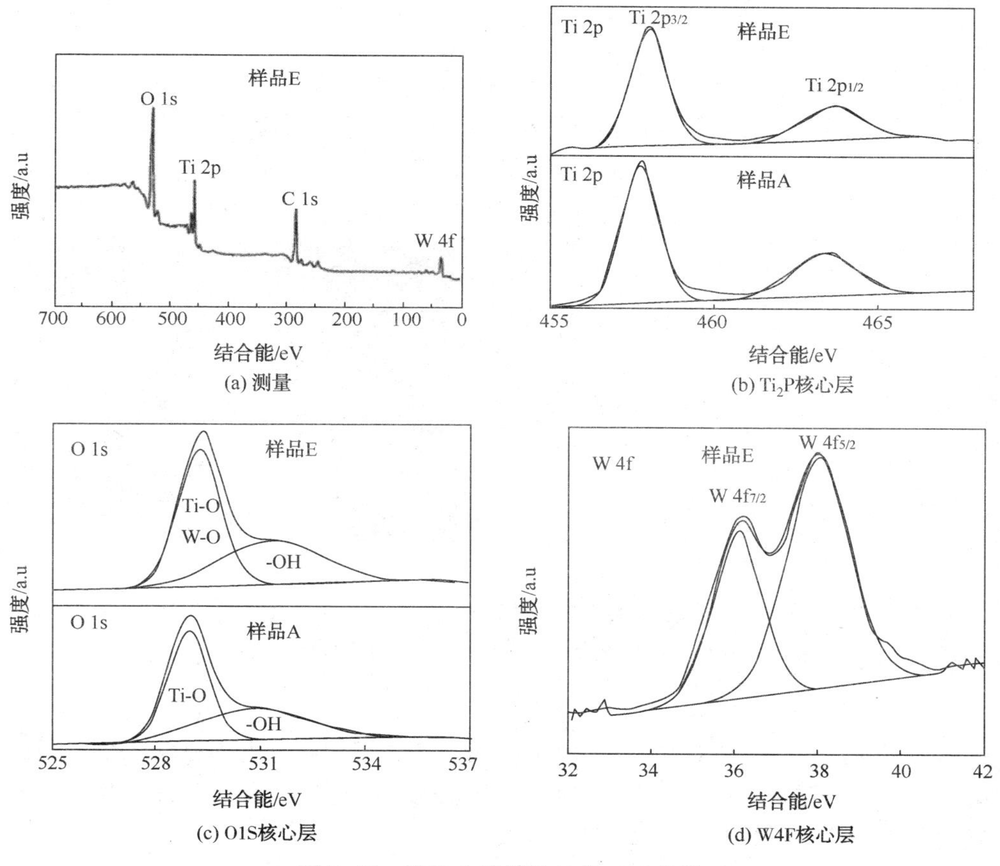

图 5-22 样品 A 和样品 E 的 XPS 光谱

5.4.3.6 TG/DTA 分析

采用 TG/DTA 分析[图 5-23(a)]研究了样品 B 和样品 E 纺丝前丝的热分解

过程。第一阶段的质量损失从30~170℃可归因于吸附水和残留溶剂的分解。从170℃到240℃的8%质量损失归因于DIAD分子的分解。从240℃到480℃的后续35%的质量损失是由于PVP的分解。最后，DTA在500℃的放热峰值是由于TiO_2和WO_3结晶。相比之下，B试样的前驱纤维只观察到与PVP分解有关的放热峰。根据上述对前驱体纳米纤维热性能的研究结果，DIAD对相对均匀且高度介孔纳米纤维形成的影响可以解释为首先将发泡剂DIAD均匀溶解于PVP/WCl_6/TBOT前驱体溶液中。静电纺丝后的前体纤维中的DIAD分子分布均匀，元素标测结果证实了这一点。在500℃空气下的第一阶段煅烧过程中，DIAD完全分解成大量气体(如CO_2、NO_2和H_2O)，导致整个纤维体形成初始孔隙。这一阶段可通过样品E的DIAD/PVP/WCl_6/TBOT前体纳米纤维在200℃煅烧30min的扫描电镜图像来证明，其中表面在整个纤维中出现多孔结构[图5-23(b)]。其次，这些由DIAD分解引起的初始中孔为随后的PVP骨架分解过程中释放的大量蒸汽提供了通风通道，从而保护了整个纤维免受释放的大量气体的影响，而不会造成损害。因此，正是由于发泡剂和聚合物的这种“逐步分解”导致了制备样品独特的高度介孔结构。

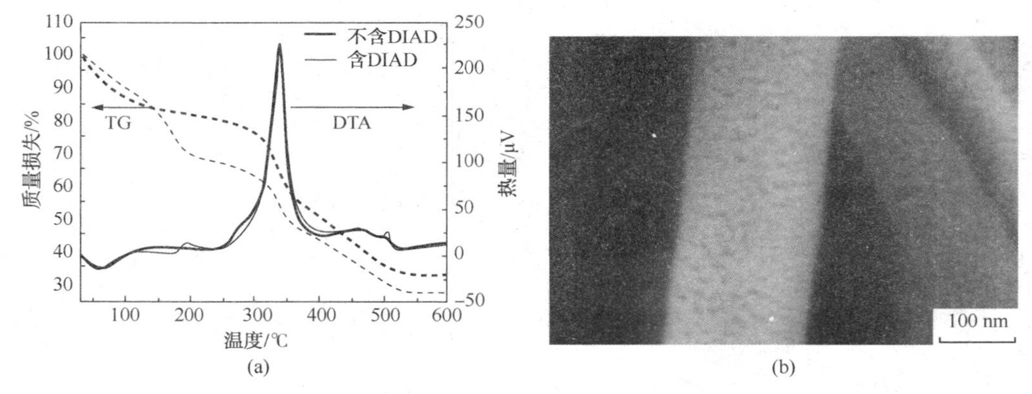

图5-23 (a)样品B(粗线)和样品E(细线)的聚合物前体纳米纤维的TG/DTA光谱；(b)样品前体纳米纤维的典型扫描电镜图像(在200℃下保存30min)

5.4.3.7 光催化性能

为了探讨金属掺杂对它的催化活性的影响，进行了拓展性的试验，随后用钯纳米粒子负载对高介孔WO_3/TiO_2纳米纤维(样品E)进行改性。观察负载钯粒子后的WO_3/TiO_2纳米纤维光催化是否改变。

以乙醛溶液分解为模型反应，在紫外-可见光照射下研究了制备样品的光催化活性。在光照射之前，介孔WO_3/TiO_2复合材料(样品B和样品E)显示出比P25和纯TiO_2纳米纤维(样品A)更高的乙醛吸附，可能是由于它们的介孔结构具有更高的比表面积。结果表明，与二氧化钛P25相比，高度介孔的PdO_x/

WO_3/TiO_2 纳米纤维(样品 E)是乙醛光分解的活性和有效的光催化剂，纯 TiO_2 纳米纤维(样品 A)、未添加 DIAD 的 WO_3/TiO_2 纳米纤维(样品 B)和添加 DIAD 的样品 E 在可见光下如图 5-24 所示。乙醛在 7h 内以 0.5wt%的 PdO_x 负荷分解，分解率约为 97.8%，而样品 E 降解率为 75.4%，样品 B 降解率为 60.8%。相比之下，纯 TiO_2 纳米纤维(样品 A)和二氧化钛 P25 在可见光下几乎没有乙醛降解，因为它们的带隙值较大。

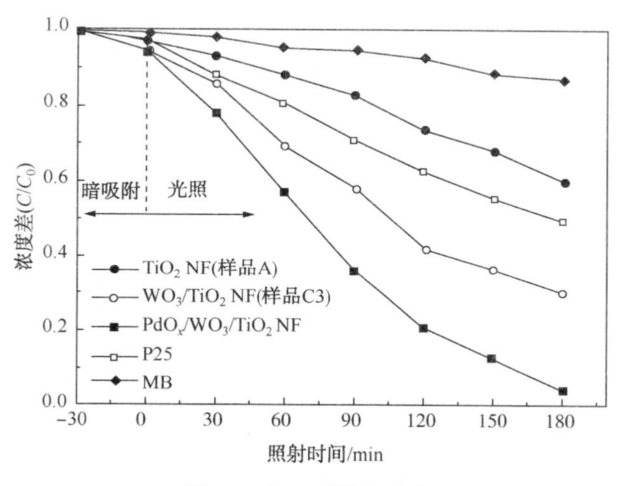

图 5-24　乙醛降解速率

5.4.3.8　光催化机理

在波长小于 387nm 的紫外光辐射下，TiO_2 受到激发，生成光生电子 - 空穴对，而电子 - 空穴对能够与附着在 TiO_2 表面的 OH^-、H_2O 或 O_2 反应产生强氧化性的羟基自由基 · OH 和超氧根离子 O_2^-。然而，TiO_2 只能利用太阳能中的紫外线能量，同时 TiO_2 受光激发后产生的电子 - 空穴对易复合，这使 TiO_2 对光的利用受到限制。WO_3 作为一种半导体材料其禁带宽度为 2.8eV，在可见光下具有一定的光学活性。在 TiO_2 纳米纤维中掺杂 WO_3 后，TiO_2 光催化效率得到很大提高，其原因如下：一方面，由于 W^{6+} 物种具有 Lewis 和 Brønsted 酸性位，从而 TiO_2/WO_3 具有了表面酸性，这种表面酸性对未成对的电子具有较高的亲和力，能够吸附更多的 O_2 来产生 O_2^- 和 · OH。另一方面，在 TiO_2/WO_3 纳米纤维中，光辐射下 TiO_2 的光生电子被激发从价带跃迁到导带上。由于 WO_3 的导带位置低于 TiO_2 的，TiO_2 导带上的电子可以迅速转移到 WO_3 的导带上，聚集在 WO_3 表面的电子可以快速地和 O_2 作用生成 O_2^- 和 · OH。而失去电子的电子空穴则被困在 TiO_2 的价带上。这种有效的电荷转移导致了较高的催化活性和氧化能力。光激发下 TiO_2/WO_3 光催化剂电荷载体分离示意图如图 5-25 所示。图 5-25 解释了提高

$Pd/TiO_2/WO_3$ 光催化活性的机理。由于 WO_3 的导带边缘比二氧化钛的导带边缘低，光产生的电子可以转移到 WO_3 的导带并在其中聚集。此外，由于获得了高质量的 TiO_2/WO_3 和 TiO_2/Pd 界面，可以避免缺陷引起的光生电子和空穴的复合。积累的电子迅速转移到钯纳米颗粒的表面，因此可以促进电子和空穴的分离。同时，注入钯纳米粒子中的光生电子作为电子池，启动氧分子的多电子还原，进一步增强了有机物的光氧化能力。

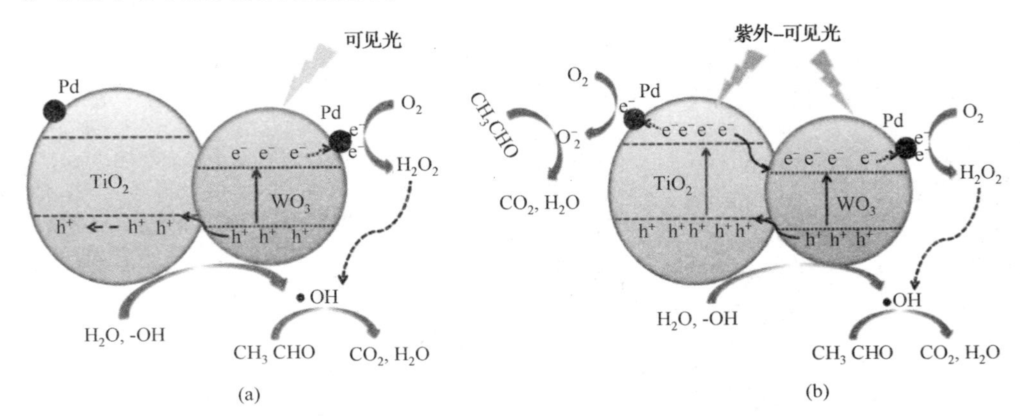

图 5-25　光激发下 WO_3/TiO_2 光催化剂电荷载体分离示意图

WO_3 和 TiO_2 的能量边缘位置对光激发电子空穴载流子的迁移起着至关重要的作用。当 WO_3/TiO_2 样品经受可见光照射时，引入锐钛矿 TiO_2 的 WO_3 的作用是吸收可见光的敏化剂，WO_3 上的 PdO_x 助催化剂作为电子受体，而光生空穴在相反方向上迁移，即从低位价 WO_3 带到 TiO_2 的价带。这有利于 WO_3 上光激发的电子-空穴对的有效分离，从而抑制它们的重组。这种移动的光生空穴可以直接氧化反应物。此外，如前所述，WO_3/TiO_2 复合材料具有较高的酸度和对化学物质的亲和力。因此，WO_3/TiO_2 复合材料的表面可以吸收更多的 · OH 或 H_2O，并且随着空穴的反应产生更多的 · OH 自由基。图 5-22(c) 中 WO_3/TiO_2 纳米纤维（样品 E）中的 O1s 的 XPS 分析结果与上述文献中的结果一致。此外，已经充分研究了 WO_3 的低导带能级（+0.5Vvs. NHE）比 O_2 的还原电位更正（O_2/O_2^- = -0.56Vvs. NHE；O_2/HO_2 = -0.13Vvs. NHE），因此增加了光生电子和空穴的复合，导致超低催化活性。当 WO_3 的表面沉积 PdO_x 时，它可以进行多电子氧还原（$O_2 + 2H^+ + 2e^- \longrightarrow H_2O_2$，$E(O_2/H_2O_2) = +0.70V$ vs NHE）以及 Pt。这是所产生的 H_2O_2 量的证据，其在持续 1h 可见光照射下在溶液中测量为 0.89mol。随后生成的 H_2O_2 与电子反应生成 · OH（$H_2O_2 + e^- \longrightarrow \cdot OH + OH^-$），与纯 TiO_2 纳米纤维（样品 A）和 P25 相比，在可见光照射下，WO_3/TiO_2 纳米纤维（样品 B 和样品 E）的催化活性显著提高。

PdO_x 负载下提高 E 样品光催化活性的关键因素是 E 样品的高介孔结构。由致孔剂 DIAD 和 PVP 骨架逐步分解引起的独特的高度均匀的介孔结构和更均匀和更小的纳米尺寸颗粒大大增强了样品 E 的比表面积，从而增加了光催化剂与有机分子之间的接触概率，它为光催化反应提供了更多的催化位点。此外，介孔结构使得交叉的纳米纤维得以集成，使得反应样品能够有效地传输，大大降低了粒子聚集问题的影响。高度均匀的介孔结构还可以提高散射光的利用率。当介孔纳米纤维被光照射时，其中相当一部分光子不是直接被纤维吸收，而是被困在介孔内，然后反复反射，直至完全被吸收。因此，与其他光催化剂相比，负载 PdO_x 的高介孔 WO_3/TiO_2 纳米纤维具有更高的光催化活性。

5.4.4 小结

本章针对 WO_3 可见光响应型光催化材料分解有机污染物具有重要的研究意义。本章在 WO_3 的基础上对其进行半导体掺杂和金属负载，制备了 PdO_x 的高介孔 WO_3/TiO_2 纳米纤维，并通过多种测试方法对样品进行表征，明确了半导体复合与金属负载对 WO_3 光催化活性的影响因素，最后考察了 $PdO_x/WO_3/TiO_2$ 三元复合体系的光催化机理，结果表明，金属负载以及高度介孔结构的纤维形貌是提升材料光催化性能的主要因素。

6 Bi系可见光催化材料的制备及性能

6.1 引　言

光催化实际上是光催化剂在某些波长光子能量的驱动下，体内的空穴电子对分离，后又引发了一系列氧化还原反应的过程。光催化氧化技术由于其具有对环境友好、能有效去除环境中尤其是废水中污染物的优点，且能耗少，无二次污染，已被慢慢重视起来。

自 1972 年 Fujishima 等在《Nature》报道了 TiO_2 在紫外光照射下可以催化水的分解后，半导体光催化剂一直是广大学者们研究的热点。光催化被认为是解决能源问题的关键有效方法之一，近年来受到广大研究者的不断探究。为了充分利用太阳光，人们对光催化材料进行了众多研究：一方面是对 TiO_2 半导体进行改性；另一方面是寻求新型的非 TiO_2 半导体光催化材料。含铋光催化材料属于非 TiO_2 半导体光催化材料中的一种，电子结构独特，价带由 Bi-6s 和 O-2p 轨道杂化而成。这种独特的结构使其在可见光范围内有较陡峭的吸收边，阴阳离子间的反键作用更有利于空穴的形成与流动，使得光催化反应更容易进行。铋氧化物是很重要的功能材料，在光电转化、医药制药材料等方面有着很广泛的运用。其中，纯相还具有折射率高、能量带隙低和电导率高的特点。

6.1.1 Bi_2O_3

Bi_2O_3 有单斜、四方、体立方和面立方四种结构，只有单斜结构室温下可稳定存在，其他结构在室温下均会转变成单斜结构。

化学沉积法、声化学方法、溶胶-凝胶法、微波加热法等都是制备纳米 Bi_2O_3 的方法。产品的形态也可根据方法不同而不同，如颗粒状、薄膜状、纤维状等。Wang 等利用沉积法合成钙铋酸盐（$CaBi_6O_{10}/Bi_2O_3$）复合光催化剂，在可见光下（波长大于 420nm）降解亚甲基蓝，催化效果显著。$CaBi_6O_{10}$ 的导带边比 Bi_2O_3 更接近阴极，当 $CaBi_6O_{10}$ 受到太阳光照射后，产生的光生电子迅速转移到 Bi_2O_3 的导带边上，Bi_2O_3 的光生空穴转移到 $CaBi_6O_{10}$ 的价带上，有效实现了光生电子-空穴对的分离，减少了复合率，光催化活性大大提高。

6.1.2 卤氧化铋

卤氧化铋 BiOX(X=Cl、Br、I)因其较高的稳定性和光催化活性受到研究者的关注，发现光催化活性明显高于 P25，并且随着卤素原子序数的增加，卤氧化物 BiOX(X=Cl、Br、I)的光催化活性逐渐增大。表 6-1 列出了卤氧化铋光催化剂几种典型制备方法。

表 6-1 卤氧化铋光催化剂的制备方法与形貌

BiOX	制备方法	形貌和尺寸
BiOI	快速放热固态复分解法	粒径约为 70nm 复合而成的微米层
BiOCl	水解法	珠光皮状，粒度 5~10μm
BiOBr	水热合成法	球状颗粒，2~10μm
BiOBr	软模板法	200~300nm 的纳米颗粒

BiOX(X=Cl、Br、I)的晶型为 PbFCl 型，是一种高度各向异性的层状结构半导体，属于四方晶系。以 BiOCl 为例，Bi^{3+}周围的 O^{2-}和 Cl^-成反四方柱配位，Cl^-层为正方配位，其下一层为正方 O^{2-}层，Cl^-层和 O^{2-}层交错 45°，中间夹心为 Bi^{3+}层。通过计算表明：BiOF 为直接带隙半导体，其他为间接带隙半导体，价带分别由 O-2p 和 X-np(此处对于 F、Cl、Br、I，n 分别为 2、3、4、5)占据，而导带主要由 Bi-6p 轨道贡献。这种结构使得 X-np 上的电子吸收光子之后，极容易被激发到 Bi-6p 上，实现空穴-电子对的分离，被分离的电子和空穴必须通过结构的一些空隙才能进行复合，复合率大大降低，因此光催化活性较高。

制备具有小粒径、大比表面积、高催化活性的纳米卤氧化铋颗粒一直是研究的热点。常见的制备方法包括水解法、溶剂热法、电沉积法、软模板法和溶胶-凝胶法等；此外还包括一些特殊方法，如常温超声法、微波法和电纺丝法。

上述均是对制备方法的改良，卤氧化铋的改性体现在以下两方面：一是掺入其他的元素；二是形成铋基卤氧化物。Chakraborty 等在铋基卤化物 BiOCl/Bi_2O_3 表面负载 WO_3，并用其降解 TPA(1，4-对苯二甲酸)，当掺杂 W 的摩尔分数为 0.6%时，催化活性是 BiOCl/Bi_2O_3 的 2.7 倍。Xiao 等采用溶剂热法制得三维构型 BiOCl/BiOI，当采用 90%的 BiOI 进行复合反应时制得的催化活性最高，60min 内对双酚 A 的最大降解率可达 97.8%。Zhang 利用离子热液体法将 BiOCl、BiOBr 复合获得花瓣状的复合物，光催化活性较复合前有显著提高。

总之，无论是卤氧化铋之间按某种比例的复合，还是氧化铋与卤氧化铋的复合，又或者卤氧化铋与含铋酸盐的复合，都在一定程度上提高了催化活性。

6.1.3 铋的含氧酸盐

铋的含氧酸盐化合物具有独特的电子结构，并且在可见光区域内有较陡峭的能带吸收边，是一种新型高催化剂。目前热门研究的分别有以下几类：

钛酸铋，最先由 Aurivillus 在 1949 年发现，此系列主要包括 $Bi_4Ti_3O_{12}$、$Bi_2Ti_2O_7$、$Bi_2Ti_4O_{11}$、$Bi_{12}TiO_{20}$、$Bi_{20}TiO_{32}$ 等。其中，$Bi_4Ti_3O_{12}$ 和 $Bi_2Ti_2O_7$ 由于具有比 PZT 类铁电材料更好的铁电和高介电特性而被用于微电子器件的制备，$Bi_{12}TiO_{20}$ 由于光电和电光性质优良而被用作信息处理材料。

钨酸铋，钨酸盐半导体材料广泛应用于磁性器件、闪烁材料和缓蚀剂等，同时，作为可见光响应的光催化剂，具有良好的紫外和可见光响应、热稳定、低成本、环境友好等优点。Bi_2WO_6 是最简单的 Aurivillius 型层状氧化物之一，Bi_2O_2 层和 WO_6 层沿着 c 轴交替组成 Bi_2WO_6 晶体，为典型的钙钛矿层状结构。

钒酸铋，钒酸铋对可见光的吸收较大，但其在可见光下产生的光生电子和空穴极易复合，通常采用贵金属、碱土金属、过渡金属、稀土金属和非金属作为助催化剂或掺杂剂，加入钒酸铋中以提高其催化活性。

铁酸铋，常见的铁酸铋类化合物有 $BiFeO_3$、$Bi_2Fe_4O_9$ 等，其中 $BiFeO_3$ 具有较窄禁带能(Eg=2.2eV)，可吸收可见光，其在光催化领域的潜在应用引起了研究者的广泛关注，如图 6-1 所示。

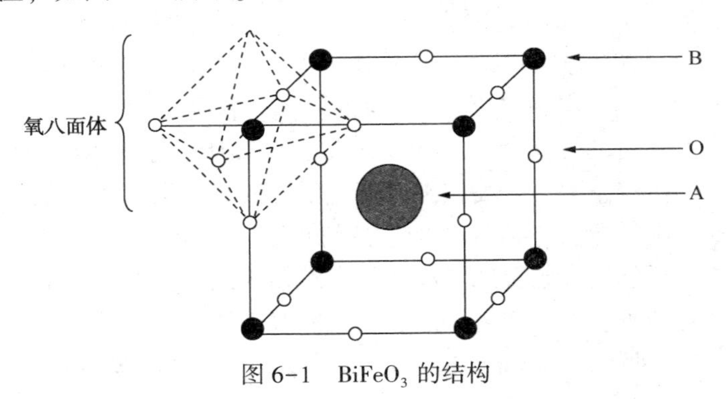

图 6-1　$BiFeO_3$ 的结构

6.1.4 碱土金属铋酸盐

碱金属铋酸盐 $NaBiO_3$ 作为光催化性能优于 Bi_2O_3 的新型光催化材料，具有较大的潜在应用性。Kako 等认为 $NaBiO_3$ 晶体中的 Na-3s 轨道与 O-2p 轨道杂化形成的高度分散的 s-p 轨道可增强光生电子的流动性，使得电子-空穴的复合率减少，因此具有较强的光催化活性。

谌春林等研究了经过不同条件热处理的商品铋酸钠在可见光下对甲基橙、橙Ⅱ、亚甲基蓝和苯酚的降解作用，发现铋酸钠对几种有机物均有一定的降解作用，并且适当的热处理可以提高其光催化性能。Chang 等用铋酸钠与氯氧化铋制备出复合 $NaBiO_3/BiOCl$ 光催化剂，发现复合物的催化活性均高于铋酸钠和氯氧化铋，经分析认为空穴-电子对的有效分离增加了复合物的光催化活性。碱土金属铋酸盐被称为最具潜力的可见光响应光催化剂，化合物中 Bi^{3+} 的孤对电子使其具有 Bi-O 三维网络片状结构。

6.1.5 复合型铋催化剂

由于多元复合金属氧化物的晶体结构和电子结构呈现多样性，使得他们有可能同时具备响应可见光激发的能带结构和高的光生载流子移动性，因此被作为潜在的高效光催化材料得到了广泛研究。铋与一些金属组成的复合氧化物就是这其中的代表，它们能被可见光激发且具有良好的光催化性能。Bi_4NbO_8C1 就是这一类催化剂的典型代表。

6.2 Bi_2O_3、Bi_2O_4、Bi_2O_{4-x} 可见光催化材料的制备及性能

6.2.1 引言

废水中有机污染物的去除是环境修复的重要内容之一。在现有的各种水处理方法中，基于纳米科学和纳米技术的吸附和光催化降解分别是最可靠和最有前途的有机污染物去除技术。然而，传统吸附剂由于生产成本高，再生过程昂贵且耗时，存在明显的缺陷，其应用往往受到限制。另一方面，由于光催化剂制备成本高，光催化效率低，光催化降解本身也不能满足废水处理的要求。考虑到这些问题，我们想知道是否存在一种对有机污染物具有强吸附和光催化能力的多功能纳米材料。该纳米材料以强大的吸附能力，在提高光催化效率的同时，通过对被吸附污染物的光催化降解，解决了传统吸附剂的再生问题。开发这样一种多功能纳米材料势在必行，具有挑战性，也是本书研究的目标。

在众多的金属氧化物半导体中，氧化铋因其优异的物理化学性能，在催化、微电子、传感器、光学涂料等领域有着广泛的应用前景。作为一种光催化剂，在双氧化物中杂化的 O2p 和 Bi6s 带导致了比 TiO_2 更窄的带隙，使得太阳光谱得到了更充分的利用。另一方面，我们知道在氧化物中，除三价态外，铋还以五价态存在，Bi^{5+} 的空 6s 轨道也支持了含铋化合物较高的可见光光催化活性。然而，具有混合价态的简单氧化铋却鲜有报道。根据文献，大多数研究集中在这些混合价双氧化物的制备。例如，Kumada 等在 1995 年制备了类似于 b-Sb_2O_4 型结构的单斜二铋四氧化物（m-Bi_2O_4）混合价氧化铋。Begemann 等人首次利用热分解法制备

了$HBiO_{3-n}HO$和BiO_5在高氧压力。Prakash等人以$K_2S_2O_8$作为氧化剂，通过氧化沉淀进一步合成了立方，并认为其立方萤石相关结构被一定量的Bi(V)所稳定。遗憾的是，这些氧化物的电子结构细节或应用未见报道。最近，Hameed等人报道了利用紫外辐射诱导的表面修饰阳极复合材料在全光谱和可见光区域降解和矿化有机污染物。在我们之前的研究中，在了解了双紫外光照射的自氧化特性的基础上，发现使用H_2O_2处理可以加速样品表面活性物种的形成。虽然表面装饰Bi_2O_{4-x}被称为积极的可见光响应的物种，更详细的信息关于电子结构、能带结构和内在的光催化活性，都是光催化性能的非常重要的因素，Bi_2O_{4-x}尚未系统地获得。另一方面，氧化物的混合价态也可能引起结构缺陷，这些缺陷被认为与氧化物的表面化学性质密切相关。

目前已有大量关于氧化锌、氧化钛、氧化铈缺陷研究的报道。然而，据我们所知，这类研究的重点是扩大吸附性能。因为混合价态的氧化铋还没有得到应用。在这项研究中，我们系统地比较了物理和化学性质，如晶体结构、光学性质、能带结构和电子结构Bi_2O_{4-x}、BiO_4和Bi_2O_3，并研究BiO_3氧化物潜在的应用在吸附和可见光敏感光催化去除和降解的广泛的污染物，包括阳离子和阴离子染料，甚至顽固的酚类化合物。首次证实了吸附三种染料分子[罗丹明B(RhB)、甲基橙(MO)、亚甲基蓝(MB)]和苯酚分子对缺氧的显著暗吸附作用。与其他材料不同的是，离子分子的吸附能力取决于其等电点。与Bi_2O_3和商用污染物TiO_2(P25)相比，缺氧对这些有机污染物具有良好的可见光敏光催化活性。使用纯铋基材料，还可以通过金属改性和与其他半导体的耦合来提高光催化性能。在本研究中，Pd负载进一步提高了亚甲基蓝降解的光催化活性。基于这些结果，缺氧被证明是一个有前途的替代污水处理。

6.2.2 实验部分

6.2.2.1 实验材料

实验材料和仪器见表6-2。

表6-2 实验材料和仪器

实验试剂与仪器	来　源	实验试剂与仪器	来　源
蒸馏水	国药集团化学试剂有限公司	$Na_2S_2O_8$	国药集团化学试剂有限公司
浓硝酸	国药集团化学试剂有限公司	NH_4NO_3	国药集团化学试剂有限公司
$Bi(NO_3)_3 \cdot 5H_2O$	国药集团化学试剂有限公司	罗丹明B	国药集团化学试剂有限公司

6.2.2.2 Bi氧化物的制备

缓慢溶解在盛有500mL蒸馏水的烧杯中。在恒定搅拌下，使用磁性转子(250r/min)在热板上加热碱性水溶液。在加热过程中，制备了$Bi(NO_3)_3 \cdot 5H_2O$

悬浮液。将 10g$Bi(NO_3)_3 \cdot 5H_2O$ 和 1mL 浓硝酸溶解于 50mL 蒸馏水中，并超声 10min。当碱液温度达到 95~100℃时，依次加入 14.4g$Na_2S_2O_8$ 和上述 $Bi(NO_3)_3 \cdot 5H_2O$ 乳状悬浮液。大量的棕色沉淀物迅速生成。将混合溶液在 95~100℃恒温搅拌(250r/min)下加热 3h。之后，将悬浮液冷却至室温，并以 7000r/min 离心 5min。为了避免其在中性 pH 下的蛋白化和水解，用 1wt%NH_4NO_3 溶液洗涤沉淀数次，以确保完全去除可溶性离子。最后，棕色沉淀物在 100℃下干燥过夜。Bi_2O_{4-x} 在 500℃煅烧 3h 得到 Bi_2O_3。

Bi_2O_{4-x}的制备方法与以往报道的相同。在一个典型的过程中，为了避免热量的产生，NaOH(22g，550mmol)被缓慢地溶解在 500mL 蒸馏水的烧杯中。然后，使用磁性转子(250r/min)在热板上持续搅拌，将碱液加热。在加热过程中，制备了 $Bi(NO_3)_3-5H_2O$ 悬浮液。$Bi(NO_3)_3-5H_2O$(10g)溶于 50mL 蒸馏水中，浓 HNO_3(1mL)，超声处理 10min。当碱液温度达到 95~100℃时，$Na_2S_2O_8$(14.4g)和 $Bi(NO_3)_3-5H_2O$ 依次加入上述 $5H_2O$ 乳状悬浮液。大量的棕色沉淀迅速生成。混合溶液在 95~100℃持续搅拌(250r/min)下加热 3h。然后，将悬浮液冷却至室温，以 7000r/min 离心 5min。为了避免其在中性 pH 下的酶解和水解，沉淀用 1wt% NH_4NO_3 洗涤数次，以确保可溶性离子的完全去除。最后，将棕色沉淀在 100℃下干燥过夜，以备后续使用。Bi_2O_3 是由 Bi_2O_{4-x} 在 500℃煅烧 3h 获得的。以 $NaBiO_3$ 蒸馏水为原料，采用水热法合成 Bi_2O_4。在一个典型的过程中，$NaBiO_3$ 粉末(1.2g)分散在 30mL 水中，放入 100mL 聚四氟乙烯内衬不锈钢高压釜中。将高压釜密封，放入烤箱 160℃加热 8h，7000r/min 离心 5min，用去离子水洗涤数次，60℃干燥过夜。

6.2.3 表征方法

用场发射扫描电子显微镜(FE-SEM，蔡司，德国)和高分辨透射电子显微镜(HR-TEM，JEM-2010F，JEOL，日本)对制备的产物进行了形貌和结构表征。采用镍滤光片(40kV，40ma)CuKa 辐射 X 射线粉末衍射(XRD，D8ADVANC，德国)测定了制备样品的物相。用 X 射线光电子能谱(XPS，JEOL，JPS-9010MCY)对制备的产物进行了化学状态的研究。利用表征了制备的样品的孔隙度 196℃，使用比表面积和孔隙度分析仪(Micromeritics，TRYSTAR3000，日本)。用 UV-Vis 漫反射光谱法(Shimadzu，UV-2400PC/2500PC，Japan)对制备的样品进行了光学表征。采用电感耦合等离子体原子发射光谱法(ICP-AES，a Perkin Elmer Optima 5300dv，PerkinElmer，Inc.，Massachusetts，USA)对金属离子进行了浸出试验。用紫外-可见分光光度计(Shimadzu，UV-2450，Japan)测定染料溶液浓度。采用 TG-DTA 热分析仪(日本岛足 DTG-60)对纺丝前丝在空气中的热行为进行了分析，升温速率为 10℃/min。使用 FTLA2000(ABB Miracle，Quebec，Canada)在 4000~600cm 范围内测量了 Bi-氧化物的衰减全反射傅立叶变换红外光谱(ATR-FTIR)。

6.2.4 DFT 理论计算

氧缺陷样品为 Bi_4O_7晶体（ICSD 采集编号：51778）。空间组是 P-1。晶格参数为 a = 6.7253Å，b = 6.9950Å，c = 7.7961Å；a = 72.566°，b = 88.842°，c = 76.925°。利用基于 CASTEP 的平面波程序进行了周期性边界条件下的密度泛函理论（DFT）计算。Perdew-Burke-Ernzerhof（PBE）泛函与超声核心电位一起使用。基础设置截止能量为 300eV。原子的电子构型为 O：2s22p4，Bi：6s26p3。在计算中，晶格参数是固定的，只有原子坐标是优化的。然后，在 0.1eV 的弥散宽度下计算色散和状态密度（PDOS）。晶体具有 C2/c 空间群。其晶格参数为 $a=b$ = 6.692Å，c=5.567Å，$a=b$=106.442°，c=44.964°。晶体具有 p121/c 空间基。其晶格参数为 a=5.8486Å，b=8.1661Å，c=7.5097Å，$a=b$=90°，c=113°。

6.2.5 光催化活性评价

分别向 40mL 50μmol/L 染料溶液（RhB、MO 和 MB）和 40mL 10mol/L 苯酚溶液中加入各制备样品（Bi_2O_{4-x}、Bi_2O_3andBi_2O_4）各 80mg。这些悬浮液经超声处理 5min 使颗粒分散。然后，悬浮液在黑暗中保持 30min 不动。用紫外-可见分光光度法测定离心后的溶液，测定各溶液的暗吸附行为。

对于光催化反应器，高压 Hg 灯（500W，300nm<K<600nm，光强 600uW/cm^2）沿垂直轴放置在反应堆中心，并由水冷石英外壳保护。因此，将可见光[在 Hg 灯和耐热玻璃试管之间使用截止滤光片（L42，Hoya）产生]收集到耐热玻璃试管（55mL）中，确保光催化反应均匀、完整。反应器装有磁性搅拌器，在 700r/min 搅拌，使催化剂悬浮。将 RhB（50μmol/L，40mL）、MO（50μmol/L，40mL）、MB（50μmol/L，40mL）和苯酚（10^{-3}mol/L，40mL）溶液置于 Hg 灯附近。然后，加入 80mg（对应于 2g/L 的氧化剂量）的双氧化物和 P25，在搅拌的同时通过混合物鼓泡空气。将样品置于黑暗中 30min，以获得吸附平衡。然后，在可见光照射下，按一定的时间间隔对非均匀混合物进行采样。离心分离悬浮物，用紫外-可见分光光度法测定相应波长处的残留有机物浓度。用热重法测定了所制备的光催化剂表面吸附有机物的量。

6.3 结果与讨论

6.3.1 XRD 分析

用 X 射线衍射（XRD）对制备的 Bi_2O_{4-x}、Bi_2O_3 和 Bi_2O_4 的结晶相进行了表征。如图 6-2 所示，三种不同铋氧化物的 XRD 图谱为：（a）Bi_2O_{4-x}；（b）Bi_2O_3；

(c)Bi_2O_4。其结晶相与 Prakash 等人所描述的相一致。在 500℃热处理 3h 后，完全转化为从 XRD 图谱[图 6-2(b)]观察到的单斜，所有峰与标准数据库(JCPDSNo. 41-1449)。Bi_2O_4 与单斜晶相(JCPDSNo. 83-0410)相互对应。

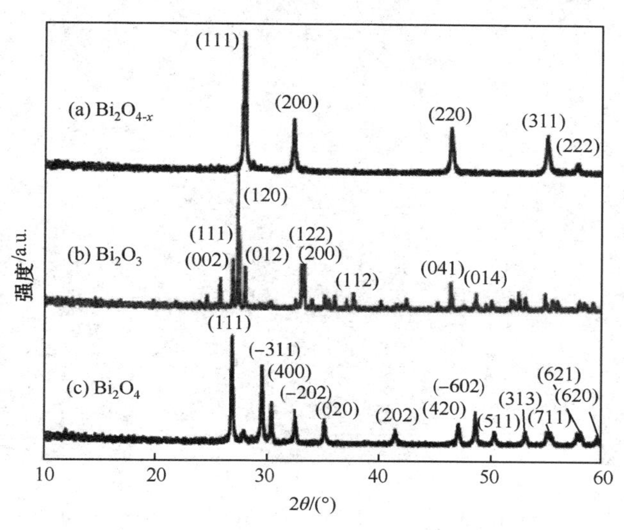

图 6-2　三种不同样品的 XRD 衍射图

6.3.2　形貌分析

FE-SEM 和 TEM 形貌分析结果如图 6-3 所示，(a，d)Bi_2O_{4-x}，(b，e)Bi_2O_4，(c，f)Bi_2O_3。采用 FE-SEM 和 HRTEM 进一步研究了这三种双氧化物的形貌和结构。如图 6-3 所示，观察 Bi_2O_{4-x} 由大量的纳米粒子组成，其直径约为 20~100nm[图 6-3(a)]，Bi_2O_3 由直径约为 100~600nm 层状钻石结构纳米片组合而成[图 6-3(b)]，从煅烧获得微粒的大小约 200~800nm[图 6-3(c)]。测量到的晶格间距为 0.205nm，与 Bi_2O_{4-x} 的(111)晶体平面的间距相匹配。从图 6-3(e)和图 6-3(f)可以看出，晶面间距与单斜的(111)平面和单斜的(120)平面相对应。由比表面积结果可知，Bi_2O_{4-x}、Bi_2O_3 和 Bi_2O_4 的比表面积分别为 $9m^2/g$、$2m^2/g$ 和 $2m^2/g$[图 6-4(a)]，这些氧化物均无多孔结构[图 6-4(b)]。

6.3.3　UV-Vis 分析

对于可见光的吸收能力时催化材料性能的又一重要特征指标，可以通过紫外-可见漫反射图来进行表征，图 6-5 给出了三种不同铋氧化物(Bi_2O_{4-x}、Bi_2O_3 和 Bi_2O_4)的紫外可见光吸收特性分析。由图可见，对于 Bi_2O_{4-x} 样品而言，其光吸收阈值约在 550nm 处，其带隙 $Eg=1.6eV$。显示出比 Bi_2O_4 和 Bi_2O_3 更广的可见光吸收性。制备好的样品的光学响应特性可以通过其外观来进行初步判断。制

备的 Bi_2O_{4-x}、Bi_2O_4 和 Bi_2O_3 分别为深褐色、黄褐色和黄色。

图 6-3　三种不同样品(a)Bi_2O_{4-x}、(b)Bi_2O_3、(c)Bi_2O_4 的 SEM 图和 TEM 图(d)(e)和(f)

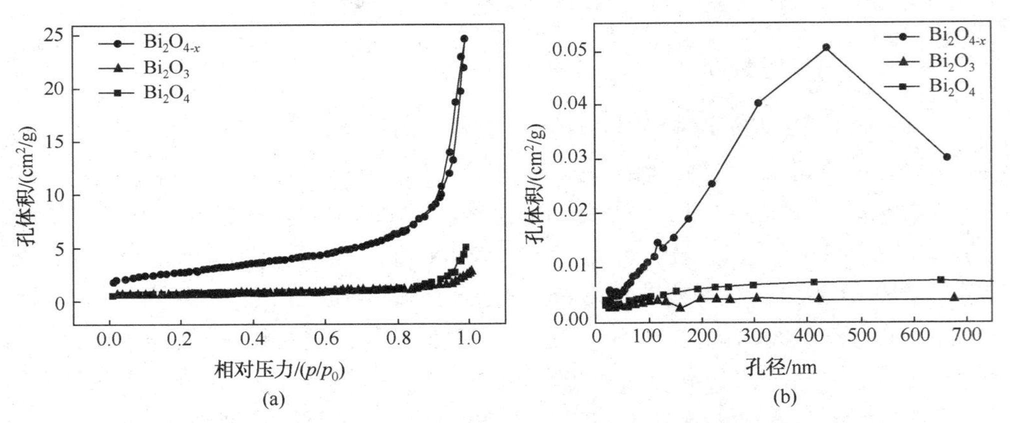

图 6-4　三种不同样品的 Bi_2O_{4-x}、Bi_2O_3、Bi_2O_4 的等温吸脱附曲线(a)和孔径分布曲线(b)

6.3.4　理论计算

为了从分子和原子尺度更进一步研究三种不同铋氧化物的物理化学特性，基于平面波的密度泛函理论(DFT)计算对电子结构进行了评价。采用 Bi_4O_7 为氧缺陷结构的模拟目标(ICSD Collection Code：51778)，其空间群为 P-1，晶格参数为 $a = 6.7253$Å，$b = 6.9950$Å，$c = 7.7961$Å；$\alpha = 72.566°$，$\beta = 88.842°$，$\gamma = 76.925°$。密度泛函理论计算采用 CASTEP 模块，PBE 势函数进行超赝势计算，

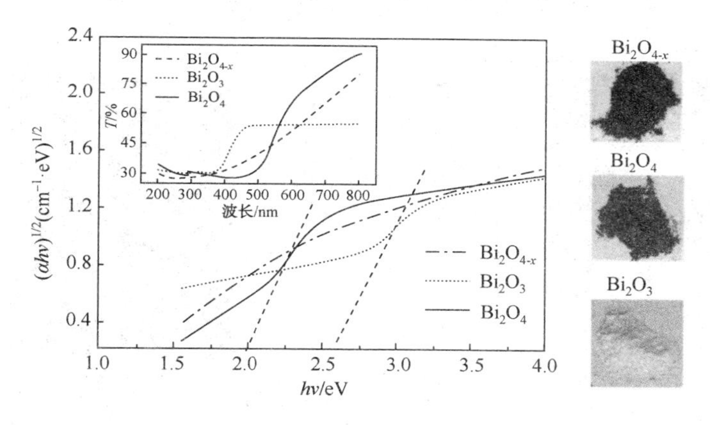

图 6-5　三种不同样品的 Bi_2O_{4-x}、Bi_2O_3、Bi_2O_4 的紫外-可见漫反射

基本赝势为 300eV。各个参与计算的价电子为 O：2s22p4，Bi：6s26p3。在计算过程中，根据晶格参数对晶胞结构进行优化，能带分布和电子态密度(PDOS)拖尾宽度为 0. 1eV。Bi_2O_4 空间群结构为 C2/c，晶格参数分别为 $a=b=6.692$Å，$c=5.567$Å；$\alpha=\beta=106.442°$，$\gamma=44.964°$。Bi_2O_3 空间群为 P121/c，晶格参数设为 $a=5.8486$Å，$b=8.1661$Å，$c=7.5097$Å；$\alpha=\beta=90°$，$\gamma=113°$。计算结果如图 6-6 所示，结果表明，Bi_4O_7 是典型的间接带隙半导体，最小带隙为 1. 1eV[图 6-6(a)，左]，与实验测量值(1. 4eV)非常接近。电子态密度计算结果显示，从-11eV 到-6eV 主要由 Bi6s 原子轨道(AOs)组成。较高的价带(VB)从 6eV 到 0eV 不等。它由 Bi6p 杂化的 O2p 原子轨道和 6sAO 原子轨道组成高低两部分。另外，未占据能带部分表现出两个特征，高能量部分从 2eV 到 8eV 组成了导带(CB)部分，来自 Bi6p 原子轨道和 O2p 原子轨道。

两个未占据轨道的能量范围在 0. 8eV 到 1. 8eV 之间，O2p 原子轨道的主要成分由 Bi6s 原子轨道杂化。这些轨道的出现是很有趣的，Bi 原子的电子排布是 6s26p3。然而，6s 的原子轨道能量远低于 6p 原子轨道(图 6-6 中图部分)，Bi6s 原子轨道中的电子对 VB 的形成没有贡献。换句话说，Bi6p 原子的 3 个电子贡献给 O2p 原子，八隅体在 O 原子上完成，构成 VB。因此可以得到一个结论是，Bi_2O_3 具有最稳定的电子状态和最宽的带隙。在 Bi_4O_7 的模型中 Bi_4 提供 12 个电子，但 O_7 需要 14 个电子来完成八隅体稳定结构。这就是两个 O2p 衍生轨道出现在 CB 下面的原因。Bi_2O_4 也有类似的情况。Bi_2 提供 6 个电子，但 O_4 需要 8 个电子来完成八隅体。为了比较，Bi_2O_4 和 Bi_2O_3 的电子结构和空间群结构分别如图 6-6(b)和(c)所示。Bi_2O_4 和 Bi_2O_3 的带隙估计分别为 1. 6eV 和 2. 3eV。实验值和理论计算值的带隙的准备样品显示在表 6-3。所有的计算出的 Bi_2O_{4-X}、Bi_2O_4 和 Bi_2O_3 的带隙小于相应的实验值。这是当前 DFT 理论计算方法的一个众所周知的缺点。然而，这些值的顺序与测量的实验值的顺序是一致的。

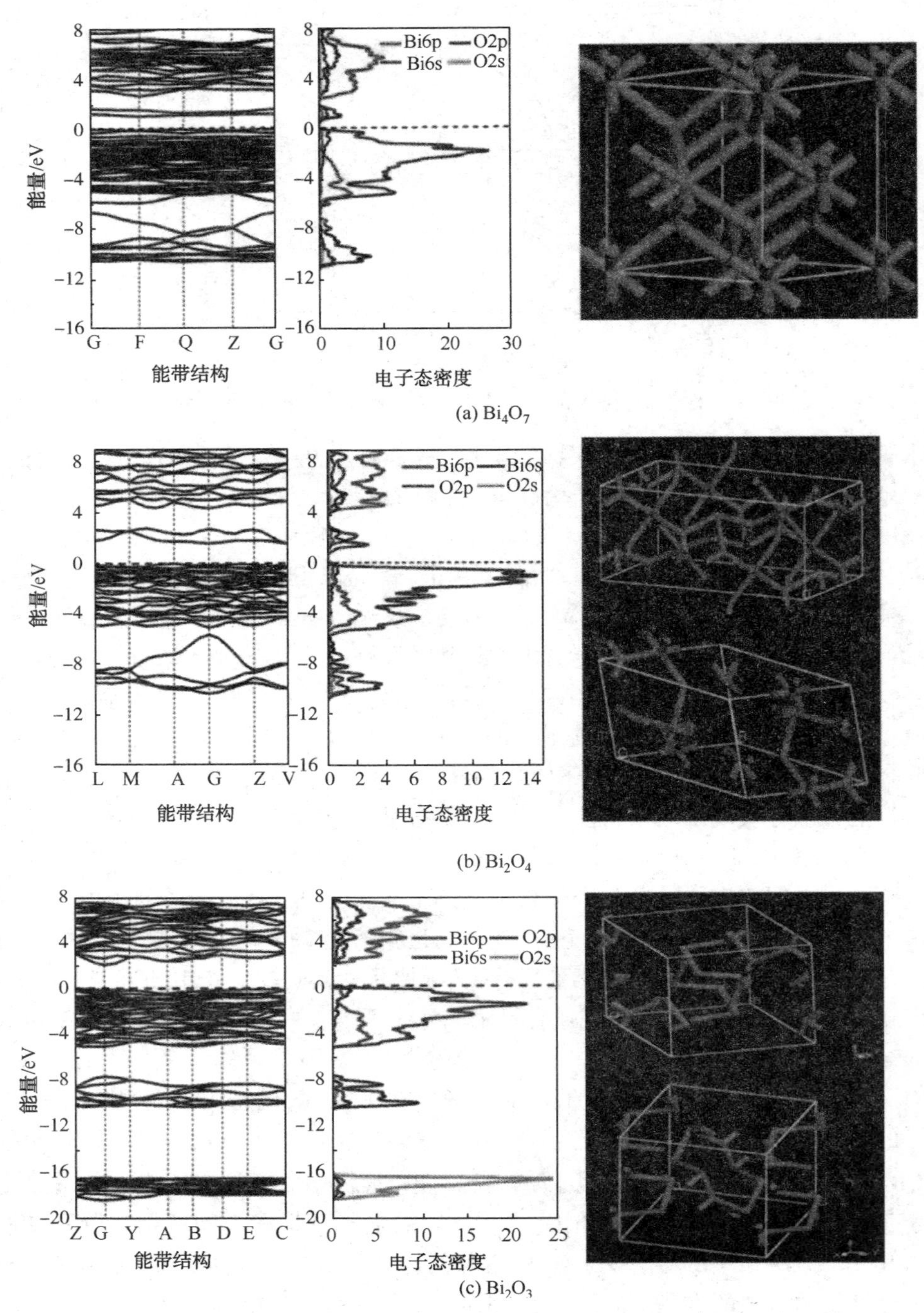

(a) Bi_4O_7

(b) Bi_2O_4

(c) Bi_2O_3

图 6-6　DFT 理论计算得到的能带结构(左)、电子态密度分布(中)和空间群结构(右)

表 6-3　Bi_2O_3，Bi_2O_4，Bi_2O_{4-x} 能带数值的实验与计算结果

样　　品	Bi_2O_3	Bi_2O_4	Bi_2O_{4-x}
实验结果 E_g/eV	2.6	2.0	1.4
DFT 计算结果 E_g/eV	2.3	1.6	1.1

6.3.5　吸附和光催化活性

罗丹明 B(RhB)、甲基橙(MO)和亚甲基蓝(MB)是光催化实验中最常用的三种模拟目标污染物，本研究将其作为三种 Bi 氧化物的吸附能力和光催化活性的评价指标。利用它们各自的可见光吸收特征峰(RhB、MO 和 MB 分别为 552nm、464nm 和 660nm)，可以测定它们在氧化物表面的暗吸附和随后的降解。图 6-7(a-c)显示了重要的趋势，这是根据氧化物的分散与染料溶液在暗吸附和可见光照射下得到的数据。令人惊讶的是，30min 之内，分别有 99%、95%、99%的初始 RhB、MO 和 MB 染料分子被吸附，如图 6-7(a-c)(上、中)所示。相比之下，Bi_2O_3 和 Bi_2O_4 显示相对较弱的染料吸附效率，达到吸附平衡时也需要相同或较长的平衡时间。事实上，这三种染料的 90%都能被吸附。样品经过 5min 的暗吸附处理后，表现出明显的非选择性吸附能力。至少对于其他两种铋氧化物样品，上述吸附特性与比表面积趋势一致。然而，表面化学效应也是毋庸置疑的关键因素，因为 TiO_2(DegussaP25)的比表面积为 $50m^2/g$，而它对染料的吸附亲和力可以忽略不计。

虽然对铋氧化物的吸附性能还没有进行过深入研究，但其吸附性能的差异可能是由于表面化学结构的不同造成的。我们观察到表面氧空位在某些特定的氧化物中对染料分子的吸附能力起着非常重要的作用。杨等人利用第一性原理密度泛函理论计算研究了氧缺陷氧化铈的表面。他们发现吸附在氧化铈表面的水分子更倾向于在氧空位附近分解，从而形成表面官能团(羟基)，H 原子与表面氧原子结合。Tomic 等人发现了这些表面官能团可以通过氢键或静电作用与染料分子相互作用，促进染料分子的吸附。考虑到我们得到的样品是氧缺陷的，我们有理由假设在吸附剂表面存在羟基。另外，红外光谱图结果也证实了三种不同铋氧化物表面羟基组成，Bi_2O_{4-x} 的红外强度在羟基氧化物表面的峰值($3400cm^{-1}$)远大于 Bi_2O_4 和 Bi_2O_3。这些 Bi 上大量羟基的存在是由表面氧空位的形成，因此与染料分子通过氢键或静电吸附发生相互作用，从而有效吸附染料分子，Bi_2O_{4-x} 对 RhB、MO 和 MB(200mg/L)在 180min 内的吸附能力分别为 94mg/g、86mg/g 和 90mg/g。

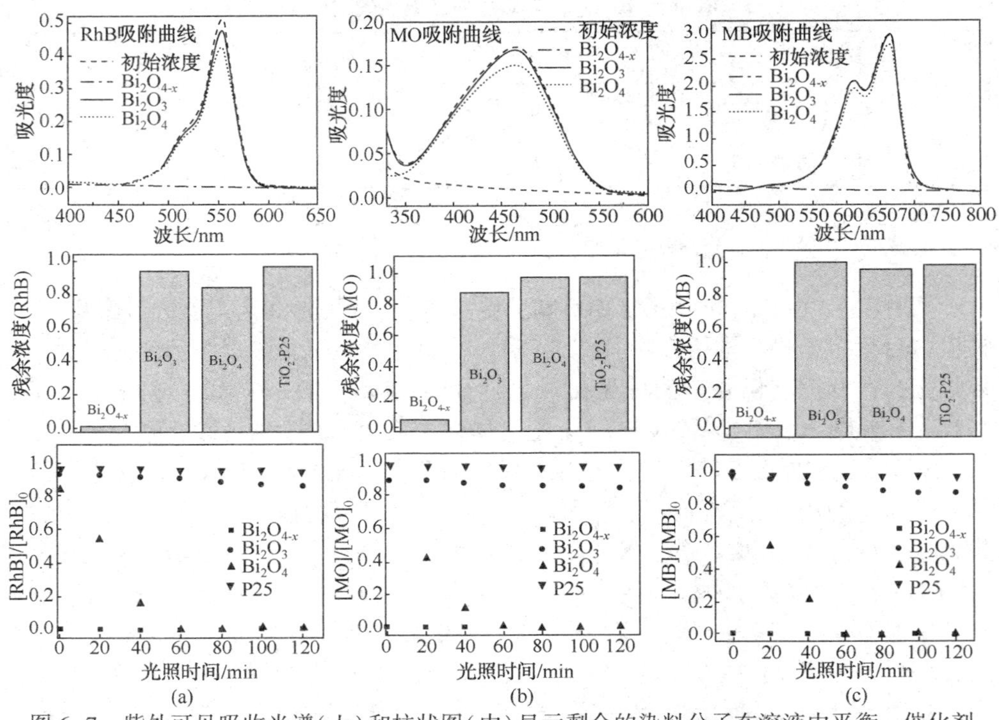

图 6-7　紫外可见吸收光谱(上)和柱状图(中)显示剩余的染料分子在溶液中平衡，催化剂含量 2g/L，暗吸附 30min 和随后的可见光下的光催化降解(下)(a)RhB，(b)MO 和(c)MB

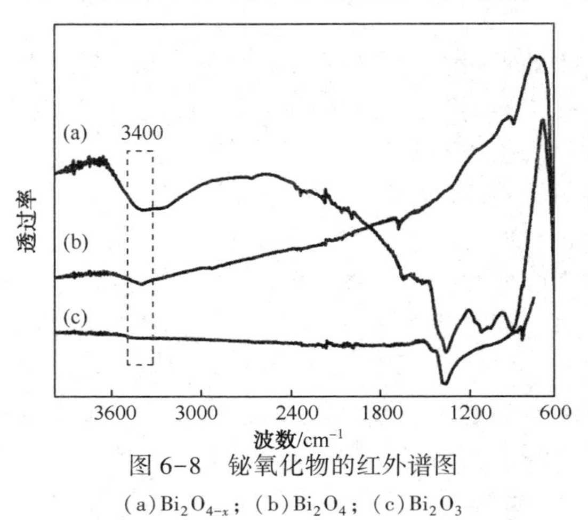

图 6-8　铋氧化物的红外谱图

(a)Bi_2O_{4-x}；(b)Bi_2O_4；(c)Bi_2O_3

在吸附催化实验过程中，三种铋氧化物呈现出不同吸附能力，依据以往的研究，暗吸附是影响光催化活性的一个重要因素。图 6-8(a-c)显示了随着时间变化，RhB、MO 和 MB 染料在三种铋氧化物和 P25 上的光催化降解结果。作为参考的 P25 样品在可见光下几乎没有活性，因为 TiO_2 较宽的带隙限制了其光催化活性只有在紫外光下才能发生。微米级的 Bi_2O_3 可能由于其较低的比表面积，使得表面反应活性位点较少，表现出较低的光催化活性。此外，尽管 Bi_2O_3 直接带隙为 2.6eV，具有可见光响应性，Bi_2O_3 相对于 O_2 的更深的价带还原电位具有更正的导带位置(如 Bi_2O_3：+0.33Vvs NHE)。因此，光激发的电子在微米尺度的 Bi_2O_3 上趋向于与空穴复合，而不是转移到表面作为电子受体与有机分子发生反应。对 Bi_2O_4，几种不同的染料分子在最初 60min 被完全分解，表现出较高的光催化活性，所有的染料在最初的 60min 内被降解，显示出高效的光催化活性。其较高的光催化活性是由于其较窄的带隙和能带结构。Bi_2O_4 禁带为 2.0eV，其对可见光的吸收域约为 620nm。Bi_2O_4 的 CB 水平约为-0.37Vvs. NHE，光电子可以与被吸附或存在于溶液中的氧原子发生反应生成超氧自由基($\cdot O_2^-$)，因为 $O_2/\cdot O_2^-$ 氧化还原电位位于-0.33Vvs. NHE。$\cdot O_2^-$ 在所有活性氧化物种中具有最高的氧化能力和足够长的寿命。同时，光催化反应过程中被激发的空穴可以对有机污染物进行直接氧化。因此，活性氧化物种($\cdot O_2^-$)和空穴被认为是 Bi_2O_4 高效可见光催化的主要因素。

值得注意的是，这三种染料在溶液最初的暗吸附过程中几乎完全被 Bi_2O_{4-x} 去除，这是由于虽然这种无选择性的强吸附是非常有趣的，但还需要进一步的研究来确定光催化降解染料的实际催化活性。我们将吸附染料的 Bi_2O_{4-x} 和光催化反应后的样品做了 TG 分析。很明显，在可见光照射 20min 后，膜上吸附的 RhB 和 MO 染料分子完全降解。然而，在光照 20min 后，吸附的 MB 染料分子没有降解。即使将光照射时间延长至 3h，也不能分解 MB 分子。由于 RhB 和 MO 对的快速强吸附作用，通过染料敏化的电荷转移过程可以导致 RhB 和 MO 在上的高降解率。然而，对于 Bi_2O_4 体系，由于对染料的低吸附亲和性，RhB 和 MO 的光催化降解是通过过氧自由基氧化物种进行的。换言之，Bi_2O_{4-x} 和 Bi_2O_4 的 MB 吸附对光催化结果的影响完全不同。在 MB 降解过程中，Bi_2O_{4-x} 表面被染料分子敏化从而加速了电子的传输过程，在 Bi_2O_4 却出现了完全不同的结果。由于 MB 分子覆盖在 Bi_2O_{4-x} 上从而大大降低了可利用光子的数量。大量被吸附的 MB 使光电子无法与溶液中的电子受体(如被吸附或溶解的 O)发生有效反应，导致其迅速与空穴重新结合。事实上，MB 吸收可见光范围在 550~820nm，最大吸收波长在 660nm。这个波长范围只是一个相对较小的光源用于我们的实验的一部分，这意味着 MB 的染料敏化 Bi_2O_{4-x} 困难，导致了几乎完全丧失了 MB 降解的活性。相反，由于 Bi_2O_4 较低的亲和力，体内的光生载流子可产生活性氧化物质直接分解 MB 染料。为了进一步分解 MB，将助催化剂 Pd 进一步通过光沉积负载到表面。图 6-9 中 Pd/Bi_2O_{4-x} 的 TEM 图像显示了不同尺寸的 Pd 纳米粒子负载 Bi_2O_{4-x}，光沉积所制备的 Pd 纳米粒子在表面上分布均匀，尺寸约为 8~10nm。与 Bi_2O_{4-x} 不同，MB 染料分子在 Pd/Bi_2O_{4-x} 上 20min 内被光降解，在可见光下表现出高效的光催化活性。相比较而言，研究了纯 Pd 粉末对 MB 的吸附。结果表明，Pd 金属对 MB 吸附能力可以忽略不计。因此，我们假设 MB 吸附在 Pd 纳米颗粒未覆盖的 Pd/Bi_2O_{4-x} 复合材料表面。与铂纳米粒子相似，钯纳米粒子也可作为半导体中光电子的捕获中心，以还原 O_2 到 H_2O_2。

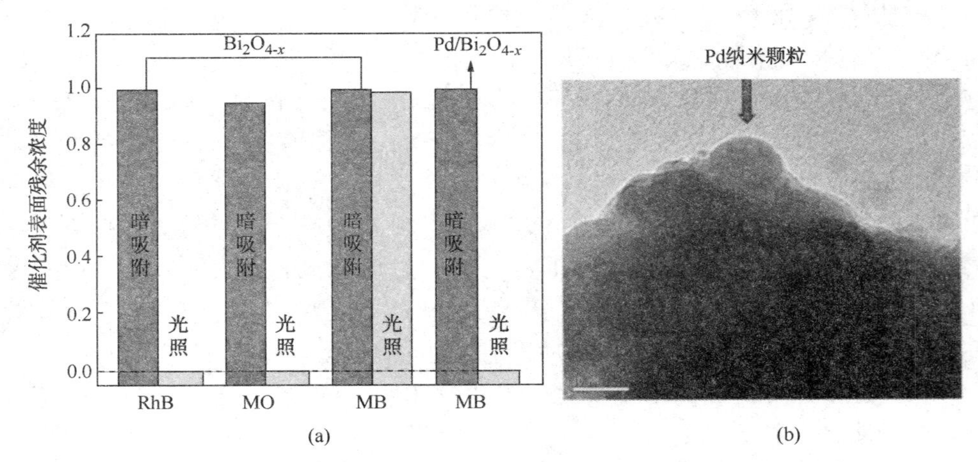

图 6-9 (a) Bi_2O_{4-x} 或 Pd/Bi_2O_{4-x} 在黑暗吸附和随后 20min 的光催化反应后，显示剩余染料浓度的条形图；(b) Pd/Bi_2O_{4-x} 的典型 TEM 图像

因此，被吸附的 MB 中有限的光生电子可以被转移到 Pd 纳米粒子上，与被吸附或溶解的 O_2 溶液进行多电子还原反应。同时，光生空穴也开始发生氧化反应，从而提高其分解效率。除染料分子外，还考察了双氧化物对以苯酚为代表的无色有机污染物的吸附和光催化行为，如图 6-10 所示。苯酚浓度为 1000μmol。令人惊讶的是，Bi_2O_{4-x} 在 30min 内吸附了 80%以上的苯酚分子，表现出比其他氧化物更高的吸附能力，如图 6-10(a) 所示。苯酚在 Bi_2O_{4-x} 的吸附后催化降解在 120min 内基本完成，也快于在 Bi_2O_4 上的降解(120min 内降解 80%)。相比之下，Bi_2O_3 和 TiO_2 对苯酚的降解活性可以忽略不计。

另外，我们也测试了 Bi_2O_{4-x} 的光稳定性。通过 ICP-AES 法测定苯酚降解过程中 Bi 离子在浸出溶液中的浓度，可见光照射时间延长至 3h，未检测到 Bi_2O_{4-x} 中铋离子的析出，说明 Bi_2O_{4-x} 很稳定，不会造成二次污染。进一步通过 12min 降解苯酚进行了 Bi_2O_{4-x} 可循环重复性实验研究，结果表明，经过五个周期的循环使用，依然保持较高的光催化活性。

Bi_2O_{4-x} 表现出的降解苯酚的高光催化活性可以归结为以下原因。首先，对苯酚的良好吸附能力是后续光催化降解的关键，因为良好的暗吸附是发挥良好光催化活性的前提。其次，一般报道铋基光催化剂在光催化过程中主要是通过直接空穴氧化进行的。在我们的研究中，使用不同的捕获剂来深入了解 Bi_2O_{4-x} 的光催化氧化过程，如图 6-10(c) 所示。在光催化体系中加入 10mmol 异丙醇(IPA，作为·OH 的猝灭剂)和 10mmol 三乙醇胺(TEA，作为空穴的猝灭剂)。该溶液经过了暗吸附过程，并经可见光照射。120min 光催化降解残余苯酚不会受异丙醇的加入影响，由于 TEA 的加入抑制了苯酚的降解，因此，可以得出结论，光生空穴是苯酚降解的主要活性物种。同时，根据 XPS 结果计算，Bi(Ⅴ)与 Bi(Ⅲ)在 Bi_2O_{4-x} 中所占比例高于在 Bi_2O_4 中所占比例，证明 Bi(Ⅴ)的存在对含 Bi(Ⅴ)化合物具有较高的可见光光催化活性。这也可能有助于提高的可见光光催化活性。此外，带隙值可以作为催化活性的一个参考。根据 DFT 计算，Bi_2O_{4-x} 的价带+0.86Vs. NHE，Bi_2O_{4-x} 的价带是+1.28Vs · NHE。Bi_2O_{4-x} 中光激发空穴的能量高于 Bi_2O_3 和 Bi_2O_4 中相应的能量，这可能导致更有效的直接空穴氧化。考虑比表面积和带隙值，这些因素都导致了 Bi_2O_{4-x} 相对于 Bi_2O_3 和 Bi_2O_4 具有更高的光催化活性。

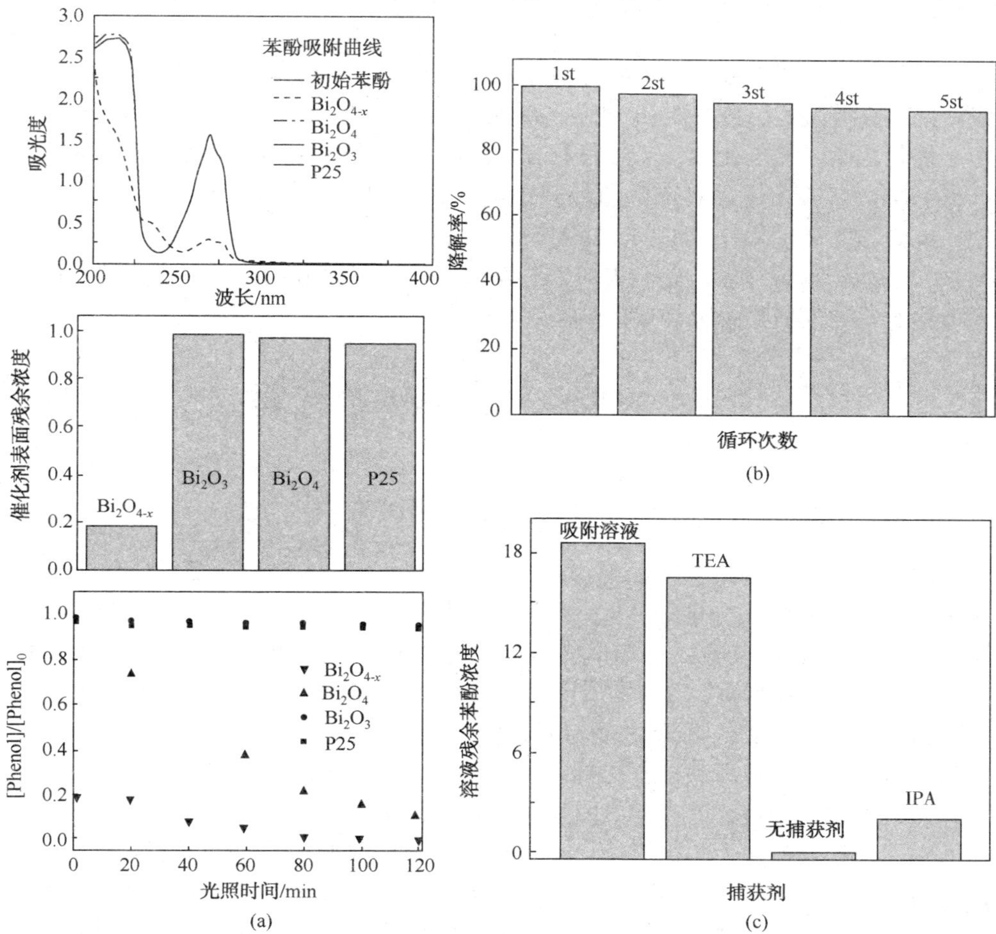

图 6-10 (a)三种铋氧化物吸附催化降解苯酚的紫外可见吸收光谱图(催化剂投量为 2g/L)；(b) Bi_2O_{4-x} 降解苯酚的循环降解实验(可见光照射下 120min)；(c)加入捕获剂吸附后残余苯酚的浓度变化

7 光催化技术应用展望

7.1 引　言

近几年，由于国际上光催化分解水研究的复苏，特别是环境光催化的崛起，我国许多高等院校、中科院研究所、部委及军队研究院所都开展了光催化研究工作。催化化学、光电化学、半导体物理、材料科学和环境科学等诸多学科的科研人员都纷纷加入光催化研究队伍。我国的光催化研究整体上已经进入快速发展期，成为国际光催化领域的一支重要研究力量，加上我国对环境保护、能源开发的巨大需求和市场背景，进一步加大对光催化基础和应用研究的支持力度，促进光催化学科的发展是十分必要的。

7.2 光催化技术的评价标准

7.2.1 光催化材料空气净化性能的测试方法

国际标准和日本标准共有 10 个标准，分别是在紫外光和可见光条件下光催化材料对氮氧化物、乙醛、甲苯、甲醛和亚甲基蓝中的测试标准，比较全面地提供了光催化材料在不同背底下的降解标准，便于广大材料开发和应用工作者对其进行比较、分析及应用；而中国标准 GB/T 23761—2009 仅仅包括了紫外光和可见光下对乙醛的降解，而没有对其他气体作出规范性要求。抛开波长、厚度对光催化性能的影响，中国和日本光催化标准对乙醛的降解标准相差 40 倍，一是日本标准中光催化材料的面积是中国标准中光催化材料面积的四分之一；二是日本标准中乙醛的浓度是中国标准中的 10 倍；同时也说明中国的测试标准相对于日本的测试标准是很低的，导致第三方的测试结果均显示国内厂商生产的光催化材料性能达到国家标准，而在实际应用中光催化性能而较差。另外，紫外光和可见光下的日本测试标准 R 1701-5 和 R 1751-5 对亚甲基蓝的测试标准是对亚甲基蓝气体的测试，而不是通常所用的水体中对亚甲基蓝的测试方法。

7.2.2 光催化材料的自清洁性能测试标准

在玻璃表面或陶瓷表面通过物理或化学手段涂覆一层透明 TiO_2 光催化涂层，在紫外光或可见光照射下，TiO_2 光催化涂层可以降解附着在玻璃或陶瓷表面的有机物污染物，防止矿物污垢黏附在玻璃或陶瓷表面；同时，TiO_2 光催化涂层具有较好的亲水性，表明当水通过玻璃或陶瓷时，不会形成水滴附在玻璃或陶瓷表面，能使玻璃保持清洁。日本标准和国际标准包括紫外光和可见光下的测试标准，其中在紫外光下的测试标准既包括对接触角的测试标准，也包括对甲基蓝水溶液的测试标准。而中国标准对自清洁性能的测试只涵盖日本标准和国际标准中的部分，即紫外光下接触角的测试。但是中国标准与日本标准和国际标准的不同还在于对光源的控制等。在紫外光下日本标准 JIS R1703－2 和国际标准 ISO 27448-2 是对亚甲基蓝水溶液的测试标准，但是与中国标准 GB/T 23762 有本质的不同。中国标准 GB/T 23762 是对投入到水体的纳米光催化材料粉体对亚甲基蓝的降解，与自清洁材料中涂层对亚甲基蓝的降解是完全不同的。

7.2.3 光催化材料的抗微生物测试标准

日本标准和国家标准既包括紫外光下的测试标准，也包括可见光下的测试标准，同时这两类标准也对细菌、霉菌、藻类和病毒分类进行标准的制定。中国标准仅仅是抗菌标准。日本标准和国际标准中队紫外光源和可见光源作了比较严格的限定，对测试标准的规范化和严谨性有一定的指导作用。中国标准与日本标准、国际标准有一定的差距，不仅从数量上，还是从标准的严格程度上均有一定的差距。中国光催化专业委员会已经意识到这个问题，于 2018 年 8 月展开光催化方面四项国家标准的申报工作，包括半导体光催化材料空气净化性能的测试方法：甲醛的清除；半导体光催化材料空气净化性能的测试方法：甲苯的清除；半导体光催化材料空气净化性能的测试方法：甲硫醇醛的清除；室内照明环境用测试半导体光电材料光源。这标志着中国光催化材料标准又向前迈进了一步，对中国光催化产业界的发展起到指导作用。

7.3 光催化在水处理中的应用

光催化氧化技术可以有效地去除多种有机污染物，经过众多科学工作者的研究，该技术可有效地处理以下有机废水。水体中无机污染物主要有金属离子和氰离子等，它们来源于矿井、电化学工业、钢铁工业等废水。研究表明，使用光催化法对含铬废水进行处理能有效还原 Gr(Ⅵ)离子，并且在酸性条件下及加入苯酚、葡萄糖时可极大提高铬的去除率。一定条件下制备的 TiO_2 光催化剂在紫外

光作用下对 Cu^{2+} 处理效果可达到国家生活饮用水水质标准、农田灌溉水水质标准。同时光催化氧化技术也可去除 Cu^{2+}、Pb^{2+}、Hg^{2+} 等金属离子及其他无机离子。

（1）染料废水。印染工业过程中流失的染料占全部染料产量的15%，是工业废水的主要污染源之一。染料废水中具代表性的有机染料甲基橙、亚甲基蓝分别属于难降解的醌式和蒽式物质。用 Ag 改性的 TiO_2 膜片处理溶液，在紫外光下对甲基橙的脱色率可达 71%，在可见光下对亚甲基蓝的脱色率可达 98%。TiO_2-Cu_2O 复合膜，在最佳条件下，当降解时间为 12h，降解亚甲基蓝的效率可达到 75%。

（2）表面活性剂废水。表面活性剂被广泛地应用于洗涤剂、造纸业、医药以及各种精细化工等领域。表面活性剂是兼具亲油性和亲水性的有机物，极易残留在水中，可对水生物产生比较强的毒性。日常生活中使用的表面活性剂 SDBS 在自然状况下分解一般需几周甚至数月。使用锐钛矿型、金红石型和铂金-金红石型 TiO_2 对 SDBS 光催化分解，在光照 8h 时效率分别可达到 92.95%、72.43%、86.51%。

（3）制药废水。制药废水具有种类多、有机污染严重等特点，传统的物理处理方法不能从根本上去除污染物，而化学和生物方法又无法应对废水中污染物的多样性。相比之下，光催化氧化以其可降解多种有机物、无二次污染、操作简单等突出优点而受到重视。研究发现，掺铁纳米 TiO_2 在紫外光照射下，降解制药废水的效率在 60%以上。

（4）有机农药废水。造成污染的农药废水中主要含：有机磷农药、三氯苯氧乙酸、DDVP、DTHP、DDT、三氮硝基甲烷等。这些有机物毒性较大，难以降解。目前使用的处理方法主要是生化法，但处理费用高，且效果不理想。近年来，随着对光催化氧化技术研究的深入，发现其对降解农药废水有较好的效果。研究表明，TiO_2 膜固定化技术可对有机磷敌敌畏农药进行光催化降解；TiO_2/GeO_2 复合膜圆形光催化氧化反应器对预处理后的农药废水进行光催化氧化降解，可使出水达到排放标准；光催化氧化可降解敌百虫农药，在一定条件下去除率可达 92.50%。

（5）含油废水。在石油生产过程中，由油田直接抽出的为含水较多的油水混合物，经处理后提取石油，剩余水一部分回灌一部分排出，排出水中仍含有一定量的石油，对水体造成了污染，威胁着人类的健康。含油废水中的油类主要是链烃和芳烃，使用光催化氧化技术可以将这些有机物最终氧化为 H_2O、CO_2、N_2、PO_{3-4}、SO_{2-4}。W. Gernjak 等研究了太阳光催化 TiO_2 及太阳光/Fenton 试剂处理橄榄油工厂废水（OMW），取得了良好的降解效果。

(6) 去除消毒副产物

随着生活质量的提高，饮用水安全越来越受到人们的重视，消毒副产物是在消毒过程中，消毒剂与饮用水中的一些天然有机物反应生成有害化合物，产物主要有 DBPs、卤代酚、卤乙腈、卤代酮等，这些物质虽含量不高，却大多致癌或致突，光催化氧化技术用于处理消毒副产物有一定效果。研究表明，用 TiO_2 薄膜催化剂在低压汞灯照射下去除消毒副产物，能明显提高致癌、致突变有机物的光降解速率，尤其以直接光降解能力较差的氯代烷烃类物质最为明显。光催化氧化技术不仅能去除水中的有机物和无机离子，还可以起到灭菌消毒的作用。光催化产生的 HO-和水中的活氧物质(O_2^-、-OOH、H_2O_2 等)共同作用，通过破坏细菌的细胞壁(膜)结构、遗传物质、代谢过程，达到消毒目的。据相关研究表明，光催化氧化技术较单纯的紫外线消毒的杀菌效率更高，运行中可降低 UV 消毒的成本。采用均向沉积法制得一种纳米 TiO_2 微粒膜材料，在一定条件下用自然光照射进行杀菌性能检测，结果表明该膜材料对金黄色葡萄球菌、大肠杆菌、白色念珠菌在 30min 内的杀菌率均达到 90.00%以上，对乙肝病毒的杀灭效果在 20min 内达 43.42%。

7.4 光催化治理空气污染

纳米光催化材料可实现对空气中诸如含硫化合物、氮氧化物等常见污染物的有效催化降解，所以纳米光催化技术在空气净化领域具备良好的应用前景。半导体光催化效应是由东京大学 Akira Fujishima 首次发现的，以其为代表的研究小组在半导体光催化的理论研究与实践应用领域均作出了极大的贡献。近年来，我国针对以半导体光催化技术为前提的空气净化研究也获得了长足的发展。有研究人员研发出活性炭-纳米 TiO_2 复合光催化空气净化网，在特定前提下，可实现对空气中一系列污染物的有效净化，诸如，针对一氧化碳净化率可达到 60.1%，针对氨气净化率可达到 96.5%，针对硫化氢净化率可达到 99.6%等。经对比实验得出，这一空气净化网可显著提高光催化效率，同时可利用光催化效应实现活性炭的原位再生。还有研究人员研发的炭黑改性纳米 TiO_2 光催化膜，这一催化膜可很大程度提高 TiO_2 光催化剂的催化活性，并且具备良好的稳定性。

7.4.1 纳米光催化技术应用于净化机动车尾气

机动车尾气排放是现今全球各大城市空气污染物的主要来源之一，这些污染物包括有氮氧化物、固体悬浮微粒、一氧化碳、硫氧化合物等，均会对空气环境造成极为不利的影响。现阶段，针对机动车尾气的净化处理，主要利用的是贵金属三相催化剂，这一处理手段可实现高效的催化转化，然而同时也存在贵金属成本偏高、催化剂有毒性等不足的问题。光催化技术可实现对机动车尾气中一系列污染物的有效降解，是一项具备良好发展前景的机动车尾气净化技术。有研究人员研究得出，TiO_2 催化可实现对机动车尾气中氮氧化物的有效净化。还有研究人员指出，通过将 TiO_2 催化材料添加进半柔性碱性水泥路面中，可有效减少机动车尾气中各式各样的污染物，基于中和反应，路面的碱性水泥可实现对附着于催化材料表层无机酸催化产物的有效去除，进而为催化材料的活性提供可靠保障。

7.4.2 纳米光催化技术应用于降低温室效应

温室效应是21世纪以来人们面临的一项重要环境问题。引发温室效应的关键人为污染物为 CO_2，所以改善大气中 CO_2 的排放是降低温室效应的重要一环。与此同时，以 CO_2 为原料生产有价值的化学用品是近年来绿色化学领域得到广泛关注的一项课题，大气中的 CO_2 还原利用可收获理想的综合效益。半导体光催化技术即为一种具备良好发展前景的 CO_2 还原技术。然而，现阶段光催化还原 CO_2 技术在工程应用层面，因为效率偏低而难以得到广泛推广。近年来，超临界流体光催化技术凭借其可显著提高 CO_2 催化还原反应效率的优势，表现出了一定的发展潜力。而纳米 TiO_2 催化则是该项技术必不可少的一部分。相关研究人员借助湿化学浸渍技术提取出一种负载于石墨烯的纳米 TiO_2 材料，这一材料可显著提高将 CO_2 转化成 CH_4 的效率。还有研究人员深入研究了纳米 TiO_2 将 CO_2 转化成 CH_4 催化技术的基本原理、发展前景等，指出相较于纳米 TiO_2，添加进 Cu 等金属的纳米 TiO_2 具备更可靠的转化效率及良好的市场应用潜力。

7.5 光催化消臭

无机物、硫化氢、氨气、硫醇、苯等污染物各种臭味对身体有一定的危害。利用高能臭氧 UV 紫外线光束分解空气中的氧分子产生游离氧，即活性氧，因游离氧所携正负电子不平衡所以需氧分子结合，进而产生臭氧。$UV+O_2 \longrightarrow O^- + O^*$（活性氧）$O+O_2 \longrightarrow O_3$（臭氧），众所周知臭氧对有机物具有极强的氧化作用，对恶臭气体及其他刺激性异味有立竿见影的清除效果。利用高能 UV 光束裂解恶臭气体中细菌分子键，破坏细菌的核酸（DNA），再通过臭氧进行氧化反应，彻底达到脱臭及杀灭细菌的目的。TiO_2 光催化的催化化性在很大程度上影响光催光反应速率，而 TiO_2 光催光活性主要受 TiO_2 的晶型和粒径的影响。锐钛型 TiO_2 的催化活性高。随着粒径的减少，电子与空穴简单复合的概率降低，光催化活性增大。另外，孔隙率、平均孔径、粒子表面状态，纯度等对其光催化活性也均有一定影响。为了提高光降解效率，对 TiO_2 光催化剂进化改性，如研制纳米 TiO_2，制备 TiO_2 的复合半导体，金属离子掺杂、染料光敏化等。也可以采用各种先进的手段制备 TiO_2 催化剂，以提高光催化剂的活性。

7.6 光催化的未来

近年来，光催化的基础与应用研究发展非常迅速，特别是在可见光诱导的新型光催化剂、提高光催化过程效率和光催化功能材料等研究方面都取得了重要进展。

7.6.1 可见光诱导的光催化剂研究方面取得重大突破

采用固相合成、过渡金属离子和非金属离子掺杂、金属-有机络合物、表面敏化、半导体复合等多种方法，制备出了一系列新型非二氧化钛系或二氧化钛基可见光光催化材料，这些材料在可见光的照射下，能将 H_2O 分解为 H_2 和 O_2，或能有效降解空气、水中的有机和无机污染物。

7.6.2 提高催化剂量子效率和改进反应过程条件方面实现突破

为解决多相光催化过程效率偏低的问题，近年来，从提高催化剂自身的量子效率和改进反应过程条件两个方面开展了大量的研究工作，取得了重要进展。

采用离子掺杂、半导体复合、纳米晶粒制备、超强酸化等方法，提高光生载流子的分离效率和抑制电子-空穴的重新复合，在一定程度上改善了光催化剂的量子效率。

7.6.3 光催化材料超亲水性的发现，开辟了光催化研究和应用的新领域

利用光催化膜的超亲水性和强氧化性等特性，研制开发出一系列光催化功能材料，如光催化自清洁抗雾玻璃、光催化自清洁抗菌陶瓷和光催化环保涂料等。这些功能材料已开始在建筑材料领域应用。与之相应的光催化膜功能材料的基础研究也有大量的文献报道。

7.6.4 超分散性及可见光活性实现突破

河南工业大学李道荣教授开发出了超分散性及可见光活性纳米二氧化钛光催化剂，这种氮掺杂纳米二氧化钛光催化剂具有较强的可见光活性，在室内光作用下即可分解污染物。所得产品已通过河南华荣环保科技有限公司量产。产品形貌

为棒状(柱状)多边形实体粒子，直径 5nm，长度约 10~15nm。产品具有可见光活性，光催化活性高。分散性极好，透射电镜图片不产生团簇。这种产品用于涂料中，解决了在涂料中的纳米产品易团聚、活性被掩盖的世界性难题。产品在成膜后，无论使用什么样的成膜剂，由于它是棒状(柱状)多面体，在表面总有一定的裸露点而获得光的激发，所以活性被掩盖较少。可以说，该产品的出现可以实现室内环境污染治理难题的跨越。

参考文献

[1] 郭光美，丁士文，李景印. 可见光响应光催化材料研究进展[J]. 河北化工，2004(05)：6-9.

[2] 杨云. 太阳能光催化技术—展望未来[J]. 当代化工研究，2018(08)：11-12.

[3] M. E. Davis. Ordered porous materials for emerging applications [J]. Nature, 2002(417)：813.

[4] B. O'Regan, M. Gratzel. A low-cost, high-efficiency solar cell based on dye-sensitized colloidal TiO_2 films [J]. Nature, 1991(353)：737.

[5] M. Gratzel. Photoelectrochemical cells [J]. Nature, 2001(414)：338.

[6] A. Fujishima and K. Honda. Electrochemical photolysis of water at a semiconductor electrode [J]. Nature, 1972(238)：37.

[7] J. Yu, G. Dai and B. J. Cheng. Effect of crystallization methods on morphology and photocatalytic activity of anodized TiO_2 nanotube array films [J]. J. Phys. Chem. C 2010(114)：19378.

[8] N. Liu, I. Paramasivam, M. Yang, et al. Some critical factor for photocatalysis on self-organized TiO_2 nanotubes [J]. J Solid State Electrochem, 2012(16)：3499.

[9] J. Zhao, X. Wang, T. Sun, et al. Crystal phase transition and properties of titanium oxide nanotube arrays prepared by anodization[J]. J. Alloys Compd 2007(792)：434-435.

[10] 隋美蓉，顾修全，韩翠平，等. 可见光响应型 Z 型 Ag_3PO_4 异质光催化材料研究进展[J]. 化工新型材料，2017，45(08)：37-39.

[11] H. J. Oh, J. H. Lee, Y. J. Kim, et al. Synthesis of effective titania nanotubes for wastewater purification [J]. Appl. Catal. B, 2008(84)：142.

[12] R. Mohammadpour, A. Irajizad, M. M. Ahadian, et al. Comparision of various anodization and annealing conditions of titanium dioxide nanotubular film on MB degradation [J]. Eur. Phys. J.：Appl. Phys, 2009(47)：10601.

[13] D. V. Bavykin, V. N. Parmon, A. A. Lapkina et al. The effect of hydrothermal conditions on the mesoporous structure of TiO_2 nanotubes[J]. J. Mater. Chem, 2004(14)：3370.

[14] Y. Wan and D. Y. Zhao. On the controllable soft-templating approach to mesoporous silicates [J]. Chem. Rev, 2007(107)：2821.

[15] 熊若晗，汤题. 光催化技术处理抗生素废水研究进展[J]. 环境与可持续发展，2017，42(02)：114-117.

[16] Y. Wan, Y. F. Shi and D. Y. Zhao. Direct triblock-copolymer-templating synthesis of highly ordered fluorinated mesoporous carbon [J]. Chem. Mater, 2008(20)：932.

[17] H. F. Yang and D. Y. Zhao. Synthesis of replica mesostructures by the nanocasting strategy [J]. J. Mater. Chem, 2005(15)：1217.

[18] D. Li, A. Babel, S. A. Jenekhe, et al. Nanofibers of conjugated polymers prepared by electrospinning with a two-capillary spinneret [J]. Adv. Mater, 2004(16)：2062.

[19] Z. Xing, A. M. Asiri, A. Y. Obaid, et al. Carbon nanofiber-templated mesoporous TiO_2 nanotubes as a high capacity anode material for lithium-ion batteries [J]. RSC Adv, 2014(4)：9061.

[20] Y. Wan, P. Chang, Z. Yang, et al. Constructing a novel three-dimensional scaffold with mesoporous TiO_2 nanotubes for potential bone tissue engineering [J]. J. of Mater. Chem. B, 2015(3): 5595.
[21] 杨秋月. Bi 基复合材料的制备及其可见光催化性能研究[D]. 湘潭大学, 2017.
[22] Z. Bian, J. Zhu, F. Cao, et al. Solvothermal synthesis of well-defined TiO_2 mesoporous nanotubes with enhanced photocatalytic activity[J]. Chem. Commun, 2010(46): 8451.
[23] 曾曜. 光催化技术在室内空气净化中的应用[J]. 绿色环保建材, 2017(03): 31.
[24] C. Huang, S. J. Soenen, J. Rejman, et al. Stimuli-responsive electrospun fibers and their applications. Chem. Soc. Rev, 2011(40): 2417.
[25] A. Greiner and J. Wendorff. Electrospinning: a fascinating method for the preparation of ultrathin fibers [J]. Angew. Chem., Int. Ed, 2007(46): 5670.
[26] 张英锋, 李顺军, 马子川. 光催化技术简介[J]. 化学教育, 2017, 38(06): 5-8.
[27] D. Crespy, K. Friedemann and A. M. Popa. Colloid-electrospinning: fabrication of multicompartment nanofibers by the electrospinning of organic dispersions andemulsions [J]. Macromol. Rapid Commun, 2012(33): 1978.
[28] M. Bognitzki, T. Frese, M. Steinhart, et al, A. Schaper and M. Hellwig. Preparation of fibers with nanoscaled morphologies: electrospinning of polymer blends [J]. Polym. Eng. Sci, 2001(41): 982.
[29] A. J. Mieszawska, R. Jalilian, G. U. Sumanasekera, et al. The synthesis and fabrication of one-dimensional nanoscale heterojunctions[J]. Small, 2007(3): 722.
[30] K. Nakane, N. Shimada, T. Ogihara, et al, Formation of TiO_2 nanotubes by thermal decomposition of poly(vinyl alcohol)-titanium alkoxide hybrid nanofibers[J]. J. Mater. Sci, 2007(42): 4031.
[31] W. Dong, Y. Sun, C. W. Lee, et al. Controllable and repeatable synthesis of thermally stable anatase nanocrystal-silica composites with highly ordered hexagonal mesostructures[J]. J. Am. Chem. Soc, 2007(129): 13894.
[32] R. Liu, Y. Ren, Y. Shi, et al, Controlled synthesis of ordered mesoporous C-TiO_2 nanocomposites with crystalline titania frameworks from organic-inorganic-amphiphilic coassembly[J]. Chem. Mater, 2008(20): 1140.
[33] C. H. Huang, D. Gu, D. Zhao et al, direct synthesis of controllable microstructures of thermally stable and ordered mesoporous crystalline titanium oxides and carbide/carbon composites [J]. Chem. Mater, 2010(2): 1760.
[34] 罗鸣, 王怡晗. 光催化技术在饮用水处理中的应用[J]. 建材与装饰, 2018(44): 106-107.
[35] W. Zhou, F. Sun, K. Pan, et al. Well-ordered large-pore mesoporous anatase TiO_2 with remarkably high thermal stability and improved crystallinity: preparation, chracterization, and photocatalytic performance[J]. Adv. Funct. Mater, 2011(21): 1922.
[36] S. Liu, Z. R. Tang, Y. Sun, et al. One-dimension-based spatially ordered architectures for solar energy conversion[J]. Chem. Soc. Rev, 2015(44): 5053.

[37] N. Zhang, M. Q. Yang, S. Liu, et al. Waltzing with the versatile platform of graphene to synthesize composite photocatalysts[J]. Chem. Rev, 2015(115): 10307.

[38] C. Han, M. Q. Yang, B. Weng, et al. Improving the photocatalytic activity and anti-photo-corrosion of semiconductor ZnO by coupling with versatile carbon [J]. Phys. Chem. Chem. Phys, 2014(16): 16891.

[39] K. Naito, T. Tachikawa, M. Fujitsuka, et al. Single-molecule observation of photocatalytic reaction in TiO_2 nanotube: Importance of molecular transport through porous structures[J]. J. Am. Chem. Soc, 2009(131): 934.

[40] Y. Zhang, Z. R. Tang, X. Fu, et al. TiO_2-Graphene Nanocomposites for gas-phase photoctalytic degradation of volatile aromatic pollutant: is TiO_2-graphene truly different from other TiO_2-carbon composite materials[J]? ACS Nano, 2010(4): 7303.

[41] Y. Yu, P. Zhang, L. Guo, et al. The design of TiO_2 nanostructures(nanoparticle, nanotube, and nanosheet) and their photocatalytic activity[J]. J. Phys. Chem. C, 2014(118): 12727.

[42] J. C. Yu, X. Wang and X. Fu. Pore-wall chemistry and photocatalytic activity of mesoporous titania molecular sieve films[J]. Chem. Mater, 2004(16): 1523.

[43] C. Guo, M. Ge, L. Liu, et al. Directed synthesis of mesoporous TiO_2 microspheres: catalysts and their photocatalysis for bisphenol a degradation [J]. Environ. Sci. Technol, 2010 (44): 419.

[44] W. Zhou, W. Li, J. Wang, et al. Ordered mesoporous black TiO_2 as highly efficient hydrogen evolution photocatalyst[J]. J. Am. Chem. Soc, 2014(136): 9280.

[45] Q. Zhang, X. J. Li, F. B. Li, et al. Investigation on visible-light activity of $WO\sim_x/TiO\sim_2$ photocatalyst[J]. J. Chem. Phys, 2004(20): 507.

[46] W. Zhou, W. Li, J. Q. Wang, et al. Ordered mesoporous black TiO_2 as highly efficient hydrogen evolution photocatalyst[J]. J. Am. Chem. Soc, 2014(136): 9280-9283.

[47] X. Zou, T. Conradsson, M. Klingstedt, et al. A mesoporous germanium oxide with crystalline pore walls and its chiral derivative[J]. Nature, 2005(437): 716-719.

[48] H. Li, Z. Bian, J. Zhu, et al. Mesoporous titania spheres with tunable chamber stucture and enhanced photocatalytic activity[J]. J. Am. Chem. Soc, 2007(129): 8406-8407.

[49] S. C. Warren, L. C. Messina, L. S. Slaughter, et al. Ordered mesoporous materials from metal nanoparticle-block copolymer self-assembly[J]. Science, 2008(320): 1748-1752.

[50] Z. Wu, W. D. Wu, W. Liu, et al. A general surface locking approach toward fast assembly and processing of large-sized, ordered, mesoporous carbon microsphere[J]. Angew. Chem. Int. Ed, 2013(52): 13764-13768.

[51] A. Corma. From microporous to mesoporous molecular sieve materials and their use incatalysis [J]. Chem. Rev, 1997(97): 2373-2420.

[52] A. Taguchi and F. Schuth. Ordered mesoporous materials incatalysis[J]. Microporous Mesoporous Mater, 2005(77): 1-45.

[53] Q. Huo, D. Zhao, J. Feng, et al. Room temperature growth of mesoporous silica fibers: A new high-surface-area optical waveguide[J]. Adv. Mater, 1997(9): 974-978.

[54] S. Zhan, D. Chen, X. Jiao, et al. Mesoporous TiO_2/SiO_2 composite nanofibers with selective photocatalytic properties[J]. Chem. Commun, 2007(20): 2043-2045.
[55] Y. Hong, X. Chen, X. Jing, et al. Fabrication and drug delivery of ultrathin mesoporous bioactive glass hollow fibers[J]. Adv. Funct. Mater, 2010(20): 1503-1510.
[56] C. Mao, F. Wang, B. Cao. Controlling nanostructures of mesoporous silica fibers by supramolecular assembly of genetically modifiable bacteriophages[J]. Angew. Chem. Int. Ed, 2012 (124): 6517-6519.
[57] Z. Yang, Z. Niu, X. Cao, et al. Templating synthesis of uniform 1D mesostructured silica materials and their arrays in anodic alumina membranes[J]. Angew. Chem. Int. Ed, 2003 (42): 4201-4203.
[58] W. S. Chae, S. W. Lee, Y. R. Kim. Templating route to mesoporous nanocrystalline titaniananofibers[J]. Chem. Mater, 2005(17): 3072-3074.
[59] D. V. Bavykin, V. N. Parmon, A. A. Lapkin, et al. The effect of hydrothermal conditions on the mesoporous structure of TiO_2 nanotubes[J]. J. Mater. Chem, 2004(14): 3370-3377.
[60] Y. Yang, M. Suzuki, H. Fukui, et al. Preparation of helical mesoporous silica and hybrid silica nanofibers using hydrogelator[J]. Chem. Mater, 2006(18): 1324-1329.
[61] 张帅，阴强，吕家炜. TiO_2基可见光响应型光催化材料的研究进展[J]. 东华理工大学学报(自然科学版), 2018, 41(01): 94-100.
[62] S. Chuangchote, J. Jitputti, T. Sagawa, et al. Photocatalytic activity for hydrogen evolution of electrospun TiO_2 nanofibers[J]. ACS Appl. Mater. Interfaces, 2009(1): 1140-1143.
[63] X. Zhang, V. Thavasi, S. G. Mhaisalkar, et al. Novel hollow mesoporous 1D TiO_2 nanofibers as photovoltaic and photocatalytic materials[J]. Nanoscale, 2012(4): 1707-1716.
[64] M. A. Fox, M. T. Dulay, Heterogeneousphotocatalysis [J]. Chem. Rev, 1993 (93): 341-357.
[65] X. Zhang, L. Zhang, T. Xie, et al. Low-temperature synthesis and high visible-light-induced photocatalytic activity of $BiOI/TiO_2$ heterostructures[J]. J. Phys. Chem. C, 2009 (113): 7371-7378.
[66] I. Robel, V. Subramanian, M. Kuno, et al. Quantum Dot Solar Cells. Harvesting light energy with CdSe nanocrystals molecularly linked to mesoscopic TiO_2 films[J]. J. Am. Chem. Soc, 2006(128): 2385-2393.
[67] D. Chen, J. Ye. Hierarchical WO_3 hollow shells: dendrite, sphere, dumbbell, and their photocatalytic properties[J]. Adv. Funct. Mater, 2008(18): 1922-1928.
[68] Z. Mitrovic, S. Stojadinovic, L. Lozzi, et al. A quantitative assessment of the competition between water and anion oxidation at WO_3 photoanodes in acidic aqueous electrolytes[J]. Mater. Res. Bulletin, 2016(83): 217-224.
[69] Y. Li, P. C. Hsu, S. M. Chen. Multi-functionalized biosensor at WO_3-TiO_2 modified electrode for photoelectrocatalysis of norepinephrine and riboflavin[J]. Sensor. Actuat. B-Chem, 2012(174): 427-435.
[70] K. K. Akurati, A. Vital, J. P. Dellemann, et al. Flame-made WO_3-TiO_2 nanoparticles:

relation between surface acidity structure and photocatalytic activity[J]. Appl. Catal. B: Environ, 2008(79): 53-62.

[71] H. Yang, R. Shi, K. Zhang, et al. Synthesis of WO_3/TiO_2 nanocomposites via sol-gel method[J]. J. Alloys Compd, 2005(398): 200-202.

[72] S. Leghari, S. Sajjad, J. Zhang. Large mesoporous micro-sphere of WO_3/TiO_2 composite with enhanced visible light photo activity[J]. RSC Adv, 2013(3): 15354-15361.

[73] C. Shifu, C. Lei, G. Shen, et al. The preparation of coupled WO_3/TiO_2 photocatalyst by ball milling[J]. Powder Technol, 2005(160): 198-202.

[74] J. Yang, X. Zhang, H. Liu, et al. Heterostructured TiO_2/WO_3 porous microspheres: preparation, characterization and photocatalytic properties [J]. Catal. Today, 2013 (201): 195-202.

[75] X. Luo, F. Liu, X. Li, et al. WO_3/TiO_2 nanocomposites: salt-ultrasonic assisted hydrothermal synthesis and enhanced photocatalytic activity[J]. Mater. Sci. Semicond. Process, 2013 (16): 1613-1618.

[76] S. Bai, H. Liu, J. Sun, et al. Improvement of TiO_2 photocatalytic properties under visible light by WO_3/TiO_2 and MoO_3/TiO_2 composites[J]. Appl. Surf. Sci, 2015(338): 61-68.

[77] N. Zhang, S. Liu, X. Fu, et al. Synthesis of M@ TiO_2(M=Au, Pd, Pt) core-shell nanocomposites with tunable photoreactivity[J]. J. Phys. Chem. C, 2011(115): 9136-9145.

[78] O. Tomita, T. Otsubo, M. Higashi, et al. Partial oxidation of alcohols on visible-light-responsive WO_3 photocatalysts loaded with palladium oxide cocatalyst[J]. ACS Catal, 2016(6): 1134-1144.

[79] H. M. Luo, C. Wang, Y. S. Yan, Synthesis of mesostructured titania with controlled crystalline framework[J]. Chem. Mater, 2003(15): 3841-3846.

[80] Y. Lv, Z. L. Xu, H. Asai, et al. Thoroughly mesoporous TiO_2 nanotubes prepared by foaming agent assisted electrospun template for photocatalytic applications[J]. RSC Adv, 2016 (6): 21043-21047.

[81] M. R. Bayati, F. G. Fard and A. Z. Moshfegh, Visible photodecomposition of methylene blue over micro arc oxided WO_3-loaded TiO_2 nano-porous layers[J]. Appl. Catal. A, 2010(382): 322-331.

[82] J. H. Pan and W. I. Lee. Preparation of highly ordered cubic mesoporous WO_3/TiO_2 films and their photocatalytic properties[J]. Chem. Mater, 2006(18): 847-853.

[83] M. Srivasan and T. White. Degradation of methylene blue by three-dimensionally ordered macroporous titania[J]. Environ. Sci. Technol, 2007(41): 4405-4409.

[84] X. L. Yang, R. Gao, W. L. Dai, et al. Influence of tungsten precursors on the structure and catalytic properties of WO_3/SBA-15 in the selective oxidation of cyclopentene to glutaraldehyde [J]. J. Phys. Chem. C, 2008(112): 3819-3826.

[85] A. Gulino, S. Parker, F. H. Jones, et al. Influence of metal-metal bonds on electron spectra of MoO_2 and WO_2[J]. J. Chem. Soc., Faraday Trans, 1996(92): 2137-2141.

[86] A. K. L. Sajjad, S. Shamaila, B. Tian, et al. One step activation of WO_x/TiO_2 nanocompos-

ites with enhanced photocatalytic activity[J]. Appl. Catal. B, 2009(91): 397-405.

[87] K. Manickathai, S. K. Viswanathan, M. Alagar. Synthesis and characterization of CdO and CdS nanoparticles[J]. Indian J. Pure. Appl. Phys, 2008(46): 561-564.

[88] M. Miyauchi. Photocatalysis and photoinduced hydrophilicity of WO_3 thin films with underlying Pt[J]. Phys. Chem. Chem. Phys, 2008(10): 6258-6265.

[89] T. Arai, M. Yanagida, Y. Konishi, et al. Efficient complete oxidation of acetaldehyde into CO_2 over $CuBi_2O_4/WO_3$ composite photocatalyst under visible and UV light irradiation[J]. J. Phys. Chem. C, 2007(111): 7574-7577.

[90] T. Arai, M. Yanagida, Y. Konishi, et al. Promotion effect of CuO co-catalyst on WO_3-catalyzed photodegradation of organic substances[J]. Catal. Commun, 2008(9): 1254-1258.

[91] D. T. Sawyer, R. J. Day. Kinetics for oxygen reduction at platinum, palladium and silverelectrodes[J]. Electrochim. Acta, 1963(8): 589-594.

[92] W. Wang, X. Chen, G. Liu, et al. Monoclinic Dibismuth Tetraoxide: A new visible-light-driven photocatalyst for environmental remediation[J]. Appl. Catal. B: Environ, 2015(176): 444-453.

[93] Z. Zhao, M. Miyauchi, Nanoporous-walled Tungsten oxide nanotubes as highly active visible-light-drivenphotocatalysts[J]. Angew. Chem. Int. Ed, 2008(47): 7051-7055.

[94] A. O. T. Patrocinio, L. F. Paula, R. M. Paniago, et al. Layer-by-layer TiO_2/WO_3 Thin films as efficient photocatalytic self-cleaning surfaces[J]. ACS Appl. Mater. Interfaces, 2014 (6): 16859-16866.

[95] H. Park, A. Bak, T. H. Jeon, et al. Photo-chargeable and dischargeable TiO_2 and WO_3 heterojunction electrodes[J]. Appl. Catal. B: Environ, 2012(115): 74-80.

[96] T. Hirakawa, K. Yamata and Y. Nosaka. Photocatalytic reactivity for $O_2 \cdot^-$ and OH · radical formation in anatase and rutile TiO_2 suspension as the effect H_2O_2 addition[J]. Appl. Catal. A, 2007(325): 105-111.

[97] Y. Shiraishi, Y. Sugano, S. Tanaka, et al. One-pot synthesis of benzimidazoles by simultaneous photocatalytic and catalytic reaction on Pt@ TiO_2 nanoparticles[J]. Angew. Chem. Int. Ed, 2010(49): 1656-1660.

[98] K. Liu, Y. Hsueh, H. Chen, et al. Mesoporous TiO_2/WO_3 Hollow fibers with interior interconnected nanotubes for photocatalytic application [J]. J. Mater. Chem. A, 2014 (2): 5387-5393.

[99] C. Wu. Adsorption of reactive dye onto carbon nanotubes: equilibrium, kinetics and thermodynamics[J]. J. Hazard. Mater, 2007(144): 93-100.

[100] L. Zhong, J. Hu, A. Cao, et al. 3D flowerlike ceria micro/nanocomposite structure and its application for water treatment and CO removal[J]. Chem. Mater. 2007(19): 1648-1655.

[101] T. Zhai, S. Xie, X. Lu, et al. Porous $Pr(OH)_3$ nanostructures as high-efficiency adsorbents for dye removal, Langmuir, 2012(28): 11078-11085.

[102] Y. Lv, Z. L. Xu, H. Asai, et al. Thoroughly mesoporous TiO_2 nanotubes prepared by a foaming agent-assisted electrospun template for photocatalytic applications[J]. RSC Adv, 2016

(6): 21043-21047.

[103] M. Zalfani, B. Schueren, Z. Hu, et al. Novel 3DOM $BiVO_4/TiO_2$ nanocomposites for highly enhanced photocatalytic activity[J]. J. Mater. Chem. A, 2015(3): 21244-21256.

[104] R. Asahi, T. Morikawa, T. Ohwaki, et al. Visible-light photocatalysis in nitrogen-doped titanium oxides[J]. Science, 2001(293): 269-271.

[105] D. Mohan, P. Jr. Activated carbons and low-cost adsorbents for remediation of tri-and hexavalent chromium from water[J]. J. Hazard. Mater, 2006(137): 762-811.

[106] S. J. T. Pollard, G. D. Fowler, C. J. Sollars, et al. Low-cost adsorbents for waste and wastewater treatment: a review[J]. Sci. Total Environ, 1992(116): 31-52.

[107] F. Mian, G. Bottaro, M. Rancan, et al. $Bi_{12}O_{17}C_{12}/(BiO)_2CO_3$ Nanocomposite materials for pollutant adsorption and degradation: modulation of the functional properties by composition tailoring[J]. ACS Omega, 2017(2): 6298-6308.

[108] T. Hyodo, E. Kanazawa, Y. Takao, et al. H_2 sensing properties and mechanism of Nb_2O_5-Bi_2O_3 varistor-type gas sensor[J]. Electrochemistry 2000(68): 24-31.

[109] G. Bandoli, D. Barreca, E. Brescacin, et al. Pure and mixed phase Bi_2O_3 thin films obtained by metal organic chemical vapor deposition[J]. Chem. Vap. Deposition, 1996(2): 238-242.

[110] S. Sajjad, S. Legharia and J. Zhanga. Nonstoichiometric Bi_2O_3: efficient visible light photocatalyst[J]. RSC Adv, 2013(3): 1363-1367.

[111] R. A. He, S. W. Cao, P. Zhou, et al. Recent advances in visible light Bi-based photocatalysts[J]. Chinese J. Catal, 2014(35): 989-1007.

[112] N. Kinomura, N. Kumada. Preparation of bismuth oxides with mixed valence from hydrated sodium bismuth oxide[J]. Mater. Res. Bull, 1995(30): 129-134.

[113] N. Kumada, N. Kinomura, P. M. Woodward, et al. Crystal structure of Bi_2O_4 with β-Sb_2O_4-type structure[J]. J. Solid State Chem, 1995(116): 281-285.

[114] B. Begemann and M. Janson. Bi_4O_7, das erste definierte binÄre Bismut(III, V)-oxid[J]. J. Less-common Met, 1989(156): 123-135.

[115] A. S. Prakash, C. Shivakumara, M. S. Hegde, et al. Synthesis of non-stoichiometric Bi_2O_{4-x} by oxidative precipitation[J]. Mater. Res. Bull, 2007(42): 707-712.

[116] A. Hameed, M. Aslam, I. M. I. Ismail, et al. Sunlight induced formation of surface Bi_2O_{4-x}-Bi_2O_3 nanocomposite during the photocatalyticmineralization of 2-chloro and 2-nitrophenol[J]. Appl. Catal. B: Environ, 2015(163): 444-451.

[117] A. Hameed, T. Montini, V. Gombac, et al. Surface phases and photocatalytic activity correlation of Bi_2O_3/Bi_2O_{4-x} nanocomposite[J]. J. Am. Chem. Soc, 2008(130): 9658-9659.

[118] Z. Xu, I. Tabata, K. Hirogaki, et al. Nontraditional template synthesis of microjagged bismuth oxide: a highly efficient visible light responsive photocatalyst[J]. Catal. Sci. Technol, 2011(1): 397-400.

[119] P. Erhart, A. Klein and K. Albe. First-principles study of the structure and stability of oxygen defects in zinc oxide [J]. Phys. Rev. B: Condens. Matter. Mater. Phys, 2005

(72): 085213.

[120] S. Wendt, P. T. Sprunger, E. Lira, et al. A. Blekinge-Rasmussen, E. Lægsgaard, B. Hammer and F. Besenbacher. The Role of Interstitial sites in the Ti3d defect state in the band gap of titania[J]. Science, 2008(320): 1755-1759.

[121] F. Esch, S. Fabris, L. Zhou, et al. Electron localization determines defect formation on ceria substrates[J]. Science, 2005(309): 752.

[122] A. Hameed, V. Gombac, T. Montini, et al. Photocatalytic activity of zinc modified Bi_2O_3 [J]. Chem. Phys. Lett, 2009(483): 254-261.

[123] A. Hameed, V. Gombac, T. Montini, et al. Synthesis, characterization and photocatalytic activity of $NiO-Bi_2O_3$ nanocomposutes[J]. Chem. Phys. Lett, 2009(472): 212-216.

[124] M. C. Payne, M. P. Teter, D. C. Allan, et al. Iterativeminimization techniques for ab initio total-energy calculations: molecular dynamics and conjugate gradients[J]. Rev. Mod. Phys, 1992(64): 1045-1097.

[125] V. Milman, B. Winkler, J. A. White, et al. Electronic structure, properties, and phase stability of inorganic crystals: A pseudopotential plane-wave study[J]. Int. J. Quantum Chem, 2000(77): 895-910.

[126] J. P. Perdew, K. Burke, M. Ernzerhof. Generalized gradient approximation made simple [J]. Phys. Rev. Lett, 1996(77): 3865-3868.

[127] S. J. Varapragasam, S. Mia, C. Balasanthiran, et al. $Ag-TiO_2$ Hybrid nanocrystal photocatalyst: hydrogen evolution under UV irradiation but not under visible-light irradiation[J]. ACS Applied Materials & Interfaces, 2019(11): 8274-8282.

[128] D. Vanderbilt. Soft self-consistent pseudopotentials in a generalized eigenvalue formalism[J] Phys. Rev. B, 1990(41): 7892-7892.

[129] H. A. Harwig, On the structure of bismuth sesquioxide: The α, β, γ, and δ-phase[J]. Z. Anorg. Allg. Chem, 1978(444): 151-166.

[130] K. Yang, J. Li, Y. Peng, et al. Enhanced visible light photocatalysis over Pt-loaded Bi_2O_3: an insight into its photogenerated charge separation, transfer and capture[J]. Phys. Chem. Chem. Phys, 2017(19): 251-257.

[131] H. Y. Jiang, P. Li, G. liu, et al. Synthesis and photocatalytic properties of metastable β-Bi_2O_3 stabilized by surface-coordination effects[J]. J. Chem. A, 2015(3): 5119-5125.

[132] Z. Yang, Q. Wang, S. Wei, et al. The effect of environment on the reaction of water on the ceria(111)surface: DFT+U study[J]. J. Phys. Chem. C, 2010(114): 14891-14899.

[133] N. M. Tomic, Z. D. Dohcevic-Mitrovic, N. M. Paunovic, et al. Nanocrystalline $CeO_{2-\sigma}$ as effective adsorbent of azo dyes[J]. Langmuir, 2014(30): 11582-11590.

[134] J. Zhao, K. Wu, T. Wu, et al. Photodegradation of dyes with poor solubility in an aqueous surfactant/TiO_2 dispersion under visible light irradiation[J]. J. Chem. Soc. Faraday Trans, 1998(94): 673-676.

[135] W. Morales, M. Cason, O. Aina, et al. Combustion synthesis and characterization of nanocrystalline WO_3[J]. J. Am. Chem. Soc, 2008(130): 6318-6319.

[136] W. Wang, X. Chen, G. Liu, et al. Monoclinic dibismuth tetraoxide: A new visible-light-driven photocatalyst for environmental remediation [J]. Appl. Catal. B: Environ, 2015 (176): 444-453.

[137] D. W. Bahnemann, M. Hilgendorff, and R. Memming. Charge carrier dynamics at TiO_2 particles: reactivity of free and trapped holes[J]. J. Phys. Chem. B, 1997(101): 4265-4275.

[138] B. H. J. Bielski, D. E. Cabelli, and R. L. J. Arudi. Reactivity of HO_2/O_2^- radicals in aqueous solution[J]. Phys. Chem. Ref. Data, 1985(14): 1041-1100.

[139] T. Hirakawa, K. Yamata and Y. Nosaka. Photocatalytic reactivity for $O_2^{\cdot -}$ and OH · radical formation in anatase and rutile TiO_2 suspension as the effect of H_2O_2 addition[J]. Appl. Catal. A, 2007(325): 105-111.

[140] D. T. Sawyer and R. J. Day. Kinetics for oxygen reduction at platinum, palladium and silver electrodes[J]. Electrochim. Acta, 1963(8): 589-594.

[141] S. B. Zhu, T. G. Xu, H. B. Fu, et al. Synergetic effect of Bi_2WO_6 photocatalyst with C_{60} and enhanced photoactivity under visible irradiation[J]. Environ. Sci. Technol, 2007(41): 6234-6239.

[142] Z. Q. He, Y. Q. Shi, C. Gao, et al. BiOCl/$BiVO_4$ p-n heterojunction with enhanced photocatalytic activity under visible-light irradiation [J]. J. Phys. Chem. C, 2014 (118): 389-398.

[143] Y. Xu, S. C. Xu, S. Wang, et al. Citric acid modulated electrochemical synthesis and photocatalytic behavior of BiOCl nanoplates with exposed {001} facets[J]. Dalton Trans. 2014 (43): 479-485.

[144] R. A. He, S. W. Cao, P. Zhou, et al. Recent advances in visible light Bi-based photocatalysts[J]. Chin. J. Catal, 2014(35): 989-1007.